Ernst Mayr
... und Darwin hat doch recht

SERIE PIPER
Band 1959

Zu diesem Buch

Kaum eine andere wissenschaftliche Veröffentlichung hat das Denken der Menschheit so grundlegend beeinflußt wie Charles Darwins »Über die Entstehung der Arten«. Mit ihm setzte sich evolutionäres Denken in der westlichen Welt durch, zugleich erschütterte es viele Grundaussagen der Philosophie. Obwohl Darwins Buch vor mehr als 130 Jahren veröffentlicht wurde, lösen seine Ideen bis heute heftige Kontroversen aus.

Ernst Mayr, der bedeutendste Darwin-Forscher und Evolutionsbiologe unserer Zeit, sieht einen Hauptgrund für die andauernde Kontroverse um Darwins Lehre in den zahlreichen Mißverständnissen, die noch immer hinsichtlich der Theorien Darwins bestehen. Er fragt deshalb in diesem Buch danach, was Darwin wirklich gesagt hat, ob es nur eine Darwinsche Theorie gibt oder mehrere, welche Angriffe auf Darwins Lehre berechtigt sind und welche nicht. Zu Mayrs Analyse des Darwinschen Lehrgebäudes gibt es in der gesamten Evolutionsliteratur kein Pendant.

Mayr wendet sich mit seinem Buch an alle gebildeten Leser, nicht nur an Biologen. Er versteht es, auch schwierigste historische Abläufe und wissenschaftliche Zusammenhänge so anschaulich darzustellen, daß sie allgemein verständlich werden. Im Unterschied zu den zahlreichen Darwin-Biographien bietet Mayr eine auf neuesten Forschungen basierende Darstellung von Darwins Lehre.

Ernst Mayr, geboren 1904 in Kempten, Studium der Medizin und Biologie in Greifswald, der Philosophie in Berlin, dort 1926 Promotion. 1928 bis 1930 drei Expeditionen nach Neuguinea und zu den Salomon-Inseln. 1932 bis 1953 Kustos am American Museum of Natural History in New York, 1953 Professor an der Harvard University, Autor von 17 weiteren Büchern. Im Piper Verlag: »Eine neue Philosophie der Biologie« (1991).

Ernst Mayr

...und Darwin hat doch recht

Charles Darwin, seine Lehre und die moderne Evolutionsbiologie

Aus dem Englischen
von Inge Leipold

Mit 18 Abbildungen

Piper
München Zürich

Die Originalausgabe erschien 1991 unter dem Titel
»One Long Argument«
bei Harvard University Press, Cambridge, Massachusetts.

QUESTIONS OF
SCIENCE

QUESTIONS OF SCIENCE ist eine internationale Buchreihe,
die von den Verlagen Harvard University Press, Penguin Books,
Editions Odile Jacob und R. Piper veröffentlicht wird.
Die von international anerkannten Wissenschaftlern verfaßten
Bücher eröffnen den nichtspezialisierten Lesern einen Zugang zum
Verständnis wissenschaftlichen Denkens in Grenzbereichen unseres
Wissens. Die Reihe beschäftigt sich mit den immer neuen,
aufregenden Fragen in eben den Bereichen, die uns ein Gefühl
für unseren Platz im Kosmos vermitteln.

ISBN 3-492-11959-X
Deutsche Erstausgabe
Juni 1994
© Ernst Mayr 1991
Deutsche Ausgabe:
© R. Piper GmbH & Co. KG, München 1994
Umschlag: Federico Luci,
unter Verwendung eines Gemäldes
von Henri Rousseau
Foto Umschlagrückseite: Jane Reed
Gesamtherstellung: Clausen & Bosse, Leck
Printed in Germany

*Für Michael T. Ghiselin
und Frank J. Sulloway,
die so viel für unser Verständnis
Darwins getan haben*

Down House, das Heim von Charles und Emma Darwin. Dort besuchte der Geologe Charles Lyell Darwin im April 1856 und überredete ihn dazu, eine Zusammenfassung seiner Ansichten zur Evolution zu veröffentlichen

INHALT

Danksagung 9
Vorbemerkung 11

1. Wer ist Darwin? 15
2. Die Kampfansage an den Schöpfungsglauben:
   die erste Darwinsche Revolution 27
3. Wie Arten entstehen 45
4. Ideologische Widerstände gegen die fünf Theorien
   Darwins 57
5. Die Auseinandersetzung mit Physikern und
   Philosophen 73
6. Darwins Weg zur Theorie der natürlichen Auslese . 97
7. Was ist Darwinismus? 123
8. Eine harte Überprüfung der weichen Vererbung:
   der Neodarwinismus 143
9. Genetiker und Naturforscher finden zu einem
   Konsens: die zweite Darwinsche Revolution 171
10. Neue Perspektiven der Evolutionsbiologie 183

Literaturhinweise 212
Glossar 223
Personen- und Sachregister 236

Charles Darwin auf der Veranda von Down House

Danksagung

Diese Analyse und Bewertung des Denkens von Darwin geht nicht nur von Darwins eigenen Schriften aus, sondern stützt sich auch auf kritische Studien einer engagierten Gruppe von Darwin-Forschern. Ihnen allen bin ich zu tiefstem Dank verpflichtet. Es sind zu viele, um sie an dieser Stelle einzeln zu nennen; ihre Namen finden sich in den Literaturhinweisen. Auf die Gefahr hin, den anderen gegenüber etwas ungerecht zu sein, möchte ich vor allem Frederick Burkhardt und David Kohn für ihre stete Bereitschaft danken, mir Anregungen zu geben und Informationen zur Verfügung zu stellen.

Wieder hat Walter Borawski unermüdlich zahllose Manuskriptentwürfe getippt und mir bei der Vorbereitung des Literaturverzeichnisses, des Glossars und des Registers geholfen. Howard Boyer, der für wissenschaftliche Literatur zuständige Herausgeber der Harvard University Press, hat mich bei diesem Projekt von Anfang an ermutigt und unterstützt. Susan Wallace, ebenfalls in diesem Verlag tätig, hat Wiederholungen und Überflüssiges gestrichen, einen logischeren Zusammenhang zwischen den einzelnen Themenbereichen hergestellt, mich auf Lücken in meinem ursprünglichen Manuskript hingewiesen und mir stilistische Vorschläge unterbreitet; dadurch und noch auf vielfältige andere Weise hat sie sehr zur Verbesserung der Rohfassung des Manuskripts beigetragen. Ich kann ihr gar nicht genügend danken.

Ernst Mayr

Vorbemerkung

Moderne Evolutionstheoretiker setzen sich immer von neuem mit Darwins Werk auseinander. Das ist nicht weiter verwunderlich, reichen doch die Wurzeln unseres gesamten evolutionistischen Denkens zu Darwin zurück. Gegenwärtige Meinungsverschiedenheiten rühren oft aus einer Unklarheit in Darwins Schriften oder aus Fragen her, die Darwin aufgrund des damaligen Wissensstandes in der Biologie nicht beantworten konnte. Doch nicht nur aus historischen Gründen greifen wir auf die Originalschriften Darwins zurück. Darwin begriff manches wesentlich besser als seine Anhänger wie auch seine Gegner, und das gilt noch heute.

Die Analyse fast jeden wissenschaftlichen Problems führt automatisch dazu, sich mit dessen Geschichte zu befassen. Die vielen ungelösten Fragen der Evolutionsbiologie bilden da keine Ausnahme. Will man die Geschichte eines wissenschaftlichen Problems verstehen, muß man jedoch neben dem damaligen Stand des faktischen Wissens den jeweiligen *Zeitgeist* berücksichtigen. Wie ein Forscher seine Beobachtungen oder Experimente deutet, hängt insbesondere von seinem theoretischen Bezugssystem ab. Ein Hauptthema meiner historischen Studien ist seit vielen Jahren die Aufdeckung der Ideen – oder manchmal, in einem allgemeineren Sinne, der Ideologien –, die den Theorien historischer Persönlichkeiten zugrunde liegen.

Mein Interesse an der Gedankenwelt Darwins erwachte in meiner Studienzeit; eingehender befaßte ich mich damit allerdings erst seit 1959, als sich die Veröffentlichung seines Werks *On the Origin of Species / Über die Entstehung der Arten* zum hundertsten Mal jährte. Während der Arbeit an einer Einführung zu einem Faksimile der Erstausgabe der *Entstehung der Arten*, das 1964 erschien, setzte ich mich dann eingehender mit den Schriften Darwins auseinander. Merkwürdigerweise beruhten bis dahin die meisten Ausgaben dieses Werks auf der stark überarbeiteten sechsten Auflage. Das recht preiswerte Faksimile sorgte zum ersten Mal seit dem ursprünglichen Erscheinen des Werks für eine weite Verbreitung der Erstausgabe der *Entstehung*.

In den darauffolgenden Jahren widmete ich mich immer mehr dem Studium von Darwins Werk; dies fand seinen Niederschlag in meinem 1982 veröffentlichten Buch *The Growth of Biological Thought: Diversity, Evolution, and Inheritance/Die Entwicklung der biologischen Gedankenwelt* (1984). Im Rahmen dieses Überblicks über die Geschichte der Klassifikation, der Evolutionsbiologie und der Genetik war indes eine detaillierte Analyse bestimmter Aspekte von Darwins Werk noch nicht möglich. Mit diesen Fragen setzte ich mich in gesonderten Vorträgen und Veröffentlichungen auseinander, die zumeist anläßlich bestimmter Gedenktage publiziert wurden. Aus jenen Vorträgen entstanden Essays, die zusammen mit zahlreichen anderen von mir verfaßten Artikeln zur Geschichte und Philosophie der Biologie in einem Band mit dem Titel *Toward a New Philosophy of Biology: Observations of an Evolutionist* (1988) erschienen.

Bei der Überarbeitung dieser eher theoretisch orientierten und spezialisierten Zusammenstellung für eine deutsche Übersetzung (*Eine neue Philosophie der Biologie* [1991]) kam mir der Gedanke, daß ein gesonderter, ausschließlich Darwin und dem Darwinismus gewidmeter Band für Fachleute und Laien, die sich ganz allgemein für die Rolle von Darwins Denken im Rahmen der Ideengeschichte interessieren, nützlich sein könnte. Zunächst zog ich aus meinen gesammelten Essays all jene heraus, die sich vorrangig mit Darwin und dem Darwinismus befaßten, und begann sie für eine Veröffentlichung vorzubereiten. Nach sorgfältiger Straffung und Umformulierung der primären acht Essays stellte ich jedoch fest, daß in meiner Darstellung beträchtliche Lücken klafften. Ich machte mich also daran, etliche zusätzliche Kapitel zu schreiben, während ich gleichzeitig das Material der ursprünglichen Essays gründlich überarbeitete und neu aufbereitete. Daraus entstand das vorliegende Buch, eine, so hoffe ich, ausgereifte Betrachtung über die Gedankenwelt Darwins, die bislang vernachlässigte Aspekte seines Werks hervorhebt und umstrittene oder unklare Themen erhellt.

In den letzten dreißig Jahren widmete man sich, vor allem aufgrund der Entdeckung der »Darwin-Papiere« – Notizbücher, Briefe, unveröffentlichten Manuskripte und so weiter – in nie gekanntem Maße der Erforschung des Darwinschen Denkens. Mittlerweile sind die ersten sieben Bände der Korrespondenz Darwins erschienen, ebenso ein Sammelband seiner Notizbücher. Zu diesen Primärtexten gesellen sich alle paar Jahre neue Bücher über Darwin und sein Leben, darunter einige ausgezeichnete. Dennoch ist selbst heute vieles, was über Darwin geschrieben wird, schlichtweg falsch oder, schlimmer noch, gehässig – der Hauptgrund: Der betreffende Autor hat Darwins Gedanken und Absichten nicht verstanden, hat deren Entwicklung und die eingewurzelten Ideologien nicht begriffen, gegen die sich seine »lange Beweisführung« (*long argument* sagt der Autor in Kapitel 14, um die *Entstehung der Arten* zu beschreiben) richtet. Vorliegender Band ist ein Versuch, einige dieser begrifflichen Mißverständnisse zu bereinigen sowie viele der neuesten Erkenntnisse der nach wie vor äußerst regen Forschungstätigkeit zu Darwin einzubeziehen.

Das ist besonders deshalb notwendig, weil die verschiedenen in den letzten Jahren erschienenen Darwin-Biographien so gut wie nichts über seine Lehre enthalten. Eine klare und prägnante Darstellung der Darwinschen Theorien war mithin überfällig.

Die Tatsachen der Evolution finden ebenso wie spezielle Probleme der Phylogenese in diesem Buch kaum Erwähnung. Für eine Theorie der Evolution ist es von minderer Bedeutung, ob die Vorfahren der Weichtiere metamer (in gleichartige Körperabschnitte gegliedert) waren oder nicht (sie waren es fast mit Sicherheit), ob die Hohltiere die gleichen Vorfahren haben wie die Plattwürmer, ob die Vierfüßer aus Lungenfischen hervorgingen oder aus Zölakanthiden (Quastenflosser; ersteres erscheint mittlerweile wahrscheinlicher). Zu diesen konkreten

Problemen der Phylogenese existiert bereits eine umfangreiche Literatur. Statt dessen habe ich mich auf die Mechanismen der Evolution und auf die historische Entwicklung der wichtigsten Ideen und Theorien der Evolutionsbiologie seit Darwin konzentriert.

Wenn ich in diesem Buch auf bestimmte grundlegende Vorstellungen eingehe, so stellt dies den Versuch dar, einem ärgerlichen Trend in unserer modernen Auffassung von wissenschaftlicher Grundlagenforschung entgegenzuwirken. Allzu viele Wissenschaftler betrachten die Wissenschaft lediglich als eine Aufeinanderfolge von Entdeckungen oder, schlimmer noch, als Ausgangspunkt für technische Anwendungen. In meinen Schriften bin ich, so hoffe ich, zu einer ausgewogeneren Bewertung der Wissenschaft gelangt, da ich den engen Zusammenhang zwischen den in bestimmten Bereichen der Wissenschaft erörterten Fragen und allgemeineren Aspekten modernen Denkens und Forschens aufgezeigt habe. Dieses Bestreben führt automatisch zu einer Auseinandersetzung mit Darwin, denn kein anderer hat unsere moderne Weltsicht – im Rahmen der Wissenschaft und darüber hinaus – in stärkerem Maße beinflußt als dieser außergewöhnliche Vertreter des Viktorianischen Zeitalters. Immer wieder wenden wir uns seinem Werk zu, denn der kühne und kluge Denker hat einige der tiefstgreifenden Fragen nach unserer Herkunft aufgeworfen, und er hat als begeisterter und innovativer Wissenschaftler brillante, oft welterschütternde Antworten gegeben.

1. Wer ist Darwin?

Historische Epochen sind von bestimmten geistigen Strömungen geprägt die, zusammengenommen, das bilden, was man den Zeitgeist nennt. Griechische Philosophie, Christentum, die Gedankenwelt der Renaissance, die wissenschaftliche Revolution und die Aufklärung sind Beispiele dafür; sie drückten der jeweiligen historischen Epoche ihren Stempel auf. Die Veränderungen von der einen Epoche zur nächsten gehen in der Regel allmählich vonstatten; andere, eher abrupte Veränderungen werden oft als Revolutionen bezeichnet. Die weitestreichende intellektuelle Umwälzung dieser Art stellte die Darwinsche Revolution dar. Die Weltsicht eines jeden denkenden Menschen der westlichen Welt war nach 1859, dem Erscheinungsjahr von *On the Origin of Species/Über die Entstehung der Arten*, notwendigerweise ganz anders als vor 1859. So nachhaltig wirkte sich der Darwinismus auf unsere Weltsicht aus, daß es für einen modernen Menschen fast unmöglich ist, sich in die erste Hälfte des 19. Jahrhunderts zurückzuversetzen und das Denken dieser vordarwinistischen Epoche zu rekonstruieren.

Die von Darwin eingeleitete intellektuelle Revolution reichte weit über die Grenzen der Biologie hinaus; sie führte zur Absage an einige grundlegende Glaubensvorstellungen jener Zeit. So widerlegte Darwin den Glauben an die individuelle Erschaffung einer jeden einzelnen Art und setzte an seine Stelle die Überlegung, alles Leben stamme von einem gemeinsamen Vorfahren ab. In Ausweitung dieses Gedankens führte er die Vorstellung ein, der Mensch sei nicht das Ergebnis eines Schöpfungsakts, sondern habe sich gemäß überall sonst in der Welt wirksamen Prinzipien entwickelt. Er verwarf die gängige Auffassung von einer auf Vollkommenheit angelegten und geplanten, gütigen Natur und ersetzte sie durch die Konzeption

15

eines Kampfes um das Dasein. Viktorianische Begriffe wie Fortschritt und Vervollkommnung stellte Darwin ernstlich in Frage, als er nachwies, daß Evolution Veränderung und Anpassung mit sich bringt, aber nicht notwendig zu Fortschritt und nie zu Vollkommenheit führt.

Darüber hinaus schuf Darwin die Voraussetzungen für völlig neue Ansätze in der Philosophie. Zu einer Zeit, da eine auf mathematischen Prinzipien, physikalischen Gesetzen und Determinismus beruhende Methodologie die Wissenschaftsphilosophie beherrschte, führte Darwin die Begriffe Wahrscheinlichkeit, Zufall und Einzigartigkeit in den wissenschaftlichen Diskurs ein. Sein Werk war eine Verkörperung des Grundsatzes, daß Beobachtung und das Aufstellen von Hypothesen für die Weiterentwicklung des Wissens genauso wichtig sind wie Experimente.

Man würde sich ebenso an Darwin als einen herausragenden Wissenschaftler erinnern, wenn er nie ein Wort über Evolution geschrieben hätte. Der Evolutionswissenschaftler J. B. S. Haldane wagte sogar die Behauptung, Darwins grundlegender Beitrag zur Biologie sei nicht seine Evolutionstheorie gewesen, sondern seine zahlreichen Bücher zur experimentellen Botanik, die er gegen Ende seines Lebens veröffentlichte (Haldane 1959: 358). Nichtbiologen wissen so gut wie nichts von dieser Leistung; das gleiche gilt für seine herausragenden Arbeiten zur Adaptation von Blumen, zur Tierpsychologie wie auch für seine sachkundige Arbeit über Rankenfüßer und seine einfallsreiche Arbeit über Regenwürmer. Auf allen diesen Gebieten war Darwin ein Pionier; freilich vergingen in einigen Bereichen mehr als fünfzig Jahre, ehe andere auf den von ihm geschaffenen Grundlagen aufbauten. Trotzdem steht heute fest, daß er wichtige Probleme mit außergewöhnlicher Originalität anging und solchermaßen zum Begründer einiger inzwischen allseits anerkannter Spezialgebiete wurde (Ghiselin 1969). Darwin war der erste, der eine wohlbegründete Theorie der Klassifizierung ausarbeitete, an die sich nach wie vor die meisten Taxonomen halten. Sein Ansatz in der Biogeographie weist dem Verhalten und der Ökologie von Organismen eine entscheidende

Bedeutung als Faktoren der Verbreitung zu; das kommt der modernen Biogeographie näher als die rein deskriptiv-geographische Betrachtungsweise, die über ein halbes Jahrhundert nach Darwins Tod in der Biogeographie vorherrschte.

Wer war dieser außergewöhnliche Mensch, und wie kam er auf seine Ideen? War sein Erfolg in seiner Ausbildung, seiner Persönlichkeit, seinem Fleiß oder in seinem Genie begründet? Im Grunde genommen spielten, wie wir sehen werden, alle diese Faktoren eine Rolle.

Der Mensch und sein Werk

Charles Darwin wurde am 12. Februar 1809 in Shrewsbury, England, als fünftes von sechs Kindern und als zweiter Sohn von Dr. Robert Darwin, einem außergewöhnlich erfolgreichen Arzt, geboren. Sein Großvater war Erasmus Darwin, der Verfasser der *Zoonomia*, eines Werks, das das Interesse seines Enkels an der Evolution vorwegnahm, da es versuchte, organisches Leben nach Evolutionsprinzipien zu erklären. Seine Mutter, die Tochter des berühmten Keramikers Josiah Wedgwood, starb, als Charles erst acht Jahre alt war; seine älteren Schwestern versuchten, ihren Platz auszufüllen.

Von Kindesbeinen an liebte Darwin die freie Natur leidenschaftlich. Wie er selber sagte: »Ich wurde als Naturforscher geboren.« Alle Aspekte der Natur fesselten ihn. Er liebte es zu sammeln, zu fischen und zu jagen und las mit Begeisterung naturkundliche Bücher. Shrewsbury war eine Kleinstadt mit etwa 20 000 Einwohnern – für die Entwicklung eines Biologen der perfekte Ort, weit besser geeignet als eine große Stadt oder eine rein ländliche Gegend.

Die Schule – der Unterricht bestand hauptsächlich im Studium der Klassiker – langweilte den jungen Naturkundler unerträglich. Mit nicht einmal siebzehn Jahren schickte sein Vater ihn auf die Universität Edinburgh; er sollte, wie sein älterer Bruder, Medizin studieren. Charles graute jedoch vor Medizin, und er widmete weiterhin einen Großteil seiner Zeit dem Studium der Natur. Als feststand, daß er nicht Arzt werden wollte, schickte ihn sein Vater Anfang 1828 nach Cambridge zum Theologiestudium. Dies schien eine vernünftige Entscheidung, denn in England waren damals praktisch alle Naturwissenschaftler ordinierte Pfarrer, etwa die Professoren, die in Cambridge Botanik (J. S. Henslow) und Geologie (Adam Sedgwick) lehrten. Darwins Briefe und biographische Aufzeichnungen vermitteln den Eindruck, er habe in Cambridge mehr Zeit darauf verwandt, Käfer zu sammeln, mit seinen Professoren über Botanik und Geologie zu diskutieren und mit gleichgesinnten Freunden auf die Jagd und zum Reiten zu gehen, als auf das eigentliche Studium. Trotzdem bestand er seine Prüfungen, und als er 1831 seinen Bachelor of Arts machte, hatte er auf der Liste der Absolventen die zehnte Stelle inne. Was weit wichtiger war: Nach Beendigung seines Studiums in Cambridge war Darwin ein ausgebildeter junger Naturforscher.

Unmittelbar nach Abschluß seines Studiums wurde Darwin eingeladen, als Naturforscher und Gesellschafter von Kapitän Robert FitzRoy an Bord des Königlichen Schiffes *Beagle* mitzusegeln. FitzRoy hatte den Auftrag, die Küsten von Patagonien, Feuerland, Chile und Peru zu vermessen, um Informationen für bessere Seekarten zu liefern. Die Reise sollte innerhalb von zwei oder drei Jahren abgeschlossen sein, dauerte dann jedoch fünf Jahre. Die *Beagle* lief am 27. Dezember 1831, als Darwin einunzwanzig Jahre alt war, aus Plymouth aus und legte am 2. Oktober 1836 wieder in England an. Darwin nutzte diese fünf Jahre voll. In einem höchst lesenswerten Reisebericht (*Journal of Researches*) beschreibt er die Gegenden, die er besuchte – Vulkan- und Koralleninseln, Regenwälder in Brasilien, die weite Pampa in Patagonien; von Chile aus überquerte er die Anden nach Tucumán in Argentinien und vieles andere mehr. Jeder Tag brachte neue, unvergeßliche Erlebnisse, eine unschätzbare Voraussetzung für sein Lebenswerk. Er sammelte Exemplare der verschiedensten Organismengruppen, grub in Patagonien wichtige Fossilien aus und widmete einen Großteil seiner Zeit der Geologie; vor allem aber beobachtete er die Natur und fragte sich nach dem Wie und Warum natürlicher Abläufe. Zahllose Fragen nach dem Warum stellte er nicht nur über geologische Eigenheiten und die Tierwelt, sondern auch hinsichtlich politischer und sozialer Gegebenheiten. Eben diese seine Fähigkeit, tiefschürfende Fragen zu stellen, und seine Beharrlichkeit bei dem Versuch, sie zu beantworten, machten aus Darwin schließlich einen großen Wissenschaftler.

Obwohl er bei stürmischer See immer schwer seekrank wurde, schaffte Darwin es, einen Großteil der wichtigen wissenschaftlichen Literatur zu lesen, die er auf die Reise mitgenommen hatte. Kein anderes Werk war so entscheidend für sein weiteres Denken wie die beiden ersten Bände von Charles Lyells *Principles of Geology* (1832); sie waren für Darwin nicht nur ein Kurs für Fortgeschrittene in uniformitarianischer Geologie – einer Theorie, die besagt, daß Veränderungen in der Erdoberfläche allmählich, über lange Zeitspannen hinweg stattgefunden haben –, sondern auch eine Einführung in Jean Baptiste Lamarcks Argumente für und Lyells Argumente gegen evolutionäres Denken.

Als Darwin an Bord der *Beagle* ging, glaubte er wie Lyell und alle seine Lehrer in Cambridge an die Konstanz der Arten. Doch auf der Erkundungsfahrt der *Beagle* in Südamerika machte Darwin viele Beobachtungen, die ihm große Rätsel aufgaben und seinen Glauben an die Konstanz der Arten erschütterten. Eigentlich lieferte ihm erst sein Aufenthalt auf den Galápagos-Inseln im September und Oktober 1835 die entscheidenden Hinweise, obwohl er selbst sich darüber anfangs gar nicht im klaren war – da er sich während dieser Zeit hauptsächlich mit geologischen Untersuchungen befaßte. Neun Monate später, im Juli 1836, schrieb er folgende Worte in sein Tagebuch: »Wenn ich diese in Sichtweite voneinander gelegenen und nur von einigen Arten besiedelten Inseln sehe, bewohnt von diesen Vögeln, die sich in ihrem Körperbau nur geringfügig unterscheiden und in der Natur den gleichen Platz einnehmen, muß ich annehmen, daß es sich bei ihnen um Varietäten handelt... wenn diese Bemerkungen auch nur im geringsten begründet sind, wäre es die Tierwelt von Archipelen wert, daß man sie untersucht: denn solche Fakten würden die Konstanz der Arten in Frage stellen« (Barlow 1963).

Nach seiner Ankunft in England im Oktober 1836 ordnete Darwin seine Sammlungen und schickte das Material an verschiedene Spezialisten, damit es im offiziellen Bericht über die *Beagle*-Expedition beschrieben werden konnte. Erst als im März 1837 der berühmte Ornithologe John Gould behauptete, bei den Spottdrosseln (*Mimus*), die Darwin von drei verschiedenen Galápagos-Inseln mitgebracht hatte, handle es sich um drei verschiedene Arten und nicht um Varietäten, wie Darwin geglaubt hatte, begriff Darwin den Prozeß der geographischen Speziation (Sulloway 1982; 1984): Eine neue Art kann sich entwickeln, wenn eine Population geographisch von ihrer Elternspezies isoliert wird. Des weiteren war anzunehmen: wenn von einer einzigen südamerikanischen Art abstammende Kolonisten sich zu drei Spezies auf den Galápagos entwickeln konnten... dann konnten alle Arten von Spottdrosseln auf dem Festland und gleicherweise, in früherer Zeit, die Arten verwandter Gattungen von einer Elternart abstammen und so fort. Zahlreiche Feststellungen in Darwins Aufzeichnungen bestätigen, daß er seit dem Frühjahr 1837 fest an die allmähliche Entstehung neuer Arten durch geographische Artbildung und an die Theorie der Evolution durch gemeinsame Abstammung glaubte (siehe Kapitel 2). Aber es vergingen noch anderthalb Jahre, ehe er den Mechanismus der Evolution, das Prinzip der natürlichen Auslese, entdeckte. Das geschah am 28. September 1838 bei der Lektüre von Malthus' *Essay on the Principle of Population* (siehe Kapitel 6).

Im Januar 1839 heiratete Darwin seine Cousine Emma Wedgwood, und im September 1842 zog das junge Paar von London aufs Land. In der kleinen Ortschaft Down (Kent), sechzehn Meilen südlich von London, lebte Darwin bis zu seinem Tod am 19. April 1882. Sein Gesundheitszustand machte den Umzug an einen ruhigen Ort auf dem Land erforderlich. Nach Vollendung seines dreißigsten Lebensjahres konnte er über lange Perioden nicht mehr als zwei oder drei Stunden täglich arbeiten – gegen Ende seines Lebens war er manchmal sogar monatelang arbeitsunfähig. Die exakte Diagnose seiner Krankheit ist nach wie vor umstritten, aber alle Symptome weisen auf eine Dysfunktion des autonomen Nervensystems hin.

Über die Entstehung der Arten

Es dauerte nochmals zwanzig Jahre, bis Darwin seine Theorien zur Evolution veröffentlichte, wiewohl er in den Jahren 1842 und 1844 einige vorläufige handschriftliche Essays verfaßte. Er widmete diese Zeit der Abfassung seiner geologischen Bücher und seiner monumentalen zweibändigen Monographie über die Rankenfüßer (*Cirripedia*). Warum verwandte Darwin acht Jahre auf diese taxonomische Arbeit, anstatt eiligst seine wichtige Entdeckung der Evolution aus einem gemeinsamen Ursprung durch natürliche Auslese zu veröffentlichen? Neuere historische Forschungen Ghiselins (1969) und anderer haben eindeutig ergeben, daß die Rankenfüßer-Studien für Darwin eine anspruchsvolle wissenschaftliche Übung zu Taxomonie, Morphologie und Ontogenese waren und alles andere als Zeitverschwendung. Die Erfahrung, die er bei diesen Forschungen sammelte, war eine unschätzbare Vorbereitung für die Abfassung der *Entstehung*.

Im April 1856 begann Darwin schließlich mit der Niederschrift seines, wie er selber es sah, »großen Artenbuches«. Etwa zwei Jahre später, nach Fertigstellung der ersten neun oder zehn Kapitel, erhielt er einen Brief von dem Naturforscher Alfred Russel Wallace, der sich damals auf den Molukken aufhielt, um Naturalien zu sammeln. Diesem Brief, den Darwin im Juni 1858 erhielt, war ein Manuskript beigefügt, das Wallace Darwin zu lesen und, falls er es für geeignet hielt, bei einer Zeitschrift einzureichen bat. Als Darwin das Manuskript las, war er wie vom Donner gerührt. Wallace war im wesentlichen zu derselben Theorie einer Evolution aus einem gemeinsamen Ursprung durch natürliche Auslese gelangt wie er. Am 1. Juli 1858 legten Darwins Freunde Charles Lyell und der Botaniker Joseph Hooker Wallaces Manuskript zusammen mit

Auszügen aus Darwins Manuskripten und Briefen auf einer Sitzung der Londoner Linnaeus-Gesellschaft vor. Das Ergebnis war: Darwins und Wallaces Erkenntnisse wurden gleichzeitig veröffentlicht. Darwin gab nun umgehend den Plan auf, sein umfassendes Werk über Arten fertigzustellen, und schrieb statt dessen einen, wie er es nannte, »Abriß«, sein berühmtes Buch *On the Origin of the Species*, das am 24. November 1859 erschien.

Die Wirkung der *Entstehung* war ungeheuer. Ganz zu Recht hat man es als Buch bezeichnet, das »die Welt erschütterte«. Im ersten Jahr nach Erscheinen wurden 3800, zu Darwins Lebzeiten mehr als 27000 Exemplare allein in England verkauft. Zudem gab es einige amerikanische Auflagen sowie unzählige Übersetzungen. Dennoch ist erst in unserer Zeit den Historikern klargeworden, welch grundlegenden Einfluß dieses Werk ausübte. Jegliche gegenwärtige Diskussion über die Zukunft des Menschen, die Bevölkerungsexplosion, den Existenzkampf, über den Sinn und Zweck des Menschen und des Universums und über die Stellung des Menschen in der Natur reicht zu Darwin zurück.

In den restlichen dreiundzwanzig Jahren seines Lebens befaßte sich Darwin stetig mit solchen Aspekten der Evolution, die er in der *Entstehung* nicht angemessen hatte abhandeln können. In einem zweibändigen Werk, *The Variation of Animals and Plants under Domestication* (1868) setzte er sich mutig mit dem Problem auseinander, wie es zu genetischer Variation kommt. In *The Descent of Man and Selection in Relation to Sex* (1871) behandelte er die Enwicklung des Menschen und stellte seine Theorie sexueller Auslese vor. *The Expression of the Emotions in Man and Animals* (1872) legte den Grund für die Untersuchung tierischen Verhaltens. In *Insectivorous Plants* (1875) beschrieb er die bemerkenswerte Anpassung des Sonnentaus und anderer Pflanzen, kraft derer sie in der Lage sind, Insekten zu fangen und zu verdauen. In *The Effects of Cross- and Self-Fertilization in the Vegetable Kingdom* (1876), in *The Different Forms of Flowers on Plants of the Same Species* (1877) und in *The Power of Movement in Plants* (1880) behandelte

Darwin – die Titel zeigen es an – Aspekte des Pflanzenwachstums und der Pflanzenphysiologie. In *The Formation of Vegetable Mold, through the Action of Worms, with Observations on Their Habits* (1881) beschrieb er die wichtige Rolle, die Regenwürmer bei der Bildung der Bodenkrume spielen.

Wie konnte ein Mensch im Verlauf eines Menschenlebens soviel leisten, insbesondere wenn man bedenkt, welchen Einschränkungen er durch seine Krankheit unterworfen war? Darwin konnte seine Aufgabe nur deshalb bewältigen, weil er sich in die Ruhe des Landlebens zurückzog und die meisten der ihm angetragenen Ämter oder Mitgliedschaften in Komitees ablehnte und weil er, dank der Großzügigkeit seines Vaters, von dem Einkommen lebte, das sein Erbe abwarf. Dennoch war Darwin kein Eremit. Mit einer ausführlichen Korrespondenz und durch gelegentliche Besuche in London hielt er den Kontakt mit der wissenschaftlichen Welt aufrecht; und er war ein hingebungsvoller Ehemann und treusorgender Vater seiner zehn Kinder.

Seine Zeitgenossen haben Darwin als ungewöhnlich bescheidenen, zurückhaltenden Menschen beschrieben, der sich die größte Mühe gab, niemandes Gefühle zu verletzen. Sein Arbeitseifer entsprang einem unstillbaren Wissensdurst, nicht einem Verlangen nach Ruhm und Ehren. Seine Veröffentlichungen weisen ihn als Wissenschaftler par excellence aus. Er schrieb nicht für die breite Öffentlichkeit, und es erstaunte ihn immer, wenn die eine oder andere seiner Arbeiten in der Öffentlichkeit großen Anklang fand.

Dennoch kämpfte Darwin um die Anerkennung seiner Einsichten unter den Wissenschaftlern; unterstützt wurde er dabei von einer kleinen Gruppe treuer Freunde – unter ihnen Lyell, Hooker und der Morphologe T. H. Huxley, oft als Darwins Bulldogge bezeichnet, da er es war, der in öffentlichen Debatten am häufigsten die Theorien seines Freundes verteidigte. Die glühendsten Anhänger Darwins waren die Naturforscher. Zu ihnen gehörten der Mitentdecker der Evolution durch natürliche Auslese, A. R. Wallace, der Entomologe Henry Walter Bates und der Naturkundler Fritz Müller.

Eine loyale Schar von Verteidigern zu haben war sehr wichtig, denn Darwin war ungewöhnlich heftigen Angriffen ausgesetzt. 1860 schrieb Louis Agassiz, Zoologe an der Harvard University, Darwins Theorie sei ein »wissenschaftlicher Mißgriff, unlauter hinsichtlich der Fakten, unwissenschaftlich in den Methoden und schädlich in der Tendenz«. Führende Philosophen, Theologen, Literaten und wissenschaftliche Zelebritäten äußerten sich in Zeitschriften ausführlich zur *Entstehung*. Bei weitem die meisten Besprechungen waren negativ, wenn nicht sogar ausgesprochen feindselig (Hull 1973). Merkwürdigerweise setzte sich diese negative Reaktion nach Darwins Tod im Jahre 1882 fort und hat sich in gewissen Kreisen bis heute gehalten.

Darwins wissenschaftliche Methode

Zufällig entstand in jenen Jahren, in denen Darwin am Manuskript für sein großes Buch über die Arten arbeitete, in England ein neuer Forschungsbereich, die sogenannte Wissenschaftsphilosophie. Noch als Student hatte Darwin voller Begeisterung John Herschels *Preliminary Discourse on the Study of Natural Philosophy* (1830) gelesen, und dieses Werk blieb eine seiner Lieblingslektüren. Zudem las er die Bücher von William Whewell und John Stuart Mill und versuchte gewissenhaft, ihre Anweisungen für das Studium der Naturgeschichte zu befolgen (Ruse 1970; Hodge 1982). Das war ziemlich schwierig, denn die Empfehlungen der verschiedenen Autoren waren oft widersprüchlich; nicht von ungefähr galt das gleiche für Darwins Äußerungen zu dem Thema. Um einige seiner Leser zufriedenzustellen, versicherte Darwin, er habe »nach echt Baconschen Grundsätzen« gearbeitet (Darwin 1958: p. 119; dt.: S. 100), das heißt mit direkter Induktion. In Wirklichkeit »spekulierte« er über jedes Thema, auf das er stieß. Ihm war klar, daß man ohne eine Hypothese, von der ausgehend man gezielt Beobachtungen anstellt, keine Beobachtungen machen kann. Daher »kann ich keinen Zweifel daran hegen, daß spekulative Leute, wenn sie sich in Zaum halten, bei weitem die besten Beobachter abgeben« (Darwin 1988: 317). Seine Ansichten äußerte er klar und deutlich in einem Brief an Henry Fawcett. »Vor etwa dreißig Jahren war viel davon die Rede, daß Geologen beobachten und keine Theorien aufstellen sollten; und ich erinnere mich gut daran, wie jemand sagte, daß unter diesen Umständen ein Mann genausogut in eine Kiesgrube gehen und die Kiesel zählen und ihre Farbe beschreiben könnte. Merkwürdig, daß es Leute gibt, die nicht verstehen, daß alle Beobachtung für oder gegen eine Ansicht angestellt werden muß, wenn sie denn zu irgend etwas dienen soll!« (Darwin und Seward 1903).

Darwins Methode war genaugenommen die altbewährte, die sich die besten Naturforscher zunutze machen. Sie beobachten zahlreiche Phänomene und versuchen stets, das Wie und Warum ihrer Beobachtungen zu verstehen. Wenn irgend etwas nicht in ihr System paßt, dann stellen sie eine Vermutung an und überprüfen sie durch weitere Beobachtungen, die entweder zu einer Widerlegung oder zu einer Bestätigung der ursprünglichen Annahme führen. Dieses Vorgehen harmoniert nicht sonderlich mit den klassischen Regeln der Wissenschaftsphilosophie, da man dabei ständig hin und her wechselt: man beobachtet, stellt Fragen, entwickelt Hypothesen oder Modelle, überprüft sie, indem man weitere Beobachtungen anstellt, und so weiter. Darwins Spekulieren war ein sehr diszipliniertes Verfahren, dessen er sich, wie jeder moderne Wissenschaftler, bediente, um dem Planen von Experimenten und dem Sammeln weiterer Beobachtungen eine Richtung zu geben. Ich kenne keinen Vorläufer Darwins, der diese Methode so durchgängig und mit solchem Erfolg angewandt hätte.

Daß Darwin ein Genie war, wird, ungeachtet seiner früheren Kritiker, nicht mehr bezweifelt. Aber es muß doch eine ganze Reihe anderer Biologen gegeben haben, die, genauso intelligent, sich nicht mit Darwins Leistung zu messen vermochten. Was unterscheidet Darwin von allen anderen? Vielleicht können wir diese Frage beantworten, indem wir untersuchen, welche Art Wissenschaftler Darwin war. Wie er selber sagte, war er zuerst und vor allem Naturforscher. Er war ein hervorragender Beobachter, und wie alle anderen Naturkundler interessierte er sich für die Vielfältigkeit der lebenden Natur und für das Angepaßtsein. Im großen und ganzen befassen sich Naturforscher mit Beschreiben und mit Einzelheiten; Darwin aber war zudem ein großer Theoretiker, und das trifft nur auf sehr wenige Naturforscher zu. In dieser Hinsicht ähnelt Darwin viel eher einigen führenden Vertretern der exakten Wissenschaften seiner Zeit. Darwin unterschied sich von den durchschnittlichen Naturforschern noch in anderer Hinsicht. Er war nicht nur ein Beobachter, er war auch ein begabter und unermüdlicher Experimentator; wann immer er es mit einem Problem zu tun hatte, dessen Lösung mit einem Experiment vorangetrieben werden konnte.

Ich glaube, dies weist auf einige Quellen von Darwins Größe hin. Die Universalität seiner Begabungen und Interessen prädestinierten ihn dazu, Brücken zwischen den Spezialgebieten zu schlagen. Sie befähigte ihn, seine Vorbildung als Naturkundler zu nutzen, um über einige der herausforderndsten Probleme, die unsere Neugierde reizen, Theorien aufzustellen. Und entgegen weitverbreiteter Ansicht war Darwin äußerst mutig in seinem Theoretisieren. Ein glänzender Verstand, großartige intellektuelle Kühnheit und die Fähigkeit, die besten Eigenschaften eines Naturkundler-Beobachters, philosophischen Theoretikers und Experimentators in sich zu vereinen – bislang hat die Welt nur eine solche Kombination gesehen, und zwar in der Person Charles Darwin.

2. Die Kampfansage an den Schöpfungsglauben: die erste Darwinsche Revolution

Eine neue wissenschaftliche Entdeckung, etwa die Struktur der DNS-Doppelhelix, wird normalerweise auf der Stelle akzeptiert. Sollte sich herausstellen, daß die vermeintliche Entdeckung auf einem Irrtum oder einer Fehleinschätzung beruht, verschwindet sie schnell wieder aus der Literatur. Im Gegensatz dazu ist der Widerstand gegen die Einführung neuer Theorien, insbesondere solcher, die von neuen Vorstellungen ausgehen, viel stärker und umfassender. Es dauerte ungefähr achtzig Jahre, bis Isaac Newtons Theorie, wonach die Schwerkraft für die Planetenbewegung verantwortlich ist, anerkannt wurde. Alfred Wegeners Kontinentalverschiebungstheorie wurde 1912 veröffentlicht, aber erst fünfzig Jahre später allgemein akzeptiert, nachdem man sich die Theorie der Plattentektonik zu eigen gemacht hatte.

Theorien, die implizit oder explizit von einer Evolution ausgingen, waren seit Buffon (1749) zur Diskussion gestellt worden, am eindeutigsten von Lamarck (1809), aber entweder ignorierte man sie weitgehend, oder man setzte ihnen aktiv Widerstand entgegen. Als Charles Darwin sich zum erstenmal Gedanken über derlei Probleme machte – in seiner Cambridger Zeit und an Bord der *Beagle* –, glaubten alle seine Lehrer und Freunde fest daran, daß Arten sich nicht ändern. An diesem Glauben hielten sie vorwiegend aufgrund ihrer religiösen Überzeugungen fest. Die beiden Lehrer in Cambridge, denen Darwin am nächsten stand, Henslow und Sedgwick, waren strenggläubige Christen und nahmen die Glaubenslehre der Bibel einschließlich der Schöpfungsgeschichte wörtlich. Selbst der Geologe Charles Lyell, dessen Werk Darwins Denken tiefgreifend beeinflußt hat – obwohl er ihn erst nach seiner Rückkehr von der *Beagle*-Expedition persönlich kennenlernte –, war Theist und glaubte, die Arten seien von Gott erschaffen worden.

In allen Schriften der Naturkundler, Geologen und Philosophen jener Zeit spielte Gott eine beherrschende Rolle. Unerklärliche Phänomene, und dazu gehörte die Frage, wie Arten entstehen, deuteten sie selbstverständlich als Gottes Werk.

Die Argumentation gegen den Schöpfungsglauben

Als sich Darwin 1827 für das Theologiestudium der Regierung entschied, war auch er ein orthodoxer Christ. Wie er in seiner Autobiographie schrieb (1958: 57): »Damals zweifelte ich nicht im geringsten an der strikten und buchstäblichen Wahrheit eines jeden Wortes in der Bibel«; er stellte weder die Möglichkeit, daß Wunder geschehen, in Frage noch andere übernatürlichen Phänomene. Auf der *Beagle*, so berichtet er, »war ich ziemlich strenggläubig, und ich erinnere mich, daß ich von einigen Offizieren herzlich ausgelacht wurde, als ich bei irgendeiner Frage der Moral die Bibel als unwiderlegbare Autorität zitierte« (1958: 85). Und doch steht eindeutig fest, viele Erfahrungen, die er in den fünf Jahren seiner Reise machte, weckten in ihm erste Zweifel an seinen Glaubensvorstellungen. Wie konnte ein weiser und gütiger Schöpfer die unsägliche Grausamkeit und das Leid der Sklaverei zulassen? Wie konnte er Erdbeben und Vulkanausbrüche auslösen, bei denen Tausende oder Zehntausende unschuldiger Menschen ums Leben kamen? Doch Darwin war zu sehr mit seiner Arbeit beschäftigt, als daß derlei beunruhigende Gedanken ihn wirklich belastet hätten. Nach seiner Rückkehr von der *Beagle* wurde er stärker von den Glaubensvorstellungen seiner Familie beeinflußt als von seinen Cambridger Freunden. Wie Ruse (1979; 181) bemerkte: »Sein Großvater Erasmus war bestenfalls ein halbherziger Deist, durchaus in der Lage, an Evolution zu glauben... sein Vater Robert, der einen außerordentlichen Einfluß auf Darwin ausübte, war nicht gläubig; sein Onkel Josiah Wedgwood war Unitarier; und, am wichtigsten, Charles älterer Bruder Erasmus hatte zu der Zeit, als Charles von der *Beagle*-Reise zurückkam, bereits seinen Glauben aufgegeben.«

Es war aber nicht in erster Linie die intellektuelle Umgebung, die zum Wandel in seinen Glaubensvorstellungen führte; entscheidend waren seine wissenschaftlichen Erkenntnisse. Nahezu alles, was er bei seinen naturhistorischen Untersuchungen entdeckte, stand mehr oder weniger im Gegensatz zum christlichen Dogma. Jede Art wies zahlreiche Anpassungen auf, von arteigenen Gesängen oder Verhaltensweisen beim Werben bis hin zu jeder Art typischer Nahrung und arttypischen Feinden. Nach der damals in England allgemein anerkannten Philosophie der Naturtheologie hatte sich Gott alle diese zahllosen Details ausgedacht und kümmerte sich darum. Sie konnten unmöglich Naturgesetzen unterliegen, da sie viel zu spezialisiert waren. Die unbelebte Welt, in der es keine Anpassung gab, konnte bestimmten Gesetzmäßigkeiten unterliegen, aber die Besonderheiten und Anpassungen der organischen Welt hätten erfordert, daß sich Gott höchstpersönlich bei Tausenden oder, wie wir mittlerweile wissen, Millionen Arten um jedes Detail kümmerte. Eine solche Erklärung der ungeheuren Vielfalt und Anpassungen, die er beobachtete, konnte Darwin nicht akzeptieren, und er neigte immer mehr der Annahme natürlicher Mechanismen zu.

Auch zu dem Glauben der Naturtheologen an eine vollkommene Welt standen Darwins Beobachtungen in Widerspruch. Statt dessen findet der Naturforscher zahlreiche Unvollkommenheiten. Wie hätten alle Arten früherer Epochen aussterben können, wenn sie vollkommen gewesen wären? Hull (1973: 126) bemerkte richtig: »Der Gott, den ... eine realistische Einschätzung der organischen Welt voraussetzte, war launenhaft, grausam, willkürlich, verschwenderisch, sorglos und scherte sich nicht im geringsten um das Wohlergehen seiner Geschöpfe.« Überlegungen wie diese bewogen Darwin allmählich zu dem Entschluß, die Erklärung der Welt ohne Gott oder andere übernatürliche Kräfte zu versuchen.

Wie wir weiter unten im einzelnen sehen werden, kam Darwin der Grundgedanke seiner Theorie der natürlichen Auslese im Herbst 1838; dies würde den Schluß nahelegen, daß er schon zu einem früheren Zeitpunkt beschlossen hatte, übernatürliche

Erklärungen nicht gelten zu lassen. Diese Schlußfolgerung wurde jedoch von einigen Autoren vehement bestritten, und ihre Auffassung scheint von Darwins Äußerungen in der *Entstehung* und an anderer Stelle bestätigt zu werden.

Erstaunlich groß ist die Vielzahl der Meinungen dafür und dagegen. Da wird auf der einen Seite gefolgert, Darwin sei bereits 1837 Agnostiker gewesen, als er mit seinen *Notebooks* begann. Auf der anderen Seite wird angenommen, er sei noch 1859 Theist gewesen und erst gegen Ende seines Lebens Agnostiker geworden. Wie konnte es angesichts der Materialfülle zu diesem Thema in Darwins Aufzeichnungen, Briefen und Veröffentlichungen zu solch unterschiedlichen Interpretationen kommen? Die Antwort liegt in Darwins eigener Mehrdeutigkeit begründet. Kohn hat dies glänzend analysiert (1989). Moore hat zusätzlich Licht auf die Brüche in Darwins Gedankenwelt geworfen (1989). Die Lektüre dieser Darstellungen (und dazu früherer von Ospovat, Greene, Gillespie, Moore, Manier und Richards) legen die Schlußfolgerungen nahe, auf die ich gleich näher eingehen werde. Allerdings hat Kohn zu Recht darauf hingewiesen, daß jeder, der Darwins Religiosität durchleuchten wollte, dazu tendierte, das in Darwin hineinzulesen, was er finden wollte, und wahrscheinlich bin auch ich vor dieser Anfechtung nicht ganz gefeit.

Es ist ziemlich eindeutig, daß Darwin vor Ende Juli 1838 etliche durch und durch »materialistische« (= agnostische) Gedanken in seinem Notizbuch festgehalten hatte. Aber vom 29. bis 31. Juli 1838 besuchte er die Wegdwoods in Maer, Staffordshire, und von da an begann er um Emma zu werben. Emma war eine strenggläubige Christin, und Darwin war sich – wie oft betont worden ist – bewußt, daß eine Ehe ausgeschlossen wäre, wenn er bei der Äußerung seiner religiösen Zweifel nicht Vorsicht walten ließ. Mehr noch, »Emma wurde«, wie Kohn richtig bemerkte, »Darwins Modell des konventionellen Viktorianischen Lesers« (1989: 226). Sie übte eindeutig Einfluß auf »die Anlage der Texte Darwins aus. In meinen Augen ist dies etwas ganz Wesentliches: Man darf nicht ein Wort des vieldeutigen Redens über Gott in der *Entstehung* unbesehen hinnehmen«

(Kohn 1989: 226). Wohlgemerkt, es hat den Anschein, als habe Darwin selbst immer noch geschwankt. »Atheismus zog ihn an und erschreckte ihn gleichzeitig« (p. 227). Er war sich des Großen Unbekannten bewußt, und es wäre ihm ein Trost gewesen, wenn er an ein höchstes Wesen hätte glauben können. Aber alle Phänomene der Natur, auf die er traf, standen in Einklang mit einer direkten wissenschaftlichen Erklärung, die sich nicht auf übernatürliche Kräfte berief.

Dreizehn Jahre später, 1851, trat in Darwins Leben ein Ereignis ein, daß ihn zutiefst traf. Er verlor sein geliebtes, zehn Jahre altes Töchterchen Annie, ein Kind, das offenbar ein Inbegriff der Vollkommenheit war. Wie Moore (1989) beschreibt, scheint dieser »grausame« Vorfall die letzten Spuren von Theismus in Darwin getilgt zu haben.

Ob man ihn nun einen Deisten, einen Agnostiker oder einen Atheisten nennen will, eines steht fest: In der *Entstehung* bedurfte Darwin nicht mehr Gottes als Erklärungsfaktor. Der biblischen Schöpfungsgeschichte widersprach in Darwins Augen die natürliche Umwelt in fast allen ihren Aspekten. Zudem konnte die Schöpfungsgeschichte die Existenz der Fossilien einfach nicht erklären, ebensowenig die Hierarchie der Organismentypen, die der Taxonom Carl Linnaeus zur Diskussion gestellt hatte, wie viele andere Erkenntnisse der Wissenschaft. Doch fast alle Kollegen Darwins glaubten noch an irgendeine Art von Schöpfungsakt, und viele seiner Zeitgenossen stimmten mit Bischof Usshers Berechnung, nach der die Erschaffung der Welt erst 4004 v. Chr. stattgefunden habe, überein.

Im Gegensatz dazu waren sich die Geologen seit langem über das ungeheure Alter der Erde im klaren: Es ließ genügend zeitlichen Spielraum für eine vielfältige organische Evolution. Eine weitere höchst bedeutsame und für die Anhänger des Schöpfungsglaubens äußerst irritierende Entdeckung in der Geologie war die Entdeckung häufigen Aussterbens. Bereits im 18. Jahrhundert hatten der deutsche Naturforscher Johann Friedrich Blumenbach und andere das Aussterben vormals existierender Typen wie Ammoniten, Belemniten, Trilobiten und ganzer Faunen angenommen, aber erst als Cuvier das Aussterben einer ganzen Folge von Säugetierfaunen des Pariser Bekkens im Tertiär nachwies, wurde es unvermeidlich, ein Aussterben gelten zu lassen. Der letzte Beweis dafür war die Entdeckung fossiler Mastodonten und Mammuts, von Tieren, die so riesig waren, daß nicht einmal im abgelegensten Winkel der Erde ein überlebendes Exemplar hätte unentdeckt bleiben können.

Drei Erklärungen wurden für das Aussterben angeboten. Laut Lamarck starben nie irgendwelche Organismen aus; es erfolgte lediglich ein derart drastischer Wandel, daß vormals existierende Typen sich bis zur Unkenntlichkeit verändert hatten. Nach Ansicht einer anderen Schule, zu der Louis Agassiz gehörte, war jede frühere Fauna infolge einer Katastrophe als Ganze ausgestorben und wurde durch eine neu geschaffene, fortschrittlichere Fauna ersetzt. Dies war Agassiz zufolge seit Erschaffung der Erde fünfzigmal geschehen. Für Lyell war eine solche Katastrophentheorie unannehmbar; er wartete mit einer dritten Theorie auf, die mit seinem Uniformitarismus in Einklang stand. Er glaubte, daß einzelne Arten nacheinander ausstarben, wenn sich die Bedingungen änderten, und daß die so entstandenen Lücken in der Natur durch die Einführung neuer Arten durch vermutlich übernatürliche Kräfte aufgefüllt wurden. Lyells Theorie stellte den Versuch einer Versöhnung dar zwischen denen, die eine lange bestehende, sich verändernde Welt anerkannten, und jenen, die an den Lehren des Schöpfungsglaubens festhielten.

Die Frage, auf welche Weise genau diese neuen Arten entstanden waren, ließ Lyell unbeantwortet. Er überließ die Lösung dieses Problems Darwin, der es im Laufe der Zeit zu seinem wichtigsten Forschungsvorhaben machte. Darwin näherte sich also dem Problem der Evolution auf ganz andere Weise als Lamarck. Für Lamarck war die Evolution ein rein vertikales Phänomen, das in einer einzigen Dimension, der der Zeit, fortschritt. In seinen Augen war die Evolution eine Bewegung vom weniger Vollkommenen hin zum Vollkommeneren, von den primitivsten Infusorien bis zu den Säugetieren und zum Menschen. Lamarcks *Philosophie Zoologique* (1809) war das Paradigma des vertikalen Evolutionismus. In Lamarcks Denken spielten die Arten keine Rolle. Neue Arten entstanden fortwährend durch Urzeugung aus unbelebter Materie, aber sie brachte nur die allereinfachsten Infusorien hervor. Jede neu entstandene Evolutionslinie stieg schrittweise zu immer größerer Perfektion auf, weil sich die Organismen an ihre Umgebung anpaßten und die neu erworbenen Eigenschaften an ihre Nachkommen weitergaben.

Auf dieser Grundlage konnte Darwin nicht aufbauen; er ging vielmehr von der grundsätzlichen Frage aus, die Lyell ihm hinterlassen hatte, nämlich: Wie entstehen neue Arten? Zwar hatte Lyell »mittelbare Ursachen« als Quelle der neuen Arten angesprochen, aber der Prozeß selber blieb eine Art Ad-hoc-Schöpfung. »Es kann sein, daß Spezies der Reihe nach zu der und der Zeit an den und den Orten geschaffen wurden, um sie in die Lage zu versetzen, sich zu vermehren und eine vorbestimmte Zeit zu bestehen und einen vorbestimmten Platz auf dem Erdball einzunehmen« (Lyell 1835, 3: 99–100). Für Lyell war jede Schöpfung ein minuziös geplantes Ereignis. Der Grund, weshalb Lyell – wie auch Henslow, Sedgwick und all die anderen Wissenschaftlerfreunde und Korrespondenten Darwins Mitte der dreißiger Jahre des 19. Jahrhunderts – die unwandelbare Konstanz der Arten akzeptierte, war letztlich ein philosophischer. Die Unveränderlichkeit der Arten – das heißt die Unfähigkeit einer einmal geschaffenen Art, sich zu ändern – war das Stück des alten Dogmas von einer erschaffenen Welt, das, nachdem man die Vorstellungen des jungen Alters und der Konstanz der unbelebten Welt aufgegeben hatte, geblieben war.

Hinweise auf die allmähliche Entwicklung und Vervielfachung der Arten

Ehe nicht die Möglichkeit anerkannt wurde, daß Arten fähig sind, sich zu verändern, sich in neue Arten zu verwandeln und sich zu mehreren Arten zu vervielfachen, konnte sich keine echte und überprüfbare Theorie der Evolution entwickeln. Eine derart fundierte Theorie zu entwickeln setzte den vollständigen Bruch mit Lyells Denken und Vorstellungen voraus. Die Frage, die wir uns stellen müssen, lautet: Wie gelang es Darwin, sich von Lyells Denkweise zu lösen, und welche Beobachtungen oder begrifflichen Veränderungen ermöglichten es ihm, sich die Theorie einer Veränderlichkeit von Arten zu eigen zu machen?

Wie Darwin selber uns in seiner Autobiographie mitteilt, traf er während seiner Reise nach Südamerika an Bord der *Beagle* auf viele Phänomene, die jeder moderne Biologe ohne Zögern als eindeutige Hinweise auf Evolution deuten würde. Aber als Darwin auf der Heimreise (ungefähr im Juli 1836) die Objekte seiner Sammlung ordnete und feststellte, daß die »Varietäten«, die er beobachtete, »die Konstanz der Arten in Frage stellten«, hatte er sich noch nicht bewußt von der Vorstellung konstanter Arten gelöst (Barlow 1963). Dies vollzog sich offenbar in zwei Stufen. Die Entdeckung einer zweiten, kleineren Art von Nandus (südamerikanischer Straußenvögel) ließ ihn die Theorie aufstellen, daß eine existierende Art durch einen plötzlichen Sprung oder eine Saltation eine neue Art hervorbringen konnte. Eine solche Entstehung neuer Arten war schon früher, von den Griechen bis hin zu Robinet und Maupertuis (Osborn 1894), mehrfach behauptet worden. Das plötzliche Entstehen neuer Arten ist jedoch keine Evolution. Entscheidendes Kriterium für eine evolutionäre Umwandlung ist stufenweise, graduelle Änderung.

Den Begriff der Gradualität – den zweiten Schritt in Darwins Gesinnungswandel – entwickelte er offenbar aufgrund eines Hinweises des Ornithologen John Gould. Gould bereitete den Bericht über Darwins Vogelsammlung vor und fand dabei: Auf den drei verschiedenen Galápagos-Inseln gab es drei verschiedene endemische Arten von Spottdrosseln. Darwin hatte sie lediglich für Abarten gehalten (Sulloway 1982b). Die Spottdrossel-Episode war für Darwin aus zwei Gründen von besonderer Bedeutung. Die auf den Galápagos heimischen Arten waren einer Spottdrossel-Art auf dem südamerikanischen Festland ziemlich ähnlich und stammten eindeutig von ihr ab. Die Vögel auf den Galápagos waren also nicht das Ergebnis einer einzelnen Saltation, wie Darwin es für die neue Nandu-Art in Patagonien behauptet hatte, sondern hatten sich auf drei verschiedenen Inseln allmählich zu drei getrennten, aber ähnlichen Arten entwickelt. Diese Tatsache machte es Darwin leichter, sich zu der Konzeption einer allmählichen Evolution zu bekehren (siehe Kapitel 3). Noch bedeutsamer war folgende Tatsache: Diese drei verschiedenen Arten stammten von einer einzigen Elternart ab, der Festland-Spottdrossel – eine Beobachtung, die Darwin eine Lösung des Problems der Artbildung lieferte, das heißt, wie und warum Arten sich vervielfachen.

Wer an eine sprunghafte Evolution glaubte, für den bedeutete Artbildung die plötzliche Umwandlung einer Art in eine andere. Wer an transformationelle Evolution glaubte, für den bedeutete Artbildung die allmähliche Veränderung einer Art in eine andere innerhalb einer Stammeslinie. Keine dieser beiden Theorien konnte jedoch die Entstehung der ungeheuren organischen Vielfalt erklären, die Darwin um sich herum wahrnahm. Heute gibt es auf der Erde mindestens zehn Millionen Tierarten und fast zwei Millionen Pflanzenarten, ganz zu schweigen von den unzähligen Pilzen, Einzellern und Prokaryonten. Obwohl zu Darwins Zeit nur ein Bruchteil davon bekannt war, wurde bereits damals die Frage gestellt, warum es so viele Arten gibt und wie sie entstanden sind. Lamarck hatte in seiner *Philosophie Zoologique* die Möglichkeit einer Vervielfachung der Arten außer acht gelassen. Für ihn war die Vielfalt das Ergebnis von Unterschieden in den Anpassungsraten, und neue Entwicklungslinien entstanden, so dachte er, durch Urzeugung. In Lyells Welt, die sich in einer Art Fließgleichgewicht befand, blieb die Anzahl der Arten gleich, und neue Arten wurden nur erzeugt, um ausgestorbene zu ersetzen. Diese frühen Autoren kamen überhaupt nicht auf den Gedanken, eine Art könne sich in mehrere Tochterarten aufteilen.

Eine Lösung des Problems der Artenmannigfaltigkeit erforderte einen ganz neuen Ansatz, und diesen konnten nur die Naturforscher entwickeln. Leopold von Buch auf den Kanarischen Inseln, Darwin auf den Galápagos-Inseln, Moritz Wagner in Nordafrika und A. R. Wallace in Amazonien und auf dem Malaiischen Archipel waren in diesem Bestreben Pioniere. Jeder von ihnen entdeckte zahlreiche Populationen, die man als Übergangsstadien in der Artbildung betrachten konnte. Die ausgeprägte Diskontinuität zwischen Arten, die John Ray, Carl Linnaeus und andere so beeindruckt hatte, wurde nun durch eine Kontinuität zwischen Arten in Frage gestellt.

Das Problem, wie solche neuen Arten und beginnenden Arten entstehen, wurde von Darwin für die Spottdrosseln auf den Galápagos geklärt. Seine Sammlungen zeigten: Neue Arten können durch die heute so benannte geographische (oder allopatrische) Artbildung entstehen. Diese Theorie der Artbildung besagt: Neue Arten können durch die allmähliche genetische Umwandlung geographisch isolierter Populationen entstehen. Im Laufe der Zeit werden solche isolierten Populationen zu geographischen Rassen oder Unterarten, und Darwin erkannte, sie können zu neuen Arten werden, sofern sie lange genug isoliert bleiben. Mit diesem Gedanken begründete er einen Zweig des Evolutionismus, den wir kurz als horizontalen Evolutionismus bezeichnen können im Gegensatz zu dem strikt vertikalen Evolutionismus Lamarcks. Die beiden Begriffe beziehen sich auf zwei grundlegend verschiedene Betrachtungsweisen von Evolution, auch wenn die diesen Aspekten zugrundeliegenden Prozesse gleichzeitig ablaufen. Vertikaler Evolutionismus beschäftigt sich mit den adaptiven Veränderungen in der Zeit, während horizontaler Evolutionismus sich mit der Entstehung neuer Verschiedenartigkeit in der Dimension des Raumes befaßt, das heißt mit der Entstehung von beginnenden und neuen Arten, wenn Populationen in neue Umweltnischen abwandern. Diese Arten tragen zur Verschiedenartigkeit der organischen Welt bei und stellen potentielle Begründer neuer, höherer Taxa und neuer evolutionärer Ausgangspunkte dar: Sie können neue Zonen besetzen, an die sie angepaßt sind.

Seit 1837, dem Jahr, da Darwin das Problem des Ursprungs von Vielfalt erkannte und löste, kennen wir diese Dualität –

vertikal/horizontal – des Evolutionsprozesses. Leider verfügten nur wenige Autoren über die Aufgeschlossenheit und Erfahrung eines Darwin, die es ihnen erlaubt hätten, sich mit beiden Aspekten der Evolution gleichgewichtig zu befassen. Statt dessen konzentrierten sich Paläontologen und Genetiker auf die vertikale Evolution, während die Mehrheit der Naturforscher die Entstehung der Verschiedenartigkeit, wie sie sich im horizontalen Prozeß der Vervielfachung der Arten und der Entstehung höherer Taxa widerspiegelt, untersuchte.

In den Augen Darwins ermöglichte die horizontale Betrachtung der Artbildung die Lösung dreier wichtiger Probleme der Evolution: (1) warum und wie Arten sich vervielfachen, (2) warum zwischen großen Organismengruppen in der Natur Diskontinuitäten bestehen, obwohl die Konzeption der graduellen Evolution anscheinend zahllose subtile Zwischenformen aller Gruppen erlaubt, und (3) wie höhere Taxa sich entwikkeln. Die vielleicht entscheidendste Konsequenz aus der Entdeckung der geographischen Artbildung aber war: Sie brachte Darwin automatisch dazu, Evolution als einen Abzweigungsprozeß zu betrachten. Aus diesem Grund taucht die Vorstellung einer Verästelung schon in einem so frühen Stadium in Darwins Notizbüchern auf (siehe unten).

Trotz dieser Einsichten Darwins und der Naturforscher wurde erst allmählich klar, welch grundlegende Bedeutung die Konzeption der Artbildung hatte. Wie wir in Kapitel 3 im einzelnen sehen werden, war sich Darwin in den Jahrzehnten nach der Veröffentlichung der *Entstehung* keineswegs sicher, wie Arten sich vervielfachen, und für den Rest seines Lebens schlug er sich mit Problemen der Entstehung von Vielfalt herum. Dennoch war seine Erkenntnis, daß jede Evolutionstheorie die Vervielfachung von Arten irgendwie erklären muß, seit 1837 ein Eckpfeiler in Darwins evolutionärem Gedankengebäude.

Die Theorie der gemeinsamen Abstammung

Der Fall der Spottdrossel-Arten auf den Galápagos-Inseln verhalf Darwin zu einer weiteren wichtigen Einsicht. Die drei Arten stammten eindeutig von einer einzigen Elternart auf dem südamerikanischen Kontinent ab. Von hier war es nur noch ein kleiner Schritt zu der Behauptung, alle Spottdrosseln stammten von einem gemeinsamen Vorfahren ab – ja, sogar jede Organismusgruppe stamme von einer Elternart ab. Dies ist Darwins Theorie der gemeinsamen Abstammung. Im Gegensatz dazu waren für die Anhänger der Idee der *scala naturae* (der Stufenleiter der Natur oder der großen Kette des Seienden) – im 18. Jahrhundert waren das mehr oder weniger die meisten Naturkundler – alle Organismen Teil einer einzigen linearen Stufenleiter immer größerer Vollkommenheit. Im Prinzip war Lamarck nach wie vor ein Anhänger dieser Vorstellung, auch wenn er in seiner Klassifizierung der Hauptstämme eine gewisse Verästelung zuließ. Peter Simon Pallas und andere hatten ebenfalls Stammbäume veröffentlicht, aber es bedurfte erst der kategorischen Ablehnung der *scala naturae* durch Cuvier im ersten und zweiten Jahrzehnt des 19. Jahrhunderts, ehe die Notwendigkeit einer neuen Methode der Darstellung der organischen Vielfalt unausweichlich wurde.

Eine als Quinarier bezeichnete Gruppe versuchte, die jeweiligen Beziehungen mit Oskulationskreisen anzugeben, aber ihre Diagramme stimmten ganz und gar nicht mit der Wirklichkeit überein. Die Archetypen Richard Owens und der *Naturphilosophen* stärkten die Anerkennung gut abgegrenzter Gruppen in der Natur, doch blieb ihre Verwendung des Begriffs »Affinität« in bezug auf diese Gruppen vor der Anerkennung der Evolutionstheorie inhaltsleer. Für Agassiz und Henri Milne-Edwards spiegelte Verästelung ein Abweichen in der Ontogenese wider, in deren Folge die erwachsenen Formen weit mehr Unterschiede aufwiesen als die vorangegangenen embryonalen Stadien. An all diesen Beispielen wird klar ersichtlich, daß die statischen Verästelungsdiagramme von Wissenschaftlern, die die Evolutionstheorie nicht anerkannten, ebensowenig auf ein evolutionäres Denken schließen lassen wie etwa sich verzweigende Ablaufdiagramme im Geschäftsleben oder Verästelungsdiagramme in Verwaltungshierarchien.

Aus einer Art der südamerikanischen Spottdrossel waren also auf den Galápagos-Inseln drei neue Arten entstanden. Wohl kurz nach dieser Erkenntnis scheint Darwin das nicht als Einzelfall angesehen zu haben. Eine Verallgemeinerung lag nahe: Vervielfachung der Arten konnte durch Divergieren – über einen längeren Zeitraum – auch zu neuen Gattungen und höheren Kategorien führen. Den Angehörigen eines höheren Taxons wäre dann eines gemeinsam: die Abstammung von einem gemeinsamen Vorfahren. Die beste Methode, eine solche gemeinsame Abstammung bildlich darzustellen, war ein Verästelungsdiagramm. Bereits im Sommer 1837 stellte Darwin eindeutig fest, »organisierte Lebewesen stellen einen unregelmäßig verzweigten Baum dar« (*Notebooks* B: 21), und er zeichnete mehrere Stammbäume, bei denen er sogar lebende und ausgestorbene Arten anhand verschiedener Symbole unterschied.

Als Darwin die *Entstehung* verfaßte, war die Theorie der gemeinsamen Abstammung bereits zum Rückgrat seiner Evolutionstheorie geworden, was auch nicht weiter überraschend ist, denn sie konnte außergewöhnlich viel erklären. In der Tat wurden in der Zeit nach 1859 die Beispiele für eine gemeinsame Abstammung, wie sie die vergleichende Anatomie, die vergleichende Embryologie, die Taxonomie (auf der Suche nach »dem System der Natur«) und die Biogeographie lieferten, zu den wichtigsten Beweisen für die Evolution. Diese biologischen Disziplinen, die bis 1859 hauptsächlich deskriptiv gearbeitet hatten, forschten nun ihrerseits nach den Ursachen, denn gemeinsame Abstammung bot eine Erklärung für nahezu alles, was vorher rätselhaft war.

Darwins Konzeption einer gemeinsamen Abstammung war nicht völlig neu. Schon Buffon hatte sie für nahe Verwandte, etwa Pferd und Esel, in Betracht gezogen; da er jedoch die Evolution nicht anerkannte, hatte er einen solchen Gedanken nicht systematisch weiterverfolgt. Gelegentliche Erwähnungen einer gemeinsamen Abstammung finden sich bei einer Reihe anderer Autoren, aber bislang haben sich die Historiker nicht eingehend mit den frühen Verfechtern einer gemeinsamen Abstammung befaßt. Lamarck vertrat diese Theorie zweifellos nicht; obwohl er die gelegentliche Aufsplitterung von »Massen« (höheren Taxa) ins Gespräch brachte, dachte er nie an eine Aufspaltung von Arten und regelmäßig wiederkehrende Verästelung. In seinen Augen handelte es sich bei Abstammung um eine lineare Abstammung innerhalb einer jeden Stammeslinie; die Idee einer gemeinsamen Abstammung war ihm fremd.

Die Theorie einer gemeinsamen Abstammung ist, einmal formuliert, einfach und einleuchtend, und es ist kaum zu glauben, daß Darwin der erste war, der sie sich konsequent zu eigen machte. Ihre Bedeutung liegt nicht allein in ihrem so großen Erklärungswert, sondern auch darin, daß sie eine Einheit der belebten Welt herstellt, die es bis dahin nicht gab. Bis 1859 waren die Leute vor allem von der enormen Vielfalt des Lebens – von den niedrigsten Pflanzen bis zu den am höchsten entwikkelten Wirbeltieren – beeindruckt, aber diese Vielfalt erschien in einem ganz anderen Licht, als man sie auf einen gemeinsamen Ursprung zurückverfolgen konnte. Der endgültige Beweis dafür gelang natürlich erst in unseren Tagen, als die Molekularbiologen zeigten, daß sogar Bakterien den gleichen genetischen Code wie Tiere und Pflanzen haben.

Keine andere Theorie Darwins wurde mit solcher Begeisterung übernommen wie die der gemeinsamen Abstammung. Alles, was in der Naturgeschichte bis dahin willkürlich und chaotisch schien, ergab nun einen Sinn. Die Archetypen Owens und der vergleichenden Anatomen konnten nun als das Erbe eines gemeinsamen Vorfahren erklärt werden. Die gesamte Linnaeische Hierarchie erschien plötzlich als ganz logisch, denn nun wurde klar, daß jedes höhere Taxon aus den Abkömmlingen eines noch älteren Vorfahren bestand. Verbreitungsmuster, die vorher willkürlich schienen, konnten nun über die Ausbreitung von Vorfahren erklärt werden. Praktisch alle Beweise für Evolution, die Darwin in der *Entstehung* anführte, sind genaugenommen Beweise für eine gemeinsame Abstammung. In der Zeit nach der *Entstehung* wurde es zum vorrangigen Forschungsprogramm, die Abstammungslinie isolierter oder abweichender Typen zu rekonstruieren, und fast bis zum heutigen Tag ist es weitestgehend das Forschungsprogramm der vergleichenden Anatomen und Paläontologen geblieben. Auch die vergleichende Embryologie bemühte sich darum, gemeinsame Vorfahren nachzuweisen. Selbst diejenigen, die nicht glaubten, daß die Ontogenese die Phylogenese rekapituliert, entdeckten oft bei Embryonen Ähnlichkeiten, die bei den erwachsenen Lebewesen nicht mehr vorhanden waren. Diese Ähnlichkeiten, etwa die Chorda bei Tunikaten (Manteltieren) und Vertebraten (Wirbeltieren) oder die Kiemenbögen bei Fischen und landbewohnenden Vierfüßern, waren völlig unerklärlich, bis man sie als Spuren einer gemeinsamen Abstammung deutete. Obgleich nach wie vor bei höheren Taxa, vor allem bei den Stämmen von Pflanzen und Invertebraten (wirbellosen Tieren), noch einige Verbindungen hergestellt werden müssen, gibt es heute wahrscheinlich keinen Biologen mehr, der bezweifelte, daß alle heute auf der Erde lebenden Organismen von einem einzigen Ursprung des Lebens abstammen. Dies nahm Darwin vorweg, als er die Ansicht vertrat, daß »alle Pflanzen und Tiere nur von einer einzigen Urform herrühren« (1859: 484; dt.: S. 559).

Aber die vielleicht bedeutendste Folge der Theorie der gemeinsamen Abstammung war der Wandel in der Stellung des Menschen. Für Theologen wie für Philosophen war der Mensch eine von allen anderen Formen des Lebens gesonderte Schöpfung. Aristoteles, Descartes und Kant stimmten in diesem Punkt überein, wie sehr sie sich in anderen Aspekten ihrer Philosophie auch unterscheiden mochten. Darwin beschränkte sich in der *Entstehung* auf die rätselhafte Bemerkung: »Licht wird auf den Ursprung der Menschheit und ihre Geschichte fallen« (p. 488; dt.: S. 564). Ernst Haeckel, T. H. Huxley und, 1871, Darwin selbst zeigten schlüssig, daß die Menschen sich aus einem affenähnlichen Vorfahren entwickelt haben müssen, und wiesen ihnen damit die ihnen zukommende Stelle im

Stammbaum des Tierreichs zu. Dies bedeutete das Ende des traditionellen Anthropozentrismus der Bibel und der Philosophen. Die Anwendung der Theorie der gemeinsamen Abstammung auch auf den Menschen stieß jedoch auf heftige Ablehnung. Nach zeitgenössischen Karikaturen zu urteilen, war für die Viktorianer keine Vorstellung Darwins so unannehmbar wie die Herleitung des Menschen von einem Primatenvorfahren. Heute ist jedoch diese Herleitung nicht nur durch die Fossiliengeschichte bemerkenswert gut untermauert, sondern man weiß mittlerweile mehr: Die biochemische und chromosomale Ähnlichkeit zwischen dem Menschen und dem afrikanischen Menschenaffen ist so groß, daß man sich wundern muß, warum sie hinsichtlich Morphologie und Entwicklung des Gehirns doch relativ verschieden sind. Die Abstammung des Menschen von Affen, wie sie zuerst von Darwin behauptet wurde, warf sogleich Fragen nach dem Ursprung des Denkens und des Bewußtseins auf, die bis in die Gegenwart umstritten sind.

Das Schicksal der ersten Darwinschen Revolution

Darwins Evolutionstheorie als solche (zusammen mit der Veränderlichkeit der Arten), seine Theorie der gemeinsamen Abstammung und seine Theorie, daß Arten sich vervielfachen, triumphierten innerhalb bemerkenswert kurzer Zeit. Der Sieg dieser drei Theorien ist die erste Darwinsche Revolution. Fünfzehn Jahre nach Veröffentlichung der *Entstehung* gab es kaum mehr einen ernstzunehmenden Biologen, der sich nicht zum Evolutionisten gewandelt hatte. War die evolutionäre Entstehung des Menschen für einige Leute aufgrund ihrer religiösen Bindungen unannehmbar, so wurde sie von der anthropologischen Zunft doch als endgültig bewiesen angesehen.

Obwohl eine Theorie der Vervielfachung der Arten mittlerweile ganz selbstverständlich als wesentlicher Bestandteil der Evolutionstheorie gilt, ist weiterhin umstritten, wie es zu dieser Vervielfachung kommt. Zwar ist man allgemein der Ansicht, daß ein Großteil, wenn nicht sogar nahezu alle Artbildung geographischer Art ist, aber welche anderen Arten der Artbildung es noch geben könnte und wie häufig sie vorkommen, ist, wie wir im folgenden Kapitel sehen werden, nach wie vor ein ungelöstes Problem.

3. Wie Arten entstehen

Ab Sommer 1837 sammelte Darwin Notizen für das große Buch, das er schreiben wollte; in seinen Aufzeichnungen und Briefen sprach er davon immer als als von dem »Artenbuch«. Als er es schließlich 1859 veröffentlichte, gab er ihm den Titel *On the Origin of Species / Über die Entstehung der Arten.* Darwin war sich der Tatsache voll und ganz bewußt, daß der Wandel von einer Art in eine andere eines der grundlegenden Probleme der Evolution ist. In der Tat ist Evolution, fast per definitionem, eine Veränderung von einer Art in eine andere. Der Glaube an konstante, unveränderbare Arten war die Festung des Anti-Evolutionismus, die gestürmt und zerstört werden mußte. Sobald dies einmal erreicht war, wäre es nicht schwierig, weiteres Beweismaterial für eine Evolution anzuführen.

Angesichts der zentralen Stellung des Problems von Art und Artbildung in Darwins Lebenswerk würde man in der *Entstehung* eigentlich eine befriedigende und in der Tat vorbildliche Abhandlung dieses Themas erwarten. Danach sucht man seltsamerweise vergebens. In Wirklichkeit schien Darwin um so unsicherer zu werden, je länger er sich mit diesen Begriffen auseinandersetzte. Am Ende war die *Entstehung* eine ausgezeichnete Abhandlung über die Theorie der gemeinsamen Abstammung und ein großartiges Plädoyer für die Wirksamkeit der natürlichen Auslese, doch blieben sowohl das Wesen der Art als auch die Art und Weise der Artentstehung vage und widersprüchlich.

Was ist eine Art?

Nach seinem entscheidenden Gespräch mit John Gould über die Galápagos-Spottdrosseln im Jahre 1837 kämpfte Darwin weiterhin mit dem Problem, wie eine Art zu definieren sei; darin taten es ihm nahezu alle anderen Naturforscher in den darauffolgenden 150 Jahren gleich. Ein kurzer Überblick über die vier wichtigsten Artbegriffe, die sich in dieser Zeit heraus-bildeten, wird es leichter machen, Darwins Problem zu verstehen.

Der typologische Artbegriff

Eine typologische Art ist eine Wesenheit, die sich durch konstante charakteristische Merkmale von anderen Arten unterscheidet. Mit diesem Speziesbegriff arbeiteten Linnaeus und Lyell, und er wurde seit Platon bis in die Neuzeit von jenen Philosophen vertreten, die Arten als »natürliche Arten« oder »Klassen« betrachteten. Diese Vorstellung stimmte voll und ganz mit dem Schöpfungsglauben (»das, was von Gott einzeln erschaffen wurde«) und der Philosophie des Essentialismus (»das, was ein eigenes Wesen hat«; siehe Kapitel 4) überein. Dieser Speziesbegriff hat jedoch vom Praktischen her drei große Schwächen, und deshalb rückte man in neuerer Zeit weitgehend davon ab. Erstens verführt er seine Verfechter, selbst verschiedene Varianten innerhalb einer Population als Art zu betrachten. Zweitens erweist sich diese Konzeption als unbrauchbar angesichts der Häufigkeit sogenannter Zwillings-spezies – Arten, die von ihrem Aussehen her nicht zu unter-scheiden sind, sich aber in der Natur nicht kreuzen. Diese Arten lassen sich mit Hilfe des typologischen Artbegriffs nicht unterscheiden. Und drittens zwingt sie uns, zahlreiche lokale Populationen, die sich durch ein charakteristisches Merkmal von anderen Populationen dieser Art unterscheiden, als voll-wertige Art anzuerkennen.

Der nominalistische Artbegriff

Nach dieser Auffassung existieren in der Natur nur individuelle Objekte. Ähnliche Objekte oder Organismen werden unter einem Namen zusammengefaßt, und dieses subjektive Vorgehen des Klassifizierenden bestimmt, was einer Art zugeordnet wird. Arten sind daher rein willkürliche gedankliche Konstruktionen. Seit dem Mittelalter bis hin zu einigen Autoren der neueren Zeit behaupten die Nominalisten, es gebe in der Natur in Wirklichkeit überhaupt keine Arten. Im Gegensatz dazu verfochten die Naturforscher durchweg und bis auf den heutigen Tag immer die Gegebenheit von Arten. Es gibt eine schlagende Widerlegung der nominalistischen Behauptung: Primitive Eingeborene auf Neuguinea mit ihrer Steinzeitkultur betrachten genau die gleichen Wesenheiten in der Natur als Arten wie westliche Taxonomen. Wären Arten etwas rein Willkürliches, dann wäre es absolut unwahrscheinlich, daß Vertreter zweier drastisch verschiedener Kulturen identische Artabgrenzungen trafen.

Der evolutionäre Artbegriff

Paläontologen untersuchen Arten in Hinsicht auf ihre Verteilung in der Zeit. Sie konnten aber seit jeher mit einem nichtdimensionalen Artbegriff, wie ihn die Naturkundler vertreten, die sich nur mit lokalen Arten befassen, recht wenig anfangen. Die Paläontologen brauchten einen Artbegriff, der insbesondere für die Unterscheidung fossiler Arten taugte. Aus diesem Grund definierte schließlich der Paläontologe G. G. Simpson (1961: 153) eine Art so: »Eine evolutionäre Art ist eine Stammeslinie (eine Populationenfolge Vorfahren-Nachkommen), die sich getrennt von anderen und entsprechend ihrer eigenen einheitlichen evolutionären Rolle und ihren Tendenzen entwickelt.« Wiley (1980, 1981) und Willmann (1985) schlugen leicht modifizierte Versionen von Simpsons Definition vor.

Diese evolutionäre Artdefinition fand keine allgemeine Zustimmung, weil sie sich nur auf monotypische Arten anwenden läßt, denn nach ihr müßten auch alle Isolate, die »sich getrennt von anderen entwickeln«, als Arten anerkannt werden. Außerdem, wie soll man die »einheitliche evolutionäre Rolle und Tendenzen« einer Population oder eines Taxons beschreiben und bestimmen? Hauptanliegen der evolutionären Artdefinition war es, eine klare Abgrenzung einer Art in der Zeit zu ermöglichen, aber diese Hoffnung erwies sich in allen Fällen einer graduellen Artumwandlung als trügerisch. Die exakte Festlegung des Ursprungs einer neuen Art ist nur in Fällen einer spontanen Artentstehung (wie bei Polyploidie) möglich, und das genaue Ende einer Art kann nur im Falle des Aussterbens bestimmt werden. Die biologische Artdefinition ist, wie wir sehen werden, genausogut in der Lage, diese beiden Punkte zu bestimmen, und sie bietet darüber hinaus noch andere Vorteile.

Der biologische Artbegriff

Dieser Artbegriff gründet auf der Beobachtung lokaler Populationen, bei denen an ein und demselben Ort Populationen verschiedener Arten nebeneinander vorkommen, die sich aber nicht miteinander paaren. Ich habe dies in der Definition zum Ausdruck gebracht: »Arten sind Gruppen von sich miteinander fortpflanzenden natürlichen Populationen, die von anderen derartigen Gruppen reproduktiv isoliert sind.« Aufzeichnungen Darwins zeigen, er hatte 1837 den typologischen Artbegriff aufgegeben und einen Artbegriff entwickelt, der von reproduktiver Isolation ausging. Zum Beispiel: »Meine Definition der Art hat nichts mit Hybridisierung zu tun, ist einfach ein instinktiver Impuls, für sich zu bleiben, der ohne Zweifel überwunden wird [ansonsten würden nie irgendwelche Bastarde erzeugt], aber bis dies geschieht, bilden diese Tiere verschiedene Spezies« (*Notebooks* C: 161). In den Notizbüchern finden sich wiederholt Hinweise auf einen wechselseitigen »Widerwillen« von Arten, sich miteinander zu paaren. »Die Abneigung zweier Spezies voreinander ist ganz offensichtlich ein Instinkt; und dies verhindert eine Paarung«

(*Notebooks* B: 197). »Definition der Art: eine, die in der freien Natur zusammen mit anderen Lebewesen sehr ähnlicher Art konstante Merkmale beibehält« (B: 213). In den Augen Darwins hatte der Artstatus damals wenig, wenn überhaupt etwas mit dem Grad der Unterschiedlichkeit zu tun: »Daher können Arten gute Arten sein und sich doch kaum in irgendwelchen äußerlichen Merkmalen unterscheiden« (*Notebooks* B: 213).

An diesem biologischen Artbegriff hielt Darwin etwa die nächsten fünfzehn Jahre fest. Dann allerdings geriet er etwas durcheinander, vor allem nachdem er versucht hatte, seine in der Zoologie erworbenen Erkenntnisse auf Pflanzen anzuwenden. Wie wir sehen werden, betrachtete er die *Varietät* (Abart; die bei Tieren eine Unterart ist) als beginnende Art, und solange er sich nur mit Tieren befaßte, traf er mit dieser Konzeption auf keinerlei Schwierigkeiten. Als er jedoch auf Anregung Hookers und anderer Botanikerfreunde Varietäten von Pflanzen untersuchte, hat er augenscheinlich nicht gemerkt, daß die botanische Terminologie sich beträchtlich von der zoologischen unterscheidet. Pflanzenvarietäten waren sehr oft nur individuelle Varianten innerhalb einer lokalen Population, und sie als beginnende Arten zu betrachten schuf nicht nur Probleme bei der Erklärung der Artbildung, sondern auch bei der Abgrenzung von Arten gegen Varietäten und von Arten untereinander. In diesen Jahren veranlaßte eine Reihe anderer Entwicklungen Darwin dazu, seinen biologischen Artbegriff aufzugeben und zu einer mehr oder weniger typologischen Speziesdefinition zurückzukehren (Sulloway 1979). Die fünfundzwanzig Seiten in seinem unvollendet gebliebenen Manuskript seines großen Buches, auf denen er sich über Arten und Artentstehung äußert (Darwin 1975: 250–274), sind so voller Widersprüche, daß es fast verwirrend ist, sie zu lesen.

Der Artbegriff, zu dem Darwin schließlich gelangte, wird in der *Entstehung* ganz klar beschrieben. Von den biologischen Kriterien in den Notizbüchern ist nichts übriggeblieben, und seine Charakterisierung der Art ist jetzt eine Mischung aus der typologischen und der nominalistischen Artdefinition geworden.

»Die Systematiker werden... nicht mehr unablässig durch den gespenstischen Zweifel geängstigt werden, ob diese oder jene Form eine wirkliche Art sei. Dies wird sicher... keine kleine Erleichterung gewähren... Die Systematiker werden nur zu entscheiden haben... ob eine Form hinreichend beständig oder verschieden genug von anderen Formen ist, um eine Definition zuzulassen und, wenn dies der Fall, ob die Verschiedenheiten wichtig genug sind, um einen specifischen Namen zu verdienen...

...Fernerhin werden wir anzuerkennen genöthigt sein, dass der einzige Unterschied zwischen Arten und ausgeprägten Varietäten nur darin besteht, dass diese letzteren durch Zwischenstufen noch heutzutage miteinander verbunden sind... Kurz, wir werden die Arten auf dieselbe Weise zu behandeln haben, wie die Naturforscher jetzt die Gattungen behandeln, welche annehmen, dass die Gattungen nichts weiter als willkürliche der Bequemlichkeit halber eingeführte Gruppierungen seien. Das mag nun keine eben sehr heitere Aussicht sein; aber wir werden wenigstens hierdurch das vergebliche Suchen nach dem unbekannten und unentdeckbaren Wesen der ›Species‹ los werden.« (1859: p. 484–485; dt.: S. 560–561)

Dem Beispiel Darwins folgte im 19. Jahrhundert so ungefähr jeder Systematiker und Evolutionist, abgesehen von einigen wenigen hellsichtigen Feldforschern unter den Naturkundlern. Dies war eindeutig der Artbegriff der Mendelisten. Die von Jordan, Poulton, Stresemann und anderen fortschrittlichen Systematikern in Gang gebrachte Gegenbewegung im 20. Jahrhundert führte schließlich dazu, daß der biologische Artbegriff weitgehend angenommen wurde.

Allerdings hat jeder der drei wichtigsten Artbegriffe (der typologische, der evolutionäre und der biologische) in einigen Bereichen der biologischen Forschung selbst heute noch eine gewisse Berechtigung. Welchen man sich zu eigen macht, hängt davon ab, welche Art von Forschung man betreibt. Dem Systematiker in einem Museum wie auch dem Stratigraphen erscheint vielleicht der typologische Artbegriff als der nützlichste, unabhängig davon, wie eindeutig er durch die Existenz von Zwillingsarten und auffallend unterschiedlichen Varianten (Phänen) widerlegt wird. Dagegen ist für jemanden, der mit lebenden Populationen arbeitet, die auf einen Ort und auf einen bestimmten Zeitraum beschränkt sind, jeder Artbegriff außer dem biologischen unbrauchbar. Der Paläontologe schließlich, dem es unter anderem darauf ankommt, fossile Arttaxa in der vertikalen Aufeinanderfolge geologischer Formationen gegeneinander abzugrenzen, muß notwendigerweise die zeitliche Dimension berücksichtigen.

Moderne Biologen sind fast einstimmig der Auffassung, daß es in der organischen Natur echte Diskontinuitäten gibt, die natürliche Wesenheiten, welche als Arten bezeichnet werden, voneinander abgrenzen. Daher ist die Art ein Grundbegriff fast aller biologischen Disziplinen. Jede Art hat verschiedene biologische Eigenschaften, und systematische Untersuchung und Vergleich dieser Verschiedenheiten sind eine Vorbedingung für alle weitere Forschung auf dem Gebiet der Ökologie, der Verhaltensbiologie, der vergleichenden Morphologie und Physiologie, der Molekularbiologie, im Grunde genommen in allen Teilbereichen der Biologie. Jeder Biologe arbeitet mit Arten, ob er sich nun dessen bewußt ist oder nicht.

Was ist Artentstehung?

Paläontologen, die auf ein vertikales Denken festgelegt sind, betrachteten Artbildung als die Veränderung einer Stammeslinie in der Zeit. Da jedoch ständig Arten aussterben, ist zu fragen, wo die neuen Arten herkommen. Dies war seit Lamarck und Lyell das eigentliche Problem. Darwins Antwort auf diese Frage: Arten entwickeln sich nicht nur in der Zeit, sie vervielfachen sich auch. Seit Darwin bedeutet Entstehung von Arten der Ursprung neuer, reproduktiv isolierter Populationen.

Die Vervielfachung von Arten ist ein wichtiges Phänomen der Evolution; das wurde Darwin klar, als er die Konsequenzen aus seinem neuen Verständnis der Klassifizierung der Galápagos-Spottdrosseln zog. Aber im Grunde wurde Artbildung erst nach dem Aufkommen der Neuen Systematik und der evolutionären Synthese (siehe Kapitel 9) zum zentralen Bereich der Evolutionsforschung auf Artebene.

Bedenkt man, wie unsicher Darwin sich hinsichtlich des Wesens der Art war, so ist sein Schwanken in der Vorstellung über die Art und Weise, wie Arten entstehen, nicht weiter verwunderlich. Darwin glaubte ja ursprünglich an Lyells plötzliche, sprunghafte »Einführung« neuer Arten. Erst John Goulds Nachweis im März 1837, jede der drei Populationen von Spottdrosseln auf den Galápagos-Inseln stelle eine gesonderte Art dar, lenkte Darwins Nachdenken über die Entstehung von Vielfalt in völlig neue Bahnen. Ganz offensichtlich stammten die verschiedenen Spottdrosseln auf den drei Galápagos-Inseln alle von Kolonisten der südamerikanischen Festland-Art ab; allerdings hatten sich die drei Populationen auf jeder der drei Inseln in geringfügig verschiedener Weise weiterentwickelt. Dies brachte Darwin zu der Theorie einer Artentstehung durch die allmähliche Modifizierung von Populationen, die geographisch von ihrer Elternart getrennt sind. Und diese Theorie der Artbildung behielt Darwin bis in die frühen fünfziger Jahre des 19. Jahrhunderts bei. Es war keine neue Theorie, denn eine ähnliche hatte zuvor von Buch (1825) zur Diskussion gestellt. Später kamen auch Wagner (1841) und Wallace (1855) ganz unabhängig zu dem gleichen Schluß.

Damals sah Darwin die Isolation auf Inseln als den hauptsächlichen Mechanismus für die Entstehung neuer Arten an. Die Entstehung von Arten auf Kontinenten scheint ihm aber Schwierigkeiten bereitet zu haben. Da ging es einmal darum, die Vielfalt der Arten in Südafrika zu erklären, und er behauptete, dort hätten in großem Maße geologische Veränderungen stattgefunden – Auf- und Abbewegungen der Erdkruste –, in deren Verlauf Südafrika zeitweise zu einem Archipel geworden sei; damit seien dann die Voraussetzungen für eine umfangreiche geographische Isolation und infolgedessen die Entstehung neuer Arten entstanden.

Die botanischen Untersuchungen führten Darwin außer zu der Konzeption der geographischen Artbildung – zumindest teilweise – zu einer weiteren Einsicht: zu der Vorstellung, die wir sympatrische Artbildung nennen. Heute verstehen wir, wie Darwin dazu kam. Infolge des vorherrschenden typologischen Denkens wurden geographische Tierrassen zur Zeit Darwins als Abarten bezeichnet. Bei Pflanzen jedoch hatte, wie bereits erwähnt, der Begriff Varietät eine doppelte Bedeutung. Er wurde nicht nur auf geographische Rassen (Unterarten) angewandt, sondern auch auf individuelle Varianten (Phäne) innerhalb ein und derselben Population. Ausgehend von seinen zoologischen Studien war Darwin zu dem Schluß gekommen, bei Tiervarietäten handele es sich um beginnende Arten. Als er diese Auffassung von der Rolle der Abarten bei der Artentstehung auf Pflanzen übertrug, kam er auf den Gedanken, auch individuelle Varianten innerhalb einer Population als beginnende Arten zu betrachten. Darwin schloß daher, zusätzlich zur geographischen Artentstehung gebe es einen Prozeß sympatrischer Artbildung, die er als die Entstehung einer neuen Art durch ökologische Spezialisierung auf dem Territorium der Elternart definierte. Das Überleben und Gedeihen der neuen sympatrischen Art wurde, so meinte er, durch ihr Überwechseln in eine neue Nische ermöglicht, da sie auf diese Weise nicht mehr so sehr im Wettstreit mit der Elternart stand. Natürliche Auslese führte dann zu einer noch größeren Verschiedenheit (Merkmalsdivergenz) der beiden konkurrierenden neuen Arten. Darwin entwickelte dieses Konzept der sympatrischen Artbildung durch Merkmalsdivergenz in den Jahren 1854 bis 1858 (Kohn 1985) und hielt später daran fest; freilich räumte er gelegentlich ein, daß unter Umständen geographische Isolierung in fast allen Fällen eine notwendige Voraussetzung sein könnte (siehe auch E. Mayr, 1992, J. Hist. Biol.).

Dieses Postulat einer sympatrischen Artbildung verwickelte Darwin in eine erbitterte Kontroverse mit dem Forschungsreisenden und Naturkundler Moritz Wagner (1868, 1889); dieser behauptete, geographische Isolierung sei eine unerläßliche Voraussetzung für Artentstehung. Leider vernebelte Wagner diese Aussage, indem er gleichzeitig behauptete, natürliche Auslese könne nur erfolgen, wenn die Population isoliert sei. Heute wissen wir viel mehr über Artbildung und sehen daher Wagners Argumentation im großen und ganzen als stichhaltiger an als die Darwins. Dennoch setzte sich Darwin durch sein Beharren auf der Häufigkeit sympatrischer Artbildung durch. Und bis zur evolutionären Synthese galt sympatrische Artbildung als häufige und, zumindest in der entomologischen Literatur, möglicherweise die vorherrschende Form der Artentstehung.

Darwin sah damals Arten ganz eindeutig als reproduktiv isolierte Wesenheiten an; das zeigen seine Notizbücher (*Notebooks* B: 197, 213; *Notebooks* C: 161). In den fünfziger Jahren richtete er allerdings sein Augenmerk auf Arten als angepaßte Wesenheiten. Er beschrieb, wie sie sich an neue Nischen anpaßten, unterließ es aber, ihre reproduktive Isolierung von der Elternspezies zu erklären. Ein weiteres Handicap kam für Darwin dazu: Er verwarf wiederum sein Denken in Populationen und zog ein typologisches Denken vor (siehe Kapitel 4). »Gediehe eine Varietät derartig, dass sie die elterliche Species an Zahl überträfe, so würde man sie für die Art und die Art für die Varietät einordnen; oder sie könnte die elterlicher Art verdrängen und ausmerzen; oder endlich beide könnten nebeneinander fortbestehen und für unabhängige Arten gelten« (1859: p. 52; dt.: S. 73). Wie könnte die neue Varietät als selbständige Art koexistieren, wenn sie nicht reproduktiv isoliert ist? Diese Frage ist besonders heikel, wenn man bedenkt, daß Darwin in einer Auseinandersetzung über die Entstehung von Isolationsmechanismen zwischen Spezies definitiv abstritt, daß natürliche Auslese in der Lage ist, eine reproduktive Barriere zu errichten (Mayr 1959b; Sulloway 1979).

Überblickt man Darwins Schriften zu den Themen Art und Artentstehung im ganzen, so bleibt der Eindruck: Was Arten sind und wie sie entstehen, darüber war Darwin ziemlich unsicher; nicht selten widersprach er sich selbst. Freilich beruht diese Verlegenheit auf seiner Unkenntnis über die Entstehung genetischer Variationen. Was wir heute – 135 Jahre später – zu diesen Themen wissen und sagen können, gründet sich auf unser Verständnis (soweit es eben reicht) der Genetik. Auch wenn es Darwin nicht gelungen ist, endgültig und eindeutig zu erkennen, was Arten sind und wie sie entstehen, so bleibt ihm doch das Verdienst: Er hat die Probleme erkannt und mit aller Klarheit verschiedene, alternative Möglichkeiten einer Lösung formuliert.

4. Ideologische Widerstände gegen die fünf Theorien Darwins

Sowohl in wissenschaftlichen als auch in allgemeinverständlichen Büchern findet man häufig Hinweise auf »Darwins Evolutionstheorie«, als handle es sich dabei um ein einheitliches Ganzes. In Wirklichkeit umfaßt Darwins »Theorie« der Evolution ein ganzes Bündel von Theorien, und es ist unmöglich, sich konstruktiv mit Darwins evolutionärem Denken auseinanderzusetzen, wenn man dessen verschiedene Komponenten nicht unterscheidet. Die Unstimmigkeiten und offenen Widersprüche unter Darwin-Spezialisten in der derzeitigen Literatur können einen ziemlich verwirren, bis man merkt, diese Meinungsverschiedenheiten sind in hohem Maße darauf zurückzuführen, daß einige dieser Darwin-Exegeten die Komplexität seines Paradigmas unterschätzen.

Der Begriff »Darwinismus« hat, wie wir in Kapitel 7 sehen werden, verschiedene Bedeutungen, je nachdem, wer den Begriff verwandt hat und in welcher Epoche. Ein besseres Verständnis der Bedeutung dieses Terminus ist einer der Gründe, die Aufmerksamkeit darauf zu lenken, daß Darwins evolutionäres Denken verschiedene Komponenten umfaßt. Ein weiterer Grund ist, daß man die Frage, wie und wann der »Darwinismus« in verschiedenen Ländern überall in der Welt übernommen wurde, nur dann korrekt beantworten kann, wenn man sich einzeln mit den verschiedenen Darwinschen Theorien beschäftigt. Was Darwin 1859 in seiner *Entstehung* vorlegte, war eine zusammengesetzte Theorie, deren fünf Untertheorien in den folgenden achtzig Jahren ein jeweils sehr unterschiedliches Schicksal bestimmt war.

Darwins Theoriengebäude ist keine einzige, monolithische Theorie. Dafür gibt es einen triftigen Grund: Organische Evolution besteht, wie wir gesehen haben, aus zwei dem Wesen nach voneinander unabhängigen Vorgängen: erstens aus den

Veränderungen in der Zeit und zweitens aus dem Entstehen von Verschiedenheiten im ökologischen und geographischen Raum. Diese beiden Prozesse machen zumindest im Ansatz zwei völlig eigenständige und sehr verschiedene Theorien erforderlich. Daß Autoren, die sich zu Darwin äußerten, dennoch fast ausnahmslos von der Bündelung dieser verschiedenen Theorien als von »Darwins Theorie« im Singular sprachen, liegt zum Teil an Darwin selber. Er nannte nicht nur die Theorie der Evolution aus einer gemeinsamen Abstammung »meine Theorie«, sondern bezeichnete auch die Theorie der Evolution durch natürliche Auslese als »meine Theorie«, so als stellten gemeinsame Abstammung und natürliche Auslese eine einzige Theorie dar.

Wodurch hat Darwin zu dieser Verwirrung beigetragen? In Kapitel 4 seiner *Entstehung* handelte er Artbildung unter natürlicher Auslese ab und schrieb insbesondere Phänomene der geographischen Verbreitung der natürlichen Auslese zu, während sie in Wirklichkeit die Folgen einer gemeinsamen Abstammung sind. Daher halte ich es für erforderlich, Darwins System der Begriffe zur Evolution in eine Reihe von Haupttheorien zu unterteilen, die die Grundlage seines evolutionären Denkens bildeten. Der Einfachheit halber habe ich sein evolutionäres Paradigma in fünf Theorien untergliedert, aber man könnte genausogut eine andere Unterteilung vornehmen. Die ausgewählten Theorien umfassen bei weitem nicht alle evolutionären Theorien Darwins; andere waren beispielsweise die sexuelle Auslese, die Pangenese, die Auswirkung von Gebrauch und Nichtgebrauch sowie Merkmaldivergenz. Wenn sich jedoch spätere Evolutionisten auf Darwins Theorie bezogen, dann hatten sie ausnahmslos eine Verquickung der folgenden fünf Theorien im Sinn:

(1) *Evolution als solche.* Diese Theorie besagt: Die Welt ist nicht unveränderlich, auch nicht erst vor kurzem geschaffen worden, ebensowenig durchläuft sie fortwährend einen Zyklus, sondern sie verändert sich vielmehr stetig, und Organismen unterliegen einer Veränderung in der Zeit.

(2) *Gemeinsame Abstammung*. Nach dieser Theorie stammt jede Organismengruppe von einem gemeinsamen Vorfahren ab, und alle Organismengruppen einschließlich der Tiere, Pflanzen und Mikroorganismen gehen auf einen einzigen Ursprung des Lebens auf der Erde zurück.

(3) *Vervielfachung von Arten*. Diese Theorie erklärt die Entstehung der ungeheuren organischen Vielfalt. Sie behauptet, daß Arten sich entweder vervielfachen, indem sie sich in Tochterspezies aufspalten oder indem sie »sprossen«, das heißt geographisch isolierte Gründerpopulationen hervorbringen, die sich zu neuen Arten entwickeln.

(4) *Gradualismus*. Laut dieser Theorie findet evolutionärer Wandel über die allmähliche (graduelle) Veränderung von Populationen statt, nicht durch plötzliche (saltatorische) Produktion neuer Individuen, die dann eine neue Art darstellen.

(5) *Natürliche Auslese*. Nach dieser Theorie vollzieht sich evolutionärer Wandel durch die überreiche Produktion genetischer Variation in jeder Generation. Die relativ wenigen Individuen, die – aufgrund einer besonders gut angepaßten Kombination von vererbbaren Merkmalen – überleben, bringen die nachfolgende Generation hervor.

Für Darwin selber bildeten diese fünf Theorien offenbar eine Einheit, und jemand könnte in der Tat behaupten, alle fünf Theorien seien ein vom Logischen her unaufschnürbares Paket und Darwin habe sie ganz zu Recht als solches behandelt. Diese Behauptung läßt sich aber leicht widerlegen, denn die meisten Evolutionstheoretiker unmittelbar nach 1859 – das heißt jene Wissenschaftler, die der ersten Theorie zugestimmt hatten – lehnten (wie in Tabelle 1 zu sehen) eine oder mehrere der anderen vier Theorien Darwins ab. Die fünf Theorien bilden also kein unteilbares Ganzes.

Es gibt mehrere Gründe, weshalb Darwins fünf Theorien ein so unterschiedliches Schicksal erfuhren. Zum einen gab es bereits überreichlich Beweismaterial, um einige von ihnen zu stützen. Dies galt beispielsweise für die Theorie der gemeinsa-

TABELLE 1

Die Bausteine der Evolutionstheorien verschiedener Evolutionstheoretiker.

Alle hier aufgeführten Wissenschaftler billigten eine fünfte Komponente, daß nämlich Evolution im Widerspruch zu einer konstanten, unveränderlichen Welt steht.

	Gemeinsame Abstammung	Verviel-fachung von Arten	Gradua-lismus	Natürliche Auslese
Lamarck	nein	nein	ja	nein
Darwin	ja	ja	ja	ja
Haeckel	ja	?	ja	zum Teil
Neo-lamarckisten	ja	ja	ja	nein
T. H. Huxley	ja	nein	nein	(nein)*
de Vries	ja	nein	nein	nein
T. H. Morgan	ja	nein	(nein)*	unwichtig

* Klammern weisen auf eine ambivalente oder widersprüchliche Einstellung.

men Abstammung. Im Fall der Theorie der natürlichen Auslese jedoch waren die Beweise dafür oder dagegen widersprüchlich, und es bedurfte generationenlanger Forschungsarbeit, bis die umstrittenen Punkte geklärt werden konnten. Ein anderer, wichtiger Grund für die verzögerte Anerkennung einiger von Darwins Theorien war indes, daß sie im Widerspruch zu bestimmten seinerzeit beherrschenden Ideologien standen.

Während der drei Jahrhunderte vor der Veröffentlichung der *Entstehung* lag Europa in den Wehen einer stetigen intellektuellen Umwälzung; deren Höhepunkte waren die wissenschaftliche Revolution des 16. und 17. Jahrhunderts und die Aufklärung im 18. Jahrhundert. Warum dauerte es trotzdem so lange, bis Evolution ernsthaft zur Diskussion gestellt wurde? Und warum trafen Darwins Theorien auf derart erbitterten Widerstand, nachdem sie formuliert worden waren? Der Grund:

Darwin stellte einige Glaubenselemente – allein vier Stützpfeiler des christlichen Dogmas – seines Zeitalters in Frage.

(1) *Der Glaube an eine unveränderliche Welt.* Trotz Lamarck und der Naturphilosophen war man 1859 nach wie vor weitgehend, wenn nicht sogar allgemein, davon ausgegangen, die Welt habe sich seit der Schöpfung nicht wesentlich verändert – abgesehen von kleineren Störungen (Überschwemmungen, Vulkanausbrüchen, der Entstehung von Gebirgen). Und trotz Buffon, Kant, Hutton, Lyell und der Eiszeittheorie herrschte immer noch die Meinung vor, die Welt sei vor relativ kurzer Zeit erschaffen worden.

(2) *Der Glaube an eine Erschaffung der Welt.* Man war der Überzeugung, daß Arten und andere Taxa sich nicht verändern und daher die bestehende Vielfältigkeit der belebten Welt nur aus einem Schöpfungsakt hervorgegangen sein konnte. Während die orthodoxen Christen an eine einmalige Schöpfung glaubten, handelte es sich für die sogenannten Progressionisten (beispielsweise Agassiz) um wiederholte Schöpfungsakte, entweder der gesamten Flora und Fauna oder von einzelnen Arten, wie Lyell meinte.

(3) *Der Glaube an eine Welt, die von einem weisen und gütigen Schöpfer geplant worden war.* Trotz ihrer Unvollkommenheiten war die Welt, so Leibniz, die beste *aller möglichen* Welten. Die Anpassung der Organismen an ihre unbelebte und belebte Umgebung war vollkommen, da sie von einem allmächtigen Schöpfer erdacht worden war.

(4) *Der Glaube an die einzigartige Stellung des Menschen in der Schöpfung.* In den Augen der christlichen Religion wie auch nach Meinung der bedeutendsten Philosophen stand der Mensch im Mittelpunkt der Welt. Der Mensch hatte eine Seele, die Tiere hatten keine. Es konnte unmöglich einen Übergang vom Tier zum Menschen geben.

Neben diesen vier religiösen Glaubensvorstellungen gab es drei weltliche Philosophien, die ebenfalls im Widerspruch zu bestimmten Theorien Darwins standen.

(5) *Der Glaube an die Philosophie des Essentialismus* (siehe unten).

(6) *Der Glaube an eine Deutung der Kausalabläufe der Natur, wie sie die Physiker ausgearbeitet hatten* (siehe Kapitel 5).

(7) *Der Glaube an »Endzwecke« oder an eine Teleologie* (siehe Kapitel 5).

Die von Darwin entwickelten Evolutionstheorien stellten diese traditionellen und tiefverwurzelten Ansichten allesamt in Frage, obwohl nicht jede der fünf Theorien Darwins ihnen allen zuwiderlief.

Äußere Anstöße für wissenschaftliche Revolutionen

In den vergangenen sechzig Jahren gab es in der Wissenschaftsgeschichte heftige Kontroversen über die Frage, ob wissenschaftliche Revolutionen, wenn nicht sogar alle grundlegenden Veränderungen in der Wissenschaft, auf Entdeckungen und neuen Beobachtungen innerhalb des jeweiligen Fachgebiets beruhen (»Internalismus«) oder aber das Ergebnis äußerer Einflüsse sind (»Externalismus«). Eine Zeitlang wurde die marxistische, zuerst von Hessen (1931) vertretene These, wonach der entscheidende Anstoß für grundlegende Veränderungen in der Wissenschaft vom sozioökonomischen Umfeld ausgehe, besonders leidenschaftlich diskutiert.

Forschungen haben inzwischen erwiesen, daß man zweierlei Kategorien äußerer Anstöße unterscheiden muß: sozioökonomische und ideologische. Zudem wurde klar, daß diese beiden Kategorien sich in ihrem Einfluß auf die Wissenschaft grundlegend unterscheiden. Sozioökonomische Faktoren haben, so scheint es, einen sehr geringen Einfluß auf die Annahme oder Ablehnung wissenschaftlicher Ideen, wie Mayr (1982: 4–5) und viele andere Historiker gezeigt haben. Wären die industrielle Revolution und die sozioökonomische Situation für die Theorie der natürlichen Auslese verantwortlich gewesen, dann hätte sie bei der englischen Öffentlichkeit begeistert Anklang finden müssen. Dies war durchaus nicht der Fall. Im Gegenteil, die Theorie der natürlichen Auslese wurde, wie wir noch sehen werden, von Darwins Zeitgenossen fast einhellig abgelehnt. Sie spiegelte offensichtlich nicht die damalige sozioökonomische Situation wider.

Im Gegensatz dazu hatte eine andere Kategorie äußerer Faktoren – die der ideologischen – einen entscheidenden Einfluß auf die Annahme beziehungsweise Ablehnung von Darwins Theorien. Bemerkenswert ist dabei – freilich nur selten ausreichend betont – die Rolle der in der ersten Hälfte des Jahrhunderts vorherrschenden und in England (und einem großen Teil der übrigen Welt) fast allgemein anerkannten Ideologien. Gerade sie inspirierten Darwin nicht, sie veranlaßten ihn nicht, seine Theorien zu entwickeln. Im Gegenteil, der herrschende Zeitgeist lief Darwins Denken extrem zuwider und verhinderte mehr als hundert Jahre lang, daß einige seiner neuen Vorstellungen allgemein akzeptiert wurden. In der Tat werden – das zeigen in neuerer Zeit veröffentliche Bücher und Abhandlungen – viele Darwinsche Ideen noch immer nicht allgemein anerkannt, weil sie gewissen, nach wie vor mächtigen Ideologien widersprechen.

Vom Essentialismus zum Populationsdenken

Keine der sieben durch Darwins Theorien in Frage gestellten Ideologien war so tief verwurzelt wie die Philosophie des Essentialismus. Sie beherrschte seit mehr als zweitausend Jahren das westliche Denken und ging auf das geometrische Denken der Pythagoräer zurück. Diese hoben hervor: Ein Dreieck hat, unabhängig von der jeweiligen Kombination der Winkel, stets die Form eines Dreiecks. Es unterscheidet sich diskontinuierlich von einem Viereck und von jeder anderen Art von Vieleck. Das Dreieck ist eine der endlich vielen möglichen Formen eines Vielecks. Analog dazu sind, entsprechend dieser Denkweise, alle variablen Naturphänomene eine Widerspiegelung einer begrenzten Anzahl konstanter und scharf abgegrenzter *eide* oder Essenzen. Als festumrissene Philosophie wird der Essentialismus in der Regel Platon zugeschrieben, obwohl dieser längst nicht so dogmatisch war wie einige seiner späteren Nachfolger, beispielsweise die Thomisten. Platons Höhlengleichnis ist allgemein bekannt: Was wir von den Phänomenen der Welt wahrnehmen, entspricht den Schatten der realen Objekte, die der Schein eines Feuers an die Höhlenwand wirft. Die Essenzen als solche bekommen wir nie zu Gesicht. Variation ist die Offenbarung unvollkommener Widerspiegelungen der zugrundeliegenden konstanten Essenzen.

Alle Lehrer und Freunde Darwins waren mehr oder weniger Essentialisten. Für Lyell bestand die gesamte Natur aus konstanten Typen, deren jeder zu einer ganz bestimmten Zeit geschaffen wurde. »Es gibt feste Grenzen, jenseits derer die Nachkommen gemeinsamer Eltern nie von einem bestimmten Typus abweichen können.« Und emphatisch fügte er hinzu: »Es ist müßig... über die abstrakte Möglichkeit der Umwandlung einer Art in eine andere zu disputieren, wenn es bekannte, ihrem Wesen nach viel wirksamere Ursachen gibt, die immer eingreifen und das tatsächliche Auftreten solcher Umwandlungen verhindern müssen« (Lyell 1835: 162) Für einen Essentialisten kann es keine Evolution geben; es kann lediglich durch eine Großmutation oder Saltation eine plötzliche Entstehung neuer Essenz geben. Bis in Darwins Zeit waren praktisch alle Philosophen Essentialisten. Ob sie nun Realisten oder Idealisten waren, Materialisten oder Nominalisten, sie alle sahen Organismenarten mit den Augen des Essentialisten. Sie betrachteten Arten als »natürliche Arten« (*natural kinds*), die durch konstante Merkmale definiert und durch eine unüberbrückbare Kluft voneinander getrennt sind. Der essentialistische Philosoph William Whewell stellte kategorisch fest: »Arten existieren real in der Natur, und einen Übergang von einer in eine andere gibt es nicht« (1840, 3: 626). Für John Stuart Mill sind Organismenarten natürliche Klassen, genauso wie es unbelebte Objekte sind, und »Arten sind Klassen, zwischen denen eine unüberwindliche Barriere besteht«.

Der Einfluß des Essentialismus war zum Teil deshalb so groß, weil sein Prinzip in unserer Sprache verankert ist, in unserer Verwendung eines einzelnen Substantivs im Singular, um hochgradig variable Phänomene in unserer Umgebung zu bezeichnen, etwa Berg, Haus, Wasser, Pferd oder Ehrlichkeit. Obwohl es die vielfältigsten Sorten von Bergen und Sorten von Häusern gibt und diese Sorten in keiner direkten Beziehung zueinander stehen (was bei den Angehörigen einer biologischen Art immer der Fall ist), definiert ein einfaches Hauptwort die Klasse von Objekten. In der Mathematik, Physik und Logik war essentialistisches Denken äußerst erfolgreich, ja sogar absolut notwendig. Die Beobachtung der Natur schien die Behauptungen der Essentialisten nachhaltig zu stützen. Wo auch immer man hinblickte, man sah Diskontinuitäten – zwischen Arten, zwischen Gattungen, zwischen Ordnungen und allen höheren Taxa. Klüften wie die zwischen Vögeln und Säugetieren oder die zwischen Käfern und Schmetterlingen wurden oft von Darwins Kritikern angeführt.

Im täglichen Leben gehen wir im großen und ganzen essentialistisch (typologisch) vor, und Verschiedenheit fällt uns nur dann auf, wenn wir Individuen vergleichen. Wer von »dem Preußen«, »dem Juden«, dem »Intellektuellen« spricht, offenbart essentialistisches Denken. Solche Ausdrucksweise übersieht die Tatsache, daß jeder Mensch einzigartig ist; kein anderes Individuum ist mit ihm identisch.

Darwins Genie bestand darin herauszufinden, daß diese Einzigartigkeit eines jeden Individuums nicht auf die Art Mensch beschränkt ist, sondern gleichermaßen für alle sexuell sich fortpflanzenden Tier- und Planzenarten gilt. In der Tat wurde die Entdeckung der Bedeutung des Individuums zum Eckstein von Darwins Theorie der natürlichen Auslese. Sie führte schließlich dazu, daß an die Stelle des Essentialismus das Populationsdenken trat, das die Einzigartigkeit des Individuums und die wesentliche Rolle betont, die Individualität in der Evolution spielt. Darwin fragte nicht mehr: »Was ist gut für die Art?«, sondern »Was ist gut für das Individuum?« (Ghiselin 1969). Und Verschiedenheit, die für den Essentialisten irrelevant und zufällig gewesen war, wurde zu einem entscheidenden Phänomen in der belebten Natur.

Vom Saltationismus zum Gradualismus

Viele Zeitgenossen Darwins, die die Tatsache der Evolution akzeptierten, waren dennoch aufgrund ihrer ideologischen Bindung an den Essentialismus eines Populationsdenkens nicht fähig. Wie wir gesehen haben, übernahmen sie statt dessen einen Evolutionsbegriff, der auf dem plötzlichen Entstehen neuer Arten durch Saltationen beruhte. Saltationsevolution ist eine notwendige Folge des Essentialismus: Wenn man an Evolution und an unveränderliche Typen glaubt, kann nur ein plötzliches Entstehen eines neuen Typus evolutionären Wandel herbeiführen. Daß derlei Saltationen stattfinden können und daß sie in der Tat eine Notwendigkeit sind, entspricht althergebrachten Überzeugungen. Fast alle von Osborn in seiner Geschichte der Evolution, *From the Greeks to Darwin* (1894), beschriebenen Evolutionstheorien waren Saltationstheorien, das heißt Theorien der plötzlichen Entstehung neuer Arten. Nach Veröffentlichung der *Entstehung* wandten sich trotzdem viele Biologen, die Evolution als solche (Darwins erste Theorie) billigten, eben weil sie Essentialisten waren, Saltationstheorien zu, um den Prozeß der Evolution zu erklären.

Man kann drei Arten von Saltationstheorien unterscheiden: (1) ausgestorbene Arten werden durch neu geschaffene, mehr oder weniger auf der gleichen Ebene stehende ersetzt (Lyell 1830–1833); (2) ausgestorbene Arten werden durch neue Schöpfungen ersetzt, die sich auf einer höheren Ebene der Organisation befinden (Progressionisten, etwa William Buckland, Sedgwick, Hugh Miller, Agassiz); (3) neue Arten entstehen durch Saltationen bereits existierender (E. Geoffroy Saint-Hilaire, Darwin in Patagonien, Galton, Goldschmidt). Saltationsevolution bezeichnet man am besten als »Transmutation«, da die Hervorbringung neuer Arten oder neuer Typen aufgrund der plötzlichen Mutation zu einer neuen Essenz diskontinuierlich verläuft. Man sollte jedoch Transmutation nicht mit einem anderen Evolutionsbegriff, der sogenannten Transformationsevolution verwechseln. Nach dieser Auffassung ist Evolution die allmähliche Veränderung eines Dings von einem Zustand in einen anderen. Lamarcks Evolutionsbegriff war transformationell; er bezog sich auf einen ganz allmählichen Prozeß, auf eine Veränderung, die auf einen Trend zur Vervollkommnung oder Anpassung an die Umwelt zurückzuführen war. Meines Wissens war Lamarck der erste Wissenschaftler, der eine in sich schlüssige Theorie der graduellen Transformation vorlegte. Nach 1800, aber vor 1859, wurde die Vorstellung einer graduellen Evolution von einer beträchtlichen Anzahl von Wissenschaftlern auf dem Kontinent übernommen, doch sie blieb verschwommen und war nicht durch entsprechendes Beweismaterial untermauert.

Wie Lewontin (1983) hervorgehoben hat, führte Darwin im Gegensatz dazu einen ganz neuen Evolutionsbegriff ein, der sich grundlegend sowohl von der Saltationsevolution wie auch von der Transformationsevolution unterschied. Darwins Konzeption zufolge, die wir als »Variationsevolution« bezeichnen können, werden in jeder Generation Varianten erzeugt, und weil nur eine kleine Anzahl dieser Varianten überlebt, um sich fortzupflanzen, findet Evolution statt. Nun wird nicht mehr ein konkretes Objekt umgeformt, wie in der Transformationsevolution, sondern in jeder Generation wird ein neuer Anfang gemacht. In der Tat ist Darwinsche Evolution ein zweistufiges Phänomen, wobei der erste Schritt in einer jeden Generation für die Erzeugung von Verschiedenartigkeit verantwortlich ist, die dann im zweiten Schritt, der eigentlichen Selektion, aussortiert wird (siehe Kapitel 6). Genaugenommen ist die Darwinsche Evolution also diskontinuierlich, da in jeder Generation ein neuer Anfang gemacht wird, wenn ein neuer Satz von Individuen hervorgebracht wird. Evolution erscheint dennoch vollkommen graduell, weil sie sich auf Populationen bezieht und von der sexuellen Reproduktion der Mitglieder einer Population abhängt. Eine solche Evolution ist – obwohl graduell – nicht notwendigerweise progressiv; sie ist eine opportunisti-

sche Reaktion auf den Augenblick; daher ist sie nicht vorhersagbar.

Darwins Umstellung auf den Gradualismus

Die Vorstellung der graduellen Transformation einer Population war nicht ganz neu. Autoren bis zurück zu Aristoteles und
seinem Prinzip der Vollkommenheit (Lovejoy 1936) hatten
Kontinuität betont. Diese Auffassung spiegelt sich in der Vorstellung einer *scala naturae* wider, und selbst ein Erzessentialist
wie Linnaeus stellte fest, daß die Ordnungen von Pflanzen einander berührten wie Länder auf einer Landkarte. Lamarck
wandte als erster das Prinzip des Gradualismus auf die Entstehung der Hierarchie des Lebens an, allerdings gibt es keinen
Hinweis darauf, daß Darwins gradualistisches Denken auf Lamarck zurückgeht.

Wie sonst gelangte Darwin zu der Auffassung einer graduellen Evolution? Hinweise auf allmähliche Veränderungen finden sich in Darwins Notizbüchern schon ab einem sehr frühen
Zeitpunkt (Kohn 1980). Zum Beispiel war Darwin der Ansicht,
die Veränderungen der Organismen würden entweder unmittelbar durch die Umwelt ausgelöst oder sie stellten zumindest
eine Reaktion auf Veränderungen in der Umwelt dar. Daher
äußerte er: »Die Veränderungen bei Arten müssen wegen der
Langsamkeit der physikalischen Veränderungen sehr langsam
stattfinden« (*Notebooks* C: 17). Auch Darwins Schlußfolgerung, daß Veränderungen in Gewohnheiten oder Verhaltensweisen Änderungen der Struktur vorangehen können (*Notebooks* C: 57, 199), sprach für den Gradualismus. Zu dieser Zeit
glaubte Darwin noch an ein als Yarrells Gesetz bezeichnetes
Prinzip (nach William Yarrell, einem Biologen und Tierzüchter, benannt). Danach dauert es viele Generationen, bis die
Auswirkungen der Umwelt oder von Gebrauch und Nichtgebrauch dominant vererbbar werden. Wie Darwin feststellte:
»Eine Variante wird, wenn sie lange im Blut liegt, immer stärker« (*Notebooks* C: 136). In der neueren Literatur wurden ver-

schiedene andere Quellen für Darwins gradualistisches Denken zur Diskussion gestellt, etwa die Schriften von J. B. Sumner (Gruber 1974: 125) oder Leibniz' Lehre von der »prästabilierten Harmonie« (Stanley 1981). Ich halte es jedoch für wahrscheinlicher, daß Darwin über zwei wichtige Einflüsse zu seinem Gradualismus gelangte. Der eine war Lyells Uniformitarismus, den Darwin von der Geologie auf die organische Welt ausweitete. Das andere ausschlaggebende Moment waren seine eigenen empirischen Forschungen.

Zumindest drei Beobachtungen könnten einen Einfluß ausgeübt haben: (1) die Geringfügigkeit der Unterschiede zwischen den Spottdrossel-Populationen auf den drei Galápagos-Inseln und auf dem südamerikanischen Festland sowie ein ähnlich geringfügiger Unterschied zwischen zahlreichen Tiervarietäten und -arten; (2) die Untersuchungen an Rankenfüßern, bei denen Darwin sich unablässig beklagte, in welchem Maße Arten und Varietäten allmählich ineinander übergehen; (3) Darwins Arbeit mit verschiedenen Rassen von Haustauben; bei ihnen fand er extrem verschiedene Rassen, die jeder Taxonom, fände er sie in freier Wildbahn, ohne Zögern verschiedenen Gattungen zugeordnet hätte. Diese Rassen waren aber das Ergebnis sorgfältiger, langdauernder, gradueller Auslese. In seinem *Essay* von 1844 argumentierte Darwin zugunsten einer graduellen Evolution in Analogie zu dem Befund bei Haustieren und Kulturpflanzen. Und er behauptet, »es muß Zwischenformen zwischen allen Arten derselben Gruppe gegeben haben, die sich nicht stärker unterschieden, als anerkannte Varietäten sich unterscheiden« (p. 157).

Schließlich hatte Darwin didaktische Gründe dafür, auf der langsamen Anhäufung sehr kleiner Schritte zu bestehen. Dem Einwand seiner Gegner, man müsse evolutionären Wandel durch natürliche Auslese doch »beobachten« können, hielt er entgegen: »Da natürliche Zuchtwahl nur durch Häufung kleiner aufeinanderfolgender günstiger Abänderungen wirkt, so kann sie keine grossen und plötzlichen Umgestaltungen bewirken; sie kann nur in sehr langsamen und kurzen Schritten vorgehen« (1859: 471; dt.: S. 545).

Darwins Ablehnung des Essentialismus und ganz allgemein die Entwicklung eines Populationsdenkens trugen daher zu seinem Festhalten am Gradualismus bei und brachten ihn schließlich dahin, Saltationen völlig abzulehnen. Sobald man sich die Vorstellung zu eigen macht, daß sich Arten entwickeln, wenn Populationen sich aufgrund des unterschiedlichen reproduktiven Erfolges einzigartiger Individuen über Generationen hinweg verändern – und ebendies glaubte Darwin mehr und mehr –, ist man automatisch gezwungen, auch daran zu glauben, daß Evolution graduell sein muß. Gradualismus und Populationsdenken stellten wahrscheinlich ursprünglich voneinander unabhängige Elemente in Darwins begrifflichem System dar, aber letztlich verstärkten sie sich gegenseitig nachhaltig, geradeso wie im Denken von vielen Darwin-Gegnern Essentialismus und Saltationismus einander verstärkten.

Darwins uneingeschränkt gradualistische Evolutionstheorie – nicht nur Arten, sondern auch höhere Taxa entstehen durch allmähliche Umwandlung – traf sofort auf starken Widerstand. Selbst einige von Darwins engsten Freunden waren nicht gerade glücklich darüber. T. H. Huxley schrieb Darwin am Tag vor der Veröffentlichung der *Entstehung*: »Sie haben sich eine unnötige Schwierigkeit aufgebürdet, indem Sie so vorbehaltlos das *Natura non facit saltum* (Die Natur macht keine Sprünge) übernahmen« (Huxley 1900, 2: 27). Trotz der Einwände von seiten Huxleys, Galtons, Köllikers und anderer Zeitgenossen beharrte Darwin auf der Gradualität der Evolution, obwohl er sich voll und ganz bewußt war, wie sehr seine Auffassung zum Widerspruch herausforderte. Außerdem verstärkte sich sein Festhalten am Gradualismus im Laufe der Zeit; schließlich gestand er (nach der Kritik F. Jenkins im Jahre 1867) drastischen Veränderungen (»Abarten«) nur mehr eine minimale Bedeutung für die Evolution zu.

Essentialismus und Saltationismus blieben jedoch auch in der Folgezeit weit verbreitet. Nach Darwins Tod wurde die Konzeption des Gradualismus noch unpopulärer als zu seinen Lebzeiten. Diese Entwicklung setzte mit William Batesons Buch von 1894 ein und erreichte einen Höhepunkt in den Mutationstheorien der Mendelisten (siehe Kapitel 9). Sowohl Bateson als auch de Vries versäumten keine Gelegenheit, sich über Darwins Glauben an eine graduelle Evolution lustig zu machen, und hielten statt dessen an einer Evolution durch Makromutationen fest (Mayr und Provine 1980). Selbst während der evolutionären Synthese erfreuten sich saltationistische Theorien noch einiger Beliebtheit (Goldschmidt 1940; Willis 1940; Schindewolf 1950). Hauptvertreter einer graduellen Evolution waren die Naturforscher, die ihr ja auf Schritt und Tritt in Form geographischer Variation begegneten. Schließlich gelangten die Genetiker nach der Entdeckung ganz kleiner Mutationen zu der gleichen Schlußfolgerung.

Wenn wir Gradualismus als Populationsevolution definieren – und ebendies hatte Darwin im Grunde genommen im Sinn –, können wir sagen: Darwin setzte sich allen Widerständen zum Trotz letztlich auch mit seiner vierten Evolutionstheorie durch. Die einzigen eindeutig feststehenden Ausnahmen vom Gradualismus stellen die Fälle stabilisierter Hybriden (Bastarde) dar, die sich, ohne sich zu kreuzen, fortpflanzen können.

In der Theorie des Gradualismus ist an keiner Stelle die Rede davon, mit welcher Geschwindigkeit eine Veränderung stattfindet. Darwin war sich der Tatsache bewußt, daß Evolution gelegentlich sehr schnell fortschreiten kann, aber sie kann auch, worauf Andrew Huxley (1981) hingewiesen hat, Perioden völligen Stillstandes (Stase) aufweisen, »während derer diese Arten erhalten blieben, ohne irgendeiner Veränderung zu unterliegen«. (In einem bekannten Diagramm in der *Entstehung* läßt Darwin eine Art [F] 14 000 Generationen oder sogar über eine ganze Reihe geologischer Formationen hinweg unverändert bestehen.) Will man die von Niles Eldredge und Stephen J. Gould 1972 aufgestellte Theorie der unterbrochenen Gleichgewichte (siehe Kapitel 10) richtig beurteilen, ist es wichtig zu verstehen: Gradualität und Evolutionsrate sind voneinander unabhängig.

5. Die Auseinandersetzung mit Physikern und Philosophen

Der Essentialismus war nicht die einzige Ideologie, die Darwin überwinden mußte. Seit dem 17. Jahrhundert hatte sich ein ganz und gar von der Physik und Mathematik bestimmter Wissenschaftsbegriff entwickelt. Von Bacon und Descartes bis hin zu Locke und Kant stimmten die Philosophen mit den Naturwissenschaftlern – von Galilei und Newton bis hin zu Lavoisier und Laplace – völlig darin überein, das Ideal der Wissenschaft solle sein, mathematisch formulierte Theorien aufzustellen, die auf allgemeingültigen Gesetzen beruhten. Die Möglichkeit eines Beweises und eine exakte Vorhersage waren die Prüfsteine für den Wert einer wissenschaftlichen Erklärung. Newtons Physik war das leuchtende Beispiel für echte Wissenschaft. Zu der Zeit, als Darwin seine Ideen über Evolution entwickelte, vertraten sämtliche englischen Wissenschaftler und Philosophen diesen Wissenschaftsbegriff, und es gibt Hinweise, daß Darwin – vor allem nach der wiederholten Lektüre von John Herschels *Discourse* – sein Bestes tat, diesem Ideal zu entsprechen (Ruse 1979).

Trotz dieses Bemühens führten Darwins empirische Forschungen zu Ergebnissen, die im Widerspruch zu den meisten Grundannahmen des Physikalismus standen. Die Physikalisten waren Essentialisten, und diese Philosophie lehnte Darwin rundweg ab. Statt dessen entwickelte er ein Populationsdenken, eine Denkweise, die den Physikalisten völlig fremd war. Die Physiker jener Zeit waren strikte Deterministen; Voraussagen waren nicht nur möglich, sondern der eigentliche Prüfstein für die Gültigkeit von Theorien. Evolutionäre Prozesse hingegen enthielten ein beträchtliches Element des Zufalls: Sie waren probabilistisch und erlaubten daher keine sicheren Voraussagen. Alle evolutionären Phänomene konnten nur durch Schlußfolgerungen aus vergangenen, historischen Ereignissen erklärt werden, etwas, das es (zu jener Zeit) in den Naturwissenschaften schlichtweg nicht gab. Die probabilistische Natur des Evolutionsprozesses war dem Denken der Physiker so fremd, daß Herschel natürliche Auslese als die Theorie des *higgledy-piggledy*, des »Drunter und Drüber«, bezeichnete (F. Darwin 1888, 2: 240).

Darwins Erkenntnisse stellten die physikalische Auffassung von der Rolle von Gesetzen völlig in Frage. Die Ordnung und Harmonie des erschaffenen Universums ließen die Naturwissenschaftler nach Gesetzen suchen, nach weisen Vorschriften für den Lauf des Universums, die der Schöpfer vorgegeben hatte. Ein Physiker diente seinem Schöpfer am besten, indem er Seine Gesetze und ihr Funktionieren erforschte. Ganz in dieser Tradition bezieht Darwin sich im *Origin of Species* auf 490 Seiten nicht weniger als 106mal auf Gesetze, die bestimmte biologische Prozesse regulieren. Darwins »Gesetze« waren jedoch nicht die Gesetze der Deisten, sondern entweder schlichte Tatsachen oder regelhafte Prozesse. Da er sich nicht mehr auf allgemeingültige Gesetze stützte, war es für ihn kein Problem, statistische Verallgemeinerungen anzuerkennen. Dies bedeutete eine völlige Abkehr vom kartesisch-Newtonschen Determinismus.

Es ist nie richtig untersucht worden, welche Bedeutung Darwin dem Zufall zuschrieb. Die deterministische Grundeinstellung der Wissenschaft zu seiner Zeit lief Darwins Erkenntnissen, die zeigten, welche große Rolle der Zufall in der Evolution spielt, ganz zuwider. Im Falle von Abweichungen unterschied er zwischen solchen, die zufällig sind, was ihren »Zweck« oder selektiven Wert angeht, und anderen, die »zufällig sind, was die Ursache ihrer Entstehung betrifft« (F. Darwin 1888, 1: 314). Ähnliche Gedanken kommen in *Variation of Animals and Plants* (1868, 2: 431) zum Ausdruck. Offensichtlich anerkannte Darwin den strengen Ablauf nach den von ihm so genannten Naturgesetzen auf physiologischem Niveau, zögerte aber nicht im geringsten, auf der organismischen Ebene Zufalls- (stochastische) Prozesse zu akzeptieren.

Die Erkenntnis, daß weder Essentialismus noch Determinismus, noch irgendein anderer Aspekt des Physikalismus eine taugliche Ideologie darstellten, war für die weitere Entwicklung seines Denkens von größter Bedeutung. Nie hätte sich Darwin die natürliche Auslese als wichtige Theorie zu eigen machen können, nicht einmal nachdem er auf weitgehend empirischer Grundlage zu dem Prinzip vorgedrungen war, hätte er nicht Essentialismus und Physikalismus aufgegeben. Aber Darwin mußte noch eine andere hinderliche Ideologie widerlegen, um die natürliche Auslese bejahen zu können, und das war die finalistische oder teleologische Weltsicht.

Endzwecke

Der häufigen Feststellung: »Darwin war kein Philosoph«, schloß sich selbst ein ansonsten so scharfsichtiger Autor wie G. G. Simpson (1964: 50) an. In Wirklichkeit war Darwin sehr interessiert an Philosophie und versuchte, wie wir gesehen haben, sich in seinen Schriften an die Ratschläge der Wissenschaftsphilosophien seiner Zeit zu halten. Zugegeben, er hat nie einen Essay oder gar ein Buch veröffentlicht, die ausdrücklich einer Darlegung seiner philosophischen Ideen gewidmet gewesen wären, aber in seiner wissenschaftlichen Arbeit hat er die grundlegenden philosophischen Vorstellungen seiner Zeit eine nach der anderen systematisch zunichte gemacht und durch revolutionäre neue Konzeptionen ersetzt.

In der Rückschau ist es recht überraschend, in welchem Maße die zeitgenössischen Philosophen, die sich mit wissenschaftlichen Themen befaßten, Darwin nicht beachteten oder doch seine Konzeptionen in ihr eigenes System einzubauen unterließen und nicht einmal ernsthaft versuchten, ihn angemessen zu widerlegen. Dies gilt für die englischen Philosophen Herschel, Whewell, Mill und Jevons ebenso wie für einige deutsche Philosophen und philosophisch orientierte Biologen, die Nachfolger Kants und nachmaligen Naturphilosophen, die Mechanoteleologen (Lenoir 1982) und die Mechanisten (DuBois-Reymond, Helmholtz, Sachs, Ludwig, Loeb). Diese

Philosophen waren hauptsächlich aufgrund ihrer Bindung an Essentialismus und Finalismus nicht in der Lage, die Bedeutung von Darwins Ideen zu erkennen.

Seit der Zeit der frühen Philosophen war der Glaube weit verbreitet, die Welt müsse einen Zweck haben, denn Aristoteles hatte gesagt, »die Natur macht nichts umsonst« und, so würde ein Christ formulieren, Gott auch nicht. Jede Veränderung in dieser Welt hat demzufolge ihren Grund in Endzwecken, die jedes Objekt oder Phänomen auf ein letztes Ziel hin bewegen. Seit Aristoteles wurde immer wieder die Entwicklung eines Organismus vom befruchteten Ei bis zum Erwachsenen angeführt, um diese Zielstrebigkeit zu veranschaulichen. Man war fast allgemein der Überzeugung, alles in der Natur, insbesondere alle gerichteten Prozesse, bewegten sich in analoger Weise auf ein vorbestimmtes Ziel zu. Die Vertreter dieser Ansicht wurden als Teleologen oder »Finalisten« bezeichnet.

Fasziniert von Bewegung, arbeiteten die Vorreiter der wissenschaftlichen Revolution des 16. und 17. Jahrhunderts die Gesetze des Falls von Körpern und der Bewegung der Planeten um die Sonne heraus; für sie war die Welt eine der von ewigen Gesetzen gesteuerten Bewegung. Gott hatte diese Gesetze bei der Erschaffung der Welt begründet, und von diesem Zeitpunkt an hielten Gesetze sie in Bewegung. Gott war die letzte Ursache aller Dinge, aber Er regierte die Welt durch Seine Gesetze und nicht durch fortwährendes Eingreifen. René Descartes war einer der stärksten Befürworter dieser streng physikalistischen oder mechanistischen Weltsicht, die im Grunde genommen der des Physikers entsprach. Sie wurde allerdings selbst von dem Biologen Buffon mehr oder weniger übernommen und von Baron Holbach bis zur äußersten Konsequenz fortentwickelt. Selbst jene, die dieses mechanistische Weltbild übernahmen, hegten jedoch gewisse Zweifel in seiner Anwendung auf die belebte Welt. Buffon beispielsweise war sich des Widerstreits zwischen dem mechanistischen Weltbild und vielen Phänomenen, auf die er bei der Erforschung von Organismen traf, durchaus bewußt. Aber jede andere Sichtweise war für ihn unannehmbar.

Wer sich mit einer strikt mechanistischen, ausschließlich von Gesetzen in Gang gehaltenen Welt nicht zufrieden gab, entwikkelte ein anderes Erklärungsschema. Diese Denker schrieben Gott bei der detailgenauen Planung der Welt sowie allen nachfolgenden Veränderungen eine viel größere Rolle zu. Ihnen widerstrebte es, Gott von der Lenkung Seiner Welt auszuschließen und Ihn durch die wirkenden Ursachen Seiner Gesetze zu ersetzen. Nicht genug damit, fanden sie es auch unvorstellbar, daß die beobachtete Harmonie der Natur und all die wechselseitigen Anpassungen der Organismen einfach auf Gesetzen beruhen sollten. Ihre Antwort: Sie betonten die Ausgefeiltheit des ursprünglichen Entwurfs der Welt weit mehr, als dies die Mechanisten getan hatten. Ganz gleich, wohin man in der Natur blickt, so behaupteten sie, überall findet man Beweise für die unendliche Weisheit des Schöpfers. Jeder, der Sein Werk (die Natur) erforschte, konnte sich ebensogut einen Theologen nennen wie jener, der Sein Wort (die Bibel) erforschte. Beginnend mit John Ray (1691) und William Derham (1713) wurde die Erforschung der Natur zur Physikotheologie oder Naturtheologie. Sie wurde zur Erforschung des Plans des Schöpfers.

Zwei weitere Entwicklungen verstärkten den Glauben an Endzwecke. Die eine bestand in dem wachsenden Glauben, Gott habe die Welt zum Wohle des Menschen geschaffen. Diese Ansicht hatte Aristoteles (*Politik* I, 8, 1256a, b) vorweggenommen: »Wenn nun die Natur nichts unvollständig macht und auch nicht umsonst macht, so muß sie alle [Tiere] um des Menschen willen gemacht haben.« Legitimiert wurde diese Feststellung durch entsprechende Aussagen in der Genesis. Die zweite Bestärkung bezog der Glaube an Endzwecke aus den mannigfachen Beobachtungen, die auf fortdauernde Veränderungen in der Welt hindeuteten. Dies führte zu einem neuen Schöpfungsbegriff. Schöpfung wurde nun nicht mehr als etwas gesehen, das in einem Augenblick (oder in sechs Tagen) vonstatten gegangen war, sondern als allmählicher, langsamer, von Endzwecken gesteuerter Prozeß, der in der Erschaffung des Menschen gipfelte. In Übereinstimmung mit diesem modifizierten Schöpfungsbegriff betrachteten G. W. Leibniz und

J. G. Herder die *scala naturae* als einen Vorgang in der Zeit, und die *scala naturae* wurde mehr und mehr als Stufenleiter der Vervollkommnung betrachtet. Ein Hauptanliegen der Schriften der Physikotheologen war es zu zeigen, wie vollkommen alles in der Welt entworfen war. Da Gott nichts Unvollkommenes geschaffen haben konnte, wurde die Welt als die »beste aller *möglichen* Welten« betrachtet. Dies war ein beherrschendes Thema in dem umfangreichen Schrifttum von Ray und Derham bis zu William Paley und den Bridgewater-Abhandlungen. Es beherrschte sogar Darwins frühes Denken und mit Sicherheit das der Mehrzahl seiner Zeitgenossen. Bis Evolution anerkannt wurde, gab es keine denkbare Alternative zum Zufall als die »Notwendigkeit«, das heißt Gottes Plan.

Ein Großteil der naturtheologischen Literatur ist bewundernswert. R. Boyle (1688) beispielsweise begriff sehr wohl, daß die Erklärung des mechanischen Funktionierens einer Struktur nichts mit dem Bemühen um die Erklärung des Grundes, warum das Organ existiert und welche Rolle es im Leben des Organismus spielt, zu tun hat. Er unterschied also sehr klar zwischen unmittelbaren Ursachen und Endursachen. So ist beispielsweise die unmittelbare Ursache für sexuellen Dimorphismus beim Gefieder der Vögel ein hormoneller Unterschied; die Endursache ist sexuelle Auslese. Unmittelbare Ursachen konnte man mechanistisch erklären, Endursachen hingegen konnte man nicht erklären, ohne ein oberstes Ziel oder einen Endzweck zu postulieren (Lennox 1983).

Obgleich die Anfänge der Naturtheologie bis zu den Griechen und sogar bis zu den Ägyptern zurückreichen, währte ihre tatsächliche Vorherrschaft, zumindest in England, vom letzten Viertel des 17. Jahrhunderts bis 1859. Es machte kaum einen Unterschied, ob ein Autor glaubte, alles in der Welt sei von Gesetzen bestimmt oder im einzelnen von Gott gelenkt: In beiden Fällen war Gott entweder unmittelbar oder mittelbar verantwortlich. Er war die Endursache aller Dinge.

Zum Denken des 17. und 18. Jahrhundert paßte sehr gut der Glaube an kosmische Teleologie. Es war eine Epoche des wachsenden Optimismus, der Befreiung von sozialen und gesetzlichen Lasten. Man war überzeugt, eine bessere Zeit sei angebrochen, möglicherweise ein »tausendjähriges Reich«. Nicht nur Utopisten und Reformer predigten den Fortschritt, vielmehr wurde er zum Thema ganzer Philosophien, insbesondere der historisch-idealistischen Schulen von Herder und Schelling bis Hegel und Marx (Toulmin 1982). Nirgendwo sonst war die Teleologie so einflußreich wie in Deutschland. Nahezu alle deutschen Philosophen, von Leibniz, Herder und Kant bis in die Moderne, waren mehr oder weniger Teleologen. Kant, dessen Denken die deutsche Philosophie das ganze 19. Jahrhundert hindurch beherrschte, war ein Teleologe (Löw 1980). Ein strenger Mechanist in Sachen der unbelebten Natur, betrachtete er alle Phänomene der belebten Natur als das Ergebnis teleologischer Kräfte. Unter Kants Einfluß durchdrang das teleologische Denken die deutsche Biologie in der ersten Häfte des 19. Jahrhunderts (Lenoir 1982). K. E. von Baers umfassende Kritik an Darwin fußte weitgehend auf Teleologie, ebenso die des Philosophen Eduard von Hartmann (1876). Und die nachdarwinistische teleologische Theorie der Orthogenese hatte nirgends so viele Anhänger wie in Deutschland.

Durch die Forschungen der Geologen und insbesondere durch die Entdeckung aufeinanderfolgender fossiler Faunen und schließlich von Formationen, die Säugetiere und dann sogar Menschen bargen, wurde teleologisches Denken kräftig befördert (Bowler 1976). Es paßte gut zu Lamarcks Theorie des allmählichen evolutionären Wandels, bei der es sich um die erste echte Evolutionstheorie handelte (1809). Nicht jeder Progressismus in der Geologie führte dazu, daß man Evolution annahm; vielmehr dachte die Mehrheit der Paläontologen von Cuvier bis Agassiz eher in Begriffen von Katastrophen und daran anschließenden neuen, fortschrittlicheren Schöpfungen. Immer weniger Wissenschaftler glaubten an die Unveränderlichkeit der Welt; die meisten von ihnen gewahrten stetigen Wandel und im Grunde eine Tendenz in Richtung Vollkommenheit. Dies läßt sich in den Schriften fast aller Wissenschaftler zwischen 1809 und 1859 feststellen, obwohl

Autoren wie Meckel, Chambers, Owen, Bronn, von Baer und Agassiz es auf unterschiedliche Weise zum Ausdruck brachten. Der allgemeine Optimismus des 18. Jahrhunderts erlitt durch das verheerende Erdbeben, das am 1. November 1755 Lissabon heimsuchte, einen schweren Schock. Es bewog Voltaire, in seinem *Candide* das Panglossische Denken von Alexander Pope und Leibniz zu verspotten. Auch David Hume machte sich über die behauptete Harmonie der Natur lustig: »Seht euch diese lebenden Wesen, die einzigen, die es wert sind, daß man sie betrachtet, etwas näher an; wie feindselig und zerstörerisch sind sie; wie unzulänglich allesamt, was ihr eigenes Glück betrifft! Wie verachtenswert und abstoßend für den Betrachter! Das Ganze steht für nichts weiter als für die Vorstellung von einer blinden Natur.« In ähnlicher Weise widerlegte Kant die Behauptungen der Naturtheologie. Die unseligen Folgen der Französischen Revolution trugen dazu bei, daß nun abgründiger Pessimismus um sich griff. Er spiegelte sich im Denken von Malthus und anderer Demographen wider. Das Bevölkerungswachstum wurde nicht mehr als eine dem Menschen von Gott erwiesene Segnung betrachtet. Vielmehr behauptete man, wegen der von der Umwelt gesetzten Grenzen werde ein solches Wachstum unausweichlich zu Armut, Katastrophen und Tod führen.

Je weiter die Untersuchungen der Biologen gediehen, auf desto mehr Phänomene stieß man, die der Großartigkeit des Schöpfungsplans widersprachen. Nicht jeder Organismus konnte ausschließlich für seine Rolle in der Natur entworfen worden sein: Wie würde dies die Existenz einer begrenzten Anzahl von genau definierten Typen wie Säugetieren, Vögeln, Schlangen, Käfern und so fort erklären? Vielmehr, so hieß es, wurden zu Beginn einige wenige Archetypen geschaffen, und im Anschluß daran brachten die Gesetze der Natur die Vielfalt hervor, wobei allerdings alles im Schöpfungsplan enthalten gewesen sei. So waren selbst dieser Denkweise zufolge Vielfalt und Anpassung – indirekt – auf einen Plan zurückzuführen (Bowler 1977).

Diese Revision des Arguments, daß alles auf einem Plan beruhe, konnte jedoch die Kritik nicht zum Verstummen bringen. Man fragte: Was ist so wundervoll an einem Parasiten, der seine Opfer quält und schließlich ihren Tod herbeiführt? Schlimmer noch, wie kann ein Plan perfekt sein, wenn er so häufig zum Aussterben führt, wie dies durch die Fossiliengeschichte belegt ist? Wenn die Harmonie der belebten Welt, wie sie die Naturtheologen beschreiben, durch die wechselseitige Anpassung der Organismen aneinander und an ihre Umwelt fortwährend neu abgestimmt werden muß, um mit den Veränderungen der Erde und der Umstrukturierung der Faunen aufgrund des Aussterbens fertigzuwerden, welche Endzwecke konnte es geben, die alle diese Ad-hoc-Veränderungen regulierten? Wenn die Umwelt sich ändert, muß der Organismus sich neu an sie anpassen. Es gibt jedoch nicht notwendigerweise eine bestimmte Richtung, keine Idee eines notwendigen Prozesses und kein Erreichen irgendwelcher letzten Ziele. Als das Evolutionsdenken sich allmählich auszubreiten begann, bestand Matthias Schleiden darauf (1842: 61), daß es, obgleich man sowohl einfache als auch komplizierte Organismen beobachten kann, »eine völlig irreführende Ausdrucksweise wäre, wenn wir für sie die Worte unvollkommen und vollkommen oder niedriger und höher verwenden würden«.

Von der Naturtheologie mit ihrer Betonung eines Plans hatte man sich auf dem Kontinent um etwa 1800 praktisch abgewandt. In England hingegen war sie nach wie vor sehr einflußreich, und alle Lehrer und Kollegen Darwins, insbesondere Sedgwick, Henslow und Lyell, waren überzeugte Naturtheologen. Dies war Darwins begriffliches Bezugssystem, als er sich Gedanken über Anpassung und die Entstehung der Arten zu machen begann.

Von der Naturtheologie zur natürlichen Auslese

Es gibt zahlreiche Hinweise darauf, daß Darwin, als er von der Expeditionsreise auf der *Beagle* zurückkehrte, die Glaubensvorstellungen der Naturtheologen teilte. Dreiundzwanzig

Jahre später, als er die *Entstehung* veröffentlichte, hatte er sich davon völlig gelöst. In der Literatur existiert jedoch noch keine volle Übereinstimmung darüber, aufgrund welcher Einflüsse und in welcher Periode Darwin seine Deutungen revidierte. Es war eine merkwürdige Zeit, denn die englischen Wissenschaftsphilosophen – Herschel, Whewell und Mill – legten Wert auf eine strenge wissenschaftliche Methodologie und glaubten dennoch fest an Endzwecke. Sie glaubten an Gesetze, aber Gottes lenkende Hand wurde gebraucht, da ungelenkte Prozesse zu willkürlicher Unordnung führten (Ruse 1975 b; 1979).

Welchem Umstand schrieb der junge Darwin die Anpassung zu? Vor 1838 waren seine Vorstellungen zu diesem Punkt recht verschwommen. Er scheint Anpassung bestimmten Gesetzen zugeschrieben zu haben, vor allem dem Einfluß der Umwelt auf das generative System. Er dachte nach wie vor in Begriffen einer geplanten Welt. In seinen *Transmutation Notebooks* aus dieser Zeit bezieht sich die eindeutigste teleologische Aussage auf die Verbreitung: »Wenn ich zeige, daß es auf Inseln keine Pflanzen gäbe, wären da nicht Samen, die umhertreiben – ich muß feststellen, daß die Mechanismen, durch welche Samen an lange Transporte angepaßt werden, ein Verständnis der ganzen Welt voraussetzen würde –, dann ist dies zweifelsohne Teil eines Systems von großer Harmonie« (*Notebooks* D: 74). Darwins Interpretation evolutionären Wandels vor 1838 ging von Gottes Planen aus und war daher eindeutig eine finalistische Deutung. Für den Darwin der *Transmutation Notebooks* (vor September 1838) war der scheinbare Weg des Fortschritts in Richtung Vollkommenheit schlicht das Ergebnis bestimmter Gesetze, die eine solche Entwicklung ermöglichten. Jeder organische Wandel war, so dachte er, eine adaptive Reaktion auf noch so geringfügige Veränderungen der äußeren Bedingungen. Diese Umwelteinflüsse brachten das generative System dazu, angemessen zu reagieren. Dies setzte voraus, daß Gott unmittelbar an der Anpassung beteiligt war, denn nur Er konnte das generative System so ausgestattet haben, daß Veränderungen in der Umwelt es ihm ermöglichten, sich angemessen darauf einzustellen.

Im weiteren Verlauf seiner Forschungen entdeckte Darwin

jedoch ein Phänomen nach dem anderen, das Zweifel an der Vollkommenheit der Anpassungen aufkommen ließ (Ospovat 1981). Als erstes entdeckte er vielerlei Hinweise auf eine Abstammung (in Darwins früheren Aufzeichnungen *propagation* oder *progression* genannt), die als deutliche Einschränkung vollkommener Anpassung fungierte. Dann zog er rudimentäre oder verkümmerte Organe in Betracht, die einer vollkommenen Anpassung ebenso widersprachen wie häufiges Aussterben. Jene Naturtheologen – und es gab neben Darwin andere –, die in der Konzeption einer vollkommenen Harmonie der Natur derlei Unstimmigkeiten und scheinbare Widersprüche gewahrten, schrieben die Abweichungen von einer vollkommenen Anpassung einem Konflikt zwischen verschiedenen vom Schöpfer aufgestellten Gesetzen zu. Organismen, so diese Autoren, waren nur so vollkommen, wie dies innerhalb der von der Notwendigkeit, diesen Gesetzen zu gehorchen, gesetzten Grenzen möglich war. Beispielsweise bedarf es verschiedener Gesetze, um die Tatsachen Struktur, Verbreitung und Abstammung zu erklären.

Ein solch festes Vertrauen in ewige, gottgegebene Gesetze zur Erklärung natürlicher Phänomene muß für Darwin irgendwie unbefriedigend gewesen sein und im Widerstreit zu einem Teil seines umfassenderen philosophischen Bezugssystems gestanden haben. Hier ist wohl der Grund dafür zu suchen, weshalb er so schnell von dieser Denkweise abrückte, nachdem er Malthus gelesen und am 18. September 1838 seine Theorie der natürlichen Auslese formuliert hatte. Natürliche Auslese lieferte ihm eine rein mechanistische Erklärung für Anpassung und evolutionären Fortschritt, wie Darwin in seiner *Autobiographie* (1958: p. 87; dt.: S. 78) feststellte: »Der alte Beweisgrund vom Zwecke in der Natur, wie ihn Paley aufstellte, der mir früher so entscheidend erschien, schlägt jetzt fehl, nachdem das Gesetz der natürlichen Auslese entdeckt worden ist. Wir können zum Beispiel nicht länger folgern, daß das wunderschöne Schloß einer zweischaligen Muschel von einem intelligenten Wesen gebildet worden sein muß wie das Schloß einer Türe vom Menschen. In der Variabilität der organischen

Wesen und in der Wirkungsweise der natürlichen Zuchtwahl scheint nicht mehr Zweckmäßigkeit zu liegen als in der Richtung, in der der Wind weht.«

Nach 1838 war Darwin anfangs noch Naturtheologe genug, um zu glauben, daß natürliche Auslese ihm vollkommene Anpassung liefern könne. In den fünfziger Jahren gab er jedoch diese Überzeugung auf, und die *Entstehung* ist bemerkenswert frei von jeglicher teleologischen Sprache (Ospovat 1981). Wohlgemerkt, das Wort »Fortschritt« wird in diesem Werk zehnmal verwandt, aber fast immer als Begriff, der das Verstreichen von Zeit beschreibt. Lediglich im Zusammenhang mit der Ersetzung fossiler Faunen, von denen eine jede »höher« zu stehen scheint als jene, die sie ersetzt hat, spricht Darwin von einem Prozeß zum Besseren hin; aber er fügt hinzu, er sehe keine Möglichkeit, diese Art von Fortschritt zu beurteilen (1859: 337).

Darwin weist indes darauf hin, daß es selbst unter lebenden Faunen Unterschiede in der Konkurrenzfähigkeit gibt. Mitglieder der englischen Fauna, die auf Neuseeland angesiedelt wurden, sind äußerst erfolgreich, während er bezweifelt, daß das Umgekehrte der Fall wäre. »Von diesem Gesichtspunkte aus«, so Darwin, »kann man sagen, daß die Produkte Groß-Britanniens viel höher auf der Stufenleiter [stehen] als die Neu-Seeländischen« (1859: p. 337; dt.: S. 415 f.) Dennoch ist dies kein teleologisches Argument. Die größere Konkurrenzfähigkeit der Faunenelemente Großbritanniens beruhte nicht auf einem eingebauten Streben oder einem Endzweck, sondern war schlicht darauf zurückzuführen, daß die englische Fauna einen härteren Kampf ums Überleben durchgestanden hatte.

Trotzdem kommen die Begriffe »vollkommen« und »Vollkommenheit« auch in der Folge oft bei Darwin vor. In der *Entstehung* verwandte er das Wort »vollkommen« 77mal, »vervollkommnet« 19mal und »Vollkommenheit« 27mal. Bemerkenswert ist allerdings, wie sorgsam Darwin an diesen Stellen zwischen dem Ergebnis einer Auslese und dem Prozeß der Vervollkommnung unterscheidet. Vergebens suchen wir in seinen Erklärungen nach einem Streben oder einer Tendenz zur Vollkommenheit. Regelmäßig betont Darwin: Es ist die Auslese, die eine evolutionäre Linie zu immer größerer Vollkommenheit führt. Besonders klar bringt er dies in dem »Organe von äusserster Vollkommenheit und Zusammengesetztheit« (p. 186; dt.: S. 202) überschriebenen Abschnitt von Kapitel 6 zum Ausdruck, das, unter anderem, seine bekannte Darstellung der Evolution des Auges durch natürliche Auslese enthält. Da natürliche Auslese kein finalistischer Prozeß ist, sieht Darwin jetzt ganz deutlich, daß »natürliche Zuchtwahl nicht nothwendig zur absoluten Vollkommenheit führen [wird], und diese ist auch, soviel wir mit unseren beschränkten Fähigkeiten zu beurtheilen vermögen, nirgends zu finden« (p. 206; S. 232). Absolute Vollkommenheit ist natürlich nicht notwendig, denn »natürliche Zuchtwahl strebt danach, jedes organische Wesen ebenso vollkommen oder ein wenig vollkommener als die übrigen Bewohner derselben Gegend zu machen, mit welchen dasselbe um sein Dasein zu kämpfen hat. Und wir sehen, dass dies der Grad von Vollkommenheit ist, welcher im Naturzustande erreicht wird« (p. 201; S. 227). Es findet sich nicht einmal die Spur eines Hinweises auf irgendeinen Endzweck, denn Vollkommenheit ist einfach das Produkt des A-posteriori-Prozesses der natürlichen Auslese. Da die Welt und ihre Fauna und Flora sich fortwährend verändern, wäre eine vollkommene Schöpfung zu Beginn sinnlos gewesen. »Fast jeder Theil eines jeden organischen Wesens steht in einer so schönen Beziehung zu seinen complicierten Lebensbedingungen, dass es ebenso unwahrscheinlich scheint, dass irgend ein Theil auf einmal in seiner ganzen Vollkommenheit erschienen sei, wie dass ein Mensch irgend eine zusammengesetzte Maschine sogleich in vollkommenen Zustande erfunden habe« (*Origin*. 6. Auflage: p. 58–59; dt.: S. 62).

Darwins anschließende Korrespondenz mit dem amerikanischen Botaniker Asa Gray ermöglicht uns, seinen Gedankengang noch etwas genauer zu analysieren. Gray, wiewohl ziemlich strenggläubiger Kreationist, räumte die Bedeutung und Steuerungsfähigkeit natürlicher Auslese ein. Allerdings: »Natürliche Auslese ist nicht der Wind, der das Schiff vorwärtstreibt, sondern das Ruder, das durch die Reibung bald nach dieser, bald nach jener Seite den Kurs bestimmt« (Moore 1979: 316). Veränderung – in Grays Metapher der Wind – wurde in den Augen Asa Grays von einer göttlichen Hand gelenkt. Darwin wies diese Möglichkeit mit Nachdruck zurück und nahm dies zum Anlaß, seine Vorstellungen, ziemlich offensichtlich als direkte Antwort auf Gray, in *The Variation of Animals and Plants* (1868 II: 432) darzulegen. Gray jedoch vermochte Darwins Argumentation nicht zu folgen und ging sogar soweit, Darwin für »den großen Dienst, den er der Naturwissenschaft erwiesen hat, indem er ihr die Teleologie wiedergab,« zu preisen (Gray 1876: 237).

In seinen späteren Jahren war Darwin, vor allem in Briefen an seine zahlreichen Korrespondenten, gelegentlich ziemlich sorglos in seiner Ausdrucksweise. So sprach er beispielsweise von »der äußersten Schwierigkeit oder, besser: Unmöglichkeit, sich dieses ungeheure und wundervolle Universum einschließlich des Menschen mit seiner Fähigkeit, weit zurück und weit in die Zukunft zu blicken, als Ergebnis eines blinden Zufalls oder einer Notwendigkeit vorzustellen«. Wie konnte er derlei äußern, wenn ihm doch gerade die Theorie der natürlichen Auslese die Mittel an die Hand gegeben hatte, die Alternative Zufall *oder* Notwendigkeit zu vermeiden? Bei anderer Gelegenheit äußerte er: »Der Verstand weigert sich, dieses Universum, so wie es ist, als etwas anderes denn als geplant zu betrachten.« Es ist daher nicht verwunderlich, daß Darwin von mehreren Autoren, die das Wirken der natürlichen Auslese nicht verstanden, falsch eingeordnet wurde. Kölliker zum Beispiel beschuldigte Darwin, »im wahrsten Sinn des Wortes ein Teleologe« zu sein. Und selbst T. H. Huxley ließ sich, als er Darwin verteidigte, dazu verleiten, zwischen »der Teleologie Paleys und der Teleologie der Evolution« zu unterscheiden (Moore 1979: 264).

In seiner Ablehnung des Finalismus stand Darwin nicht völlig allein. Ernst Haeckel erklärte mit allem Nachdruck, daß »die Ursachen aller Phänomene der Natur ... rein mechanisch wirkende, nie finale, nie zielgerichtete Ursachen sind« (1866,

2: 150). Am entschiedensten wurde Darwin von August Weismann unterstützt; er trat immer wieder für die natürliche Auslese in die Schranken und widerlegte die Theorien der Gegner Darwins (siehe Kapitel 8). Die Stimmen Haeckels, Weismanns, F. Müllers und der Freunde Darwins unter den Naturforschern waren jedoch nichts weiter als Stimmen in der Wüste, denn der Widerstand gegen den mechanistischen Prozeß der natürlichen Auslese war fast allgemein. Aber keiner seiner Gegner verstand die natürliche Auslese richtig, und dieses Nichtverstehen beruhte in hohem Maße auf der althergebrachten ideologischen Bindung an den Finalismus. Der Widerstand gegen die natürliche Auslese – und in Verbindung damit ebenso eine offene oder unausgesprochene Unterstützung des Finalismus – dauerte bis zur evolutionären Synthese an. So bewies der Genetiker T. H. Morgan noch in seinem letzten Buch über Evolution (1932) sein Unverständnis der natürlichen Auslese. Schon 1910 hatte er behauptet, der Finalismus habe über die natürliche Auslese Eingang in die Biologie gefunden, da »durch die Auswahl der neuen Veränderungen ... Zweck als Faktor ins Spiel kommt, denn Auslese hatte ein Ziel im Auge«. Dabei übersah er völlig die Willkürlichkeit und Zufälligkeit der Variationen und die statistische Natur des Vorgangs der Auslese.

Finalismus als Alternative zu natürlicher Auslese

In den Jahren nach 1859 wurden zahlreiche Versuche unternommen, Darwins Theorie der natürlichen Auslese durch eine überlegene Art und Weise der Anpassung zu ersetzen. Die bekanntesten dieser Theorien bezeichnet man im allgemeinen als Neolamarckismus (Vererbung erworbener Merkmale), Orthogenese (ein innewohnendes Vervollkommnungsprinzip) und Saltation. Sie alle enthalten mehr oder weniger finalistische Komponenten. Aus einer Reihe von Gründen ist es nicht einfach, diese Theorien zu referieren. Nicht nur sind die Beschreibungen der postulierten Mechanismen, durch die die Veränderungen bewirkt werden sollten, meistens recht verschwommen, zumal ein und derselbe Autor gelegentlich zuerst die eine und dann die andere dieser Theorien oder eine Mischung beider vertrat (Kellogg 1907; Bowler 1983, 1988). Auch nachdem Paleys Konzeption einer Ad-hoc-Planung jeder – selbst der kleinsten – Anpassung jegliche Glaubwürdigkeit eingebüßt hatte, hielt sich die Vorstellung von einem universellen Plan organischen Fortschritts, das heißt von einer evolutionären Neuinterpretation der nun auf die Zeit bezogenen *scala naturae* (Bowler 1977). Eine solche Vorstellung schien auf den ersten Blick durch Beobachtung gestützt zu werden. Wenn Variation, wie Darwin behauptet hatte, ziellos ist, und wenn man bedenkt, daß die Anzahl der Umweltkonstellationen nahezu unbegrenzt ist, dann könnte man ein völlig chaotisches Geflecht evolutionärer Phänomene erwarten. Was man hingegen vorfindet, ist eine begrenzte Anzahl klar abgegrenzter Stammeslinien und die Möglichkeit, Organismen in fortschreitenden Reihen anzuordnen. Dies wurde nicht nur von Paläontologen beschrieben, sondern auch von Forschern, die sich mit lebenden Organismen, seien es nun Schmetterlinge (Theodor Eimer) und Vögel (Charles O. Whitman), befaßten. Veränderung war offensichtlich nicht ziellos, sondern folgte klar festgelegten Pfaden eines Wandels. Solche evolutionären Tendenzen wurden einer innewohnenden, richtungweisenden Kraft, genannt Orthogenese, zugeschrieben. Sie wurde als »Vervollkommnungstrieb« beschrieben.

Die Immanenz dieser Kraft schien durch eine Tatsache bestätigt zu werden: Gewiß war es möglich, geradlinige Reihen für Merkmale aufzustellen, deren Entwicklung vielleicht durch natürliche Auslese vorangetrieben worden war. Zum Beispiel die Zunahme der Genauigkeit von Mimikrymustern oder eine phyletische Zunahme der Körpergröße. Aber man konnte solche Reihen auch für unzweckmäßige, anscheinend schädliche Merkmale konstruieren. Dieses Argument brachte mit besonderem Nachdruck Eimer vor (Bowler 1979). Die meisten orthogenetischen Thesen wurden in striktem Gegensatz und als Alternative zu natürlicher Auslese aufgestellt.

Es gab jedoch auch eine Gruppe christlicher Darwinisten,

die natürliche Auslese als »Beweis für eine lenkende Kraft und eines übergeordnetes Denkens« ansahen (Moore 1979). Für die einen war Variation als solche gerichtet, und sie stellte der Auslese das richtige Material zur Verfügung; die anderen aber betrachteten den Ausleseprozeß als zielgerichtet. Für sie war natürliche Auslese eindeutig ein teleologischer Prozeß.

Sogar ein solcher Ultramechanist wie Julius Sachs (1894) übernahm Carl Naegelis Vervollkommnungsprinzip als Triebkraft aller wichtigen evolutionären Entwicklungen, wobei die natürliche Auslese die Anpassung lediglich in Feinheiten verbessern konnte. Kölliker (1864) war ebenfalls Anhänger einer autogenetischen Theorie, die jeglichen evolutionären Fortschritt »inneren Ursachen« zuschrieb; er und Naegeli forderten Weismann zu einer Replik heraus.

Evolutionärer Fortschritt ohne Endzwecke

Für einige Darwinisten scheint der Begriff evolutionärer Fortschritt heikle Fragen aufgeworfen zu haben. Wie kann ein strikt opportunistischer Konkurrenzkampf zu Fortschritt führen? Darwin scheint gelegentlich selber solche Zweifel gehabt zu haben; sie spiegeln sich in einer Randbemerkung in seiner Ausgabe der *Vestiges* wider: »Gebrauche nie die Worte höher oder niedriger.« Andere, die ebenfalls einen Fortschritt bezweifelten, wiesen auf die ununterbrochene Existenz der Archaebakterien und anderer Prokaryonten hin, auf das unverminderte Gedeihen der Einzeller und niedrigeren Pilze bis in die Gegenwart, auf die Parasiten und die Höhlenbewohner. Keine dieser Formen kann man als fortschrittlich im Sinne von »höher« bezeichnen; gleichwohl wachsen und gedeihen sie auch weiterhin. Also ist, sagte man, die Evolution einfach ein Prozeß der Spezialisierung. Und dennoch, wer kann im großen und ganzen einen Fortschritt leugnen von den Prokaryonten, welche die belebte Welt mehr als drei Milliarden Jahre lang beherrschten, zu den Eukaryonten mit ihrem gut organisierten Zellkern und ihren Chromosomen und zytoplasmotischen Organellen, von den einzelligen Eukaryonten zu den Pflanzen und Tieren mit einer strikten Arbeitsteilung zwischen den hochspezialisierten Organsystemen und, innerhalb der Tierwelt, von Kaltblütern, die auf Gedeih und Verderb dem Klima ausgeliefert sind, zu den Warmblütern, ferner innerhalb der Warmblüter, von Typen mit kleinem Gehirn und geringer sozialer Organisation zu denen mit einem großen zentralen Nervensystem, hochentwikkelter Elternliebe und der Fähigkeit, von Generation zu Generation Informationen weiterzugeben?

Versuche, den Fortschritt zu definieren, hat es viele gegeben. Für Lamarck zum Beispiel wie für viele Wissenschaftler des 19. Jahrhunderts war der Mensch ganz eindeutig der vollkommenste Organismus; alle Formen des Lebens wurden, ausgehend von ihrem angeblichen Fortschreiten Richtung Mensch, in einer einzigen senkrechten Reihe angeordnet. Heute wissen wir: Vielfalt ist die charakteristischste Eigenschaft der Evolution, und das Leben hat sich nicht nur sehr früh innerhalb der Prokaryonten in Eubakterien und Archaebakterien aufgeteilt, sondern die Eukaryonten brachten nach ihrer Entstehung sehr bald die Einzeller und die Reiche der Pilze, Pflanzen und Tiere hervor. Innerhalb eines jeden dieser Reiche entwickelten sich buchstäblich Tausende verschiedener Stammeslinien, von denen die meisten nicht im geringsten zu den Merkmalen des Menschen hin tendierten. Ebensowenig kann die Vorherrschaft einer Gruppe auf der Erde als Kriterium von Fortschritt betrachtet werden. Auf dieser Grundlage käme den Gefäßpflanzen eine größere Dominanz als dem Menschen und sogar den Insekten zu. Und vor nicht einmal zehntausend Jahren waren die Vorfahren des Menschen alles andere als vorherrschend auf der Erde.

Gelegentlich wird strukturelle Komplexität als ein Zeichen von Fortschritt erwähnt, aber Trilobiten und Plakodermen waren in ihrer Struktur offenbar komplexer und möglicherweise spezialisierter als der heutige Mensch. Huxley (1942) betrachtete die Emanzipation von der Umwelt als wichtigen Gradmesser von Fortschrittlichkeit, und nach diesem Kriterium rangiert der Mensch sicherlich höher als jeder andere Organismus.

Aber ist Unabhängigkeit von der Umwelt wirklich ein Gradmesser für Fortschrittlichkeit?

Setzt man sich mit evolutionärem Fortschritt auseinander, so kann man sich anscheinend kaum von Kriterien lösen, die dem Menschen Überlegenheit sichern; denn man gehört ja selbst zu der Art Mensch. Es gibt jedoch zwei Kriterien für Fortschrittlichkeit, die beträchtliche objektive Gültigkeit beanspruchen könnten. Eines davon ist Elternliebe (gefördert durch innere Befruchtung), die das Potential dafür bereitstellt, auf nichtgenetischem Wege Informationen von der einen Generation an die nächste weiterzugeben. Der Besitz solcher Information ist natürlich im Kampf ums Dasein von außerordentlichem Wert. Diese Informationsübertragung schafft zugleich einen Selektionsdruck zugunsten eines verbesserten Speicherungssystems für derlei erinnerte Information, das heißt für ein vergrößertes zentrales Nervensystem. Und selbstverständlich ist die Kombination von nachgeburtlicher Fürsorge und vergrößertem zentralen Nervensystem die Grundlage jeglicher Kultur, die zusammen mit der Sprache den Menschen von allen anderen lebenden Organismen trennt. Doch selbst wenn wir den Erwerb dieser Fähigkeiten als Beweis für evolutionären Fortschritt bezeichneten, spräche dies durchaus nicht für Endzwecke, da diese Entwicklungen eindeutig durch natürliche Auslese bewirkt wurden.

Gleichgültig, ob man sich nun die höchsten Säugetiere und Vögel, die staatenbildenden Insekten, die Orchideen oder die Riesenbäume ansieht: es schien einigen Evolutionstheoretikern unvorstellbar, der langsam verlaufende Kampf ums Dasein zwischen Individuen einer Art könne bei so vielen Stammeslinien den doch tatsächlich zu beobachtenden Fortschritt erklären. Jeglichen evolutionären Fortschritt als das Ergebnis der Konkurrenz zwischen den Individuen einer Art anzusehen, stellt in der Tat eine Vereinfachung dar, ist dieser individuellen Auslese doch ein Prozeß übergeordnet, der traditionell als Artselektion bezeichnet wird, obwohl Artersetzung oder Aufeinanderfolge von Arten wahrscheinlich bessere Ausdrücke dafür wären. Ein individueller Organismus konkurriert nicht nur mit den Mitgliedern seiner eigenen Art, sondern kämpft ums Dasein auch gegen Mitglieder anderer Arten. Dieser Prozeß ist vermutlich die wichtigste Quelle evolutionären Fortschritts. Jede neu gebildete Art muß, soll sie evolutionär erfolgreich sein, in irgendeiner Hinsicht einen evolutionären Fortschritt darstellen. Darwin erklärte dies folgendermaßen: »In einem bestimmten Sinne aber müssen, nach meiner Theorie, die neueren Formen höher sein als die älteren; denn jede neue Art wird gebildet [das heißt ist erfolgreicher geworden], weil sie gegenüber anderen und älteren Formen irgendeinen Vorteil im Kampf ums Dasein hatte« (1859: p. 337). Wenn die Konkurrenz zwischen Individuen verschiedener Arten zum Aussterben einer der konkurrierenden Arten führt oder zumindest dazu beiträgt, handelt es sich um einen Fall von Artersetzung. Daß Konkurrenz zwischen Arten zum Aussterben eines der Konkurrenten führen konnte, wußten Lyell und andere vorevolutionäre Wissenschaftler natürlich längst.

Eine neue Art trägt im Kampf ums Dasein nur dann den Sieg über eine bereits bestehende davon, wenn sie irgendeine neue, und sei es auch die kleinste evolutionäre Erfindung gemacht hat. Dabei könnte es sich um eine Verbesserung des Verdauungsapparats oder des Nervensystems, der Lebensweise oder irgendeines der unzähligen anderen Details handeln, in denen sich die sogenannten höheren Organismen von den niedrigeren unterscheiden. Daher lassen sich alle makroevolutionären Entwicklungen, ob es sich nun um Spezialisierungen, Verbesserungen oder andere Neuerungen handelt, voll und ganz mit Darwins Mechanismen der Variation und Selektion, der Artbildung und des Aussterbens erklären. Kein einziger bedarf einer finalistischen treibenden Kraft, welcher Art sie auch sein mag.

Eine eingehende Untersuchung des evolutionären Fortschritts zeigt, daß seine charakteristischen Merkmale nicht die sind, die man bei einem von Endzwecken gesteuerten Prozeß erwarten würde. Fortschrittliche Veränderungen in der Geschichte des Lebens sind weder vorhersagbar noch zielgerichtet. Die beobachteten Fortschritte sind willkürlich und in hohem Maße verschieden. Es ist stets ungewiß, ob neu erworbene Anpassungen von dauerhaftem Wert sind. Wer hätte zu Beginn der Kreidezeit vorausgesagt, daß bis zum Ende dieses Zeitalters das blühende Taxon der Dinosaurier aussterben würde? Zeiten des Stillstands wechseln mit Zeiten ungeheuer schnellen evolutionären Wandels. Evolutionäre Trends verlaufen selten auf längere Zeit geradlinig, und wenn eine solche Geradlinigkeit auftritt, dann läßt sich in den meisten Fällen zeigen, daß sie auf eingebauten Zwängen beruht.

Heute können wir mit Sicherheit zeigen: All die evolutionären Phänomene und Aspekte evolutionären Fortschritts, die frühere Generationen als unwiderlegbare Beweise für eine Teleologie ansahen, sind völlig im Einklang mit der natürlichen Auslese. Phänomene, die auf einer Verkettung historischer Ereignisse beruhen, können nicht dem Wirken einfacher Gesetze zugeschrieben und daher nicht auf die gleiche Weise bewiesen werden wie von den exakten Wissenschaften untersuchte Phänomene. Jedoch stimmen sie mit den Erkenntnissen der Genetik und mit der Theorie der natürlichen Auslese in ihrer modernen, differenzierten Form überein. Niemand hat die finalistische These der Evolution überzeugender widerlegt als Simpson (1949; 1974). Er zeigte auf, daß jede evolutionäre Linie ihren eigenen Weg geht und man evolutionären Fortschritt nur bezogen auf diese besondere Stammeslinie definieren kann. Nichts erschien in der geologischen Vergangenheit fortschrittlicher als die Ammoniten und die Dinosaurier, dennoch sind beide Taxa ausgestorben. Hingegen haben viele evolutionäre Linien, die Hunderte oder Tausende Jahrmillionen lang keinerlei Fortschritt erkennen ließen, bis auf den heutigen Tag überlebt, etwa die Archaebakterien und andere Prokaryonten. Fortschritt ist also durchaus kein allgemeingültiger Aspekt der Evolution; das müßte aber der Fall sein, wenn Evolution durch Endzwecke hervorgerufen würde.

Der Niedergang und Untergang des Finalismus

Zur Zeit der evolutionären Synthese, in den vierziger Jahren unseres Jahrhunderts (siehe Kapitel 9), gab es keinen Evolutionsbiologen, faktisch keinen kompetenten Biologen mehr, der noch an einen Endzweck in der Evolution glaubte. Die wenigen Biologen, die nach wie vor daran festhielten, taten dies entweder wie Teilhard de Chardin, aufgrund theologischer Bindung, oder weil die Entwicklung der Biologie im 20. Jahrhundert spurlos an ihnen vorbeigegangen war, wie im Falle des Comte de Nuoy.

Einem Laien allerdings leuchten Endzwecke weit mehr ein und sagen ihm eher zu als der willkürliche und opportunistische Prozeß der natürlichen Auslese. Aus diesem Grund fand der Glaube an Endzwecke bei Nichtbiologen weit mehr Anklang als unter Biologen. So waren zum Beispiel fast alle Philosophen, die sich in den einhundert Jahren nach 1859 zu evolutionärem Wandel äußerten, überzeugte Finalisten, von Whewell, Herschel und Mill bis hin zu Henri Bergson in Frankreich, der eine metaphysische Kraft, einen *élan vital*, postulierte, welcher, auch wenn Bergson seine finalistische Natur bestritt, angesichts seiner Auswirkungen nichts anderes sein konnte als ein Endzweck. Whitehead, Polanyi und zahlreiche weniger bedeutende Philosophen waren ebenfalls Finalisten. In dieser ganzen Zeit gab es Ausnahmen, deren bemerkenswerteste der deutsche Philosoph Sigwart war; er handelte schon 1881 die Probleme der Teleologie auf beachtlich moderne Art und Weise ab.

Moderne Philosophen – das heißt solche, deren Veröffentlichungen in die Zeit nach der evolutionären Synthese fallen – haben in ihrer Auseinandersetzung mit evolutionärem Fortschritt im großen und ganzen darauf verzichtet, Endzwecke zu bemühen. Sie stimmen der von der evolutionären Synthese gelieferte Erklärung offenkundig voll und ganz zu. Wenn sie sich zum Thema Teleologie äußern, wie beispielsweise Morton Beckner oder Ernest Nagel, dann setzen sie sich mit Anpassung und »teleologischen Systemen« auseinander. Der Finalismus ist nicht mehr fester Bestandteil ernst zu nehmender Philosophie. Eine letzte heftige Attacke gegen den Finalismus stellte Monods Buch *Zufall und Notwendigkeit* (1970) dar. Aber Monod begriff nicht den Erklärungswert der natürlichen Auslese und kam deshalb zu dem Schluß, reiner Zufall sei für die Phänomene der Natur verantwortlich. Auf einen solchen Epikureismus trifft man heutzutage jedoch nur noch selten.

In den letzten Jahren wurde schließlich klar, warum die Kontroverse über die Gültigkeit teleologischen Denkens so unentschieden ausging: Es stellte sich nämlich heraus, daß die Bezeichnung »teleologisch« auf vier völlig unterschiedliche natürliche Phänomene angewandt wurde. Drei von ihnen lassen sich auf wissenschaftliche Weise erklären, während das vierte, das gewisse Phänomene erklären soll, nicht begründet werden konnte.

(1) Viele anscheinend zielgerichtete Prozesse oder Bewegungsabläufe in der anorganischen Natur sind einfach die Folge von Naturgesetzen. Das Fallen eines Steines (aufgrund von Gravitation) oder das Abkühlen eines erhitzten Metallstücks (aufgrund des zweiten Hauptsatzes der Thermodynamik) sind Beispiele für derartige *teleomatische* Prozesse, wie man solche von Gesetzen gesteuerten Prozesse nennt.

(2) Vorgänge in lebenden Organismen – auch ihr Verhalten –, die ihre Zielgerichtetheit dem Wirken eines angeborenen oder erlernten Programms verdanken, werden als *teleonomisch* bezeichnet. Dazu gehören alle Veränderungen in der ontogenetischen Entwicklung ebenso wie zielgerichtete Verhaltensweisen. Derlei Prozesse können streng wissenschaftlich erklärt werden, da der Endpunkt oder das Ziel bereits im Programm enthalten ist.

(3) Angepaßte Systeme – etwa das Herz, das Blut pumpt, oder die Nieren, die Nebenprodukte des Stoffwechsels ausscheiden –, die auf ein Ziel hinzuarbeiten scheinen, wurden ebenfalls als teleologisch bezeichnet. Ein Organismus verfügt über Hunderte, wenn nicht sogar Tausende solcher angepaßter Systeme, von der molekularen Ebene bis hin zum Organismus als Ganzem; sie alle wurden im Verlauf der Evolution seiner

Vorfahren erworben und durch natürliche Auslese fortwährend besser angepaßt. Diese Systeme haben die Fähigkeit, sich teleonomisch zu verhalten, suchen aber, da sie stationär sind, nicht selber ein Ziel.

(4) Seit den Griechen war der Glaube weit verbreitet, alles in der Natur und alle in ihr ablaufenden Prozesse hätten einen Zweck, ein vorbestimmtes Ziel, und diese Prozesse würden die Welt zu immer größerer Vollkommenheit führen. Viele große Philosophen vertraten eine teleologische Weltsicht. Der modernen Wissenschaft gelang es jedoch nicht, die Existenz einer solchen *kosmischen Teleologie* zu beweisen. Auch fand man keinerlei Mechanismen oder Gesetze, die das Funktionieren einer solchen Teleologie ermöglicht hätten. Die Wissenschaft zog daraus den Schluß: Endzwecke dieses Typs existieren nicht.

6. Darwins Weg zur Theorie der natürlichen Auslese

Wenn wir heute von Darwinismus sprechen, meinen wir Evolution durch natürliche Auslese. Die Bedeutung der natürlichen Auslese, ihre Grenzen und die Prozesse, durch welche sie wirkt, sind die Bereiche, in denen heute am intensivsten geforscht wird.

Die fünfte von Darwins großen evolutionären Theorien war seine gewagteste und neuartigste. Sie setzte sich mit den *Mechanismen* evolutionären Wandels und insbesondere damit auseinander, wie diese Mechanismen die scheinbare Harmonie und Angepaßtheit der organischen Welt erklären können. Sie versuchte, statt der übernatürlichen Erklärung der Naturtheologie eine natürliche Erklärung zu geben. In dieser Hinsicht war Darwins Theorie einzigartig; in der gesamten philosophischen Literatur von den Vorsokratikern bis Descartes, Leibniz und Kant gab es nichts Vergleichbares. Sie ersetzte die Teleologie in der Natur durch eine im wesentlichen mechanische Erklärung.

Nach seinen Schriften zu urteilen, hatte Darwin eine sehr viel einfachere Vorstellung von natürlicher Auslese als der moderne Evolutionstheoretiker. Für ihn handelte es sich um eine stete Erzeugung von Individuen, Generation für Generation, von denen einige insofern »überlegen« waren, als sie über einen reproduktiven Vorteil verfügten. Darwin verstand Auslese im wesentlichen als einen einstufigen Prozeß, als Förderung reproduktiven Erfolgs. Der moderne Evolutionstheoretiker stimmt mit Darwin darin überein, daß das Individuum das Zielobjekt der Selektion ist; aber uns ist inzwischen klar, daß es sich bei natürlicher Auslese in Wirklichkeit um einen zweistufigen Prozeß handelt; der erste Schritt besteht in der Hervorbringung genetisch verschiedener Individuen (Variation), während über das Überleben und den reproduktiven Erfolg dieser Individuen im zweiten Schritt, dem eigentliche Selektionsprozeß, entschieden wird. Obwohl ich die Theorie der natürlichen Auslese als Darwins fünfte Theorie bezeichnet habe, ist sie in Wirklichkeit ihrerseits ein kleines Bündel von Theorien. Es enthält die Theorie des fortwährenden Vorhandenseins eines reproduktiven Überschusses, die Theorie einer ständigen Verfügbarkeit großer genetischer Variabilität, die Theorie der Erblichkeit individueller Unterschiede, die Theorie, daß für bloße reproduktive Überlegenheit selektiert wird (sexuelle Auslese), sowie etliche andere.

Die Frage nach den begrifflichen Ursprüngen von Darwins Theorie der natürlichen Auslese ist nach wie vor äußerst umstritten. Eine beliebte Erklärung der Historiker war seit jeher, das Denken der englischen Oberschicht in der ersten Hälfte des 19. Jahrhunderts habe Pate dabei gestanden (in Einklang mit Empirizismus, Merkantilismus, industrieller Revolution, Armengesetzgebung und so fort). Darwins Eingeständnis, die Lektüre von Malthus habe ihm die wesentliche Einsicht vermittelt, schien eine machtvolle Bestätigung dieser »äußeren Begründung«. Im Gegensatz dazu zogen die Evolutionisten eine auf einer »inneren Begründung« beruhende Deutung vor. Sie führten an, Darwin beharrte darauf, die entscheidenden Beweise stammten für ihn aus seiner gründlichen Kenntnis der Praktiken der Tierzüchter. Neue Informationen haben uns die wiedergefundenen Notizbücher aus der Zeit eineinhalb Jahre vor seiner »Bekehrung« in Hülle und Fülle geliefert. Sie schränken zwar die Zahl der möglichen Interpretationen ein, erlauben aber trotzdem immer noch gegensätzliche Auslegungen. Was ich hier vortrage, ist sicher nicht das letzte Wort in einer nach wie vor andauernden Auseinandersetzung. Es bedarf weiterer Forschung, ehe die verbleibenden Meinungsverschiedenheiten ausgeräumt werden können (Hodge und Kohn 1985).

Darwin war im Oktober 1836 von der Reise an Bord der *Beagle* zurückgekehrt. Im Verlauf seiner Arbeit an seinen Vogelsammlungen und insbesondere durch Gespräche mit dem Ornithologen John Gould wurde Darwin – offenbar im März

1837 (Sulloway 1982b) – zum Evolutionisten. Im Juli 1837 war er mit Sicherheit von Evolution durch gemeinsame Abstammung völlig überzeugt. In seiner neuen Deutung der Welt ersetzte er nicht nur eine statische oder beständige Welt durch eine sich entwickelnde, sondern er beraubte auch, und das war noch wichtiger, den Menschen seiner einzigartigen Stellung im Universum und ordnete ihn in den Strom tierischer Evolution ein. Nach diesem Zeitpunkt stellte Darwin die Tatsache der Evolution nie mehr in Frage, auch wenn er weitere zwanzig Jahre lang zusätzliche Beweise dafür suchte. Doch zu Anfang waren ihm die Ursachen der Evolution ein schier unauflösliches Rätsel.

Eineinhalb Jahre lang grübelte Darwin unablässig; er entwickelte eine Theorie nach der anderen, um sie wieder zu verwerfen (Kohn 1975), bis er schließlich am 28. September 1838 eine entscheidende Erleuchtung hatte. In seiner *Autobiographie* beschreibt er dieses Erlebnis wie folgt (Darwin 1958: p. 120; dt.: S. 100–101):

»...fünfzehn Monate, nachdem ich meine Untersuchungen systematisch angefangen hatte, las ich zufällig zur Unterhaltung Malthus ›Über die Bevölkerung‹, und da ich hinreichend darauf vorbereitet war, den überall stattfindenden Kampf um die Existenz zu würdigen, namentlich durch lange fortgesetzte Beobachtung über die Lebensweise von Tieren und Pflanzen, kam mir sofort der Gedanke, daß unter solchen Umständen günstige Abänderungen dazu neigen, erhalten zu werden und ungünstige zerstört zu werden. Das Resultat hiervon würde die Bildung neuer Arten sein. Hier hatte ich nun endlich eine Theorie, mit der ich arbeiten konnte.«

Es war jene Theorie, die Darwin später die Theorie der natürlichen Auslese nannte. Sie war eine äußerst gewagte Neuerung, denn sie schlug vor, all die wundervollen Anpassungen in der belebten Natur, die bislang einem »Plan« zugeschrieben worden waren, durch natürliche Ursachen, mechanisch also, zu erklären.

Darwin tut so, als sei die Konzeption der natürlichen Auslese das Einfachste schlechthin. Hier aber spielte ihm seine Erinnerung einen Streich. Seine Autobiographie schrieb er fast vierzig Jahre später (1876), vor allem für seine Enkelkinder, und sie war durchtränkt von typisch Viktorianischer Selbstverleugnung. Darwin hatte vergessen, welche umfassende Umstellung bei vier oder fünf wichtigen Begriffen vonnöten gewesen war, um zu der neuen Theorie zu gelangen. Wahrscheinlich wurde ihm selber nie klar, wie beispiellos seine neue Konzeption war und wie sehr sie vielen traditionellen Annahmen zuwiderlief.

Die Konzeption der natürlichen Auslese war, als Darwin sie in der *Entstehung* vorstellte, in der Tat so befremdlich für seine Zeitgenossen, daß allenfalls eine Handvoll von ihnen sie übernahm. Nahezu drei Generationen dauerte es, bis sie sich zumindest die Biologen zu eigen machten. Unter Nichtbiologen ist die Vorstellung nach wie vor kein Allgemeingut, und selbst jene, die Lippenbekenntnisse dazu ablegen, enthüllen oft durch ihre Kommentare, daß sie immer noch nicht ganz verstehen, wie natürliche Auslese wirklich funktioniert. Nur wer sich darüber im klaren ist, wie völlig unorthodox diese Idee war, kann Darwins revolutionäre intellektuelle Leistung wirklich würdigen. Und dies wirft eine große Frage auf: Wie konnte Darwin auf eine Idee kommen, die nicht nur absolut im Gegensatz zum Denken seiner Zeit stand, sondern so kompliziert war, daß sie selbst heute noch, bald eineinhalb Jahrhunderte später, von vielen nicht verstanden wird, obwohl wir soviel mehr über die Prozesse der Variation und Vererbung wissen?

Darwins eigener Version (in seiner Autobiographie) zufolge lieferte ihm der Erfolg der Tierzüchter bei der Gewinnung neuer Rassen den Schlüssel für den Mechanismus der Evolution und somit die Grundlage seiner Theorie der natürlichen Auslese. Wir wissen, daß dies eine grobe Vereinfachung ist – eine neue Einschätzung der Sachlage, die wir der Wiederentdeckung von Darwins Notizbüchern verdanken. Im Juli 1837 hatte er begonnen, alle Fakten wie auch seine eige-

Abbildung 1

Darwins Erklärungsmodell der Evolution durch natürliche Auslese

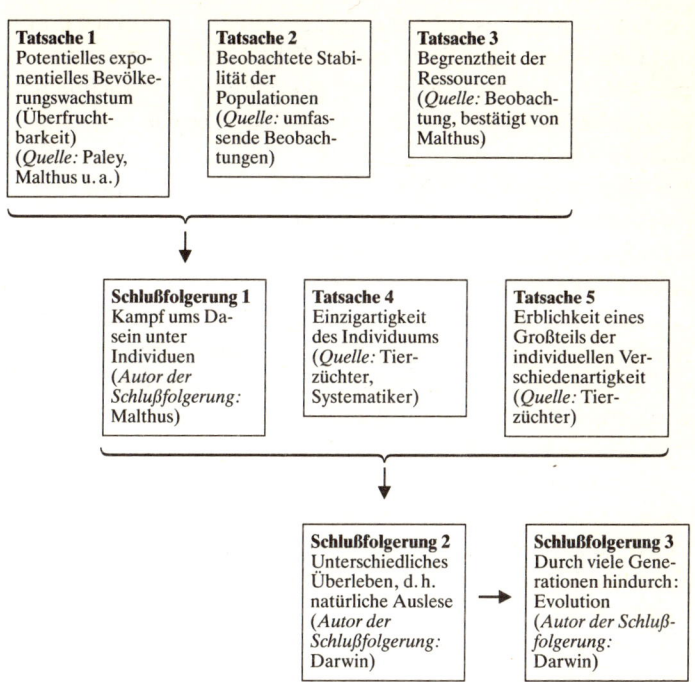

nen Gedanken und Spekulationen niederzuschreiben, »die in irgendeiner Weise sich auf das Abändern der Tiere und Pflanzen im Zustande der Domestikation und im Naturzustande beziehen« (Darwin 1958: p. 120; dt.: S. 100). Obwohl er später gelegentlich einige Seiten herausschnitt, um sie für die Manuskripte seiner Bücher zu verwenden, hat Darwin diese Notizbücher nie ausrangiert. Man entdeckte sie in den fünfziger Jahren des 20. Jahrhunderts unter den Darwin-Papieren in der Universitätsbibliothek Cambridge (Barrett et el. 1987). Darwins tägliche Aufzeichnungen werfen ein völlig neues Licht auf die Entwicklung und die Veränderungen in seinem Denken zwischen Juli 1837 und dem 28. September 1838, als er die Theorie der natürlichen Auslese aufstellte.

Eine Tatsache, deren Bedeutung durch die jüngsten Entdekkungen nicht eingeschränkt wurde, war der Einfluß der Lektüre von Malthus auf Darwin. Die Einschätzung des Malthus-Erlebnisses wurde jedoch zum Gegenstand beträchtlicher Meinungsverschiedenheiten unter den Darwin-Forschern. Nach Ansicht der einen – de Beers (1951) und S. Smiths (1960) und, in geringerem Maße, Grubers (1974) sowie von mir selber – stellte es lediglich den Höhepunkt in der allmählichen Entwicklung von Darwins Denken dar, einen kleinen Anstoß, der Darwin eine Schwelle überschreiten ließ, an der er bereits angelangt war. Laut anderen – Limoges (1970) und Kohn (1980) beispielsweise – war es ein ziemlich drastischer, fast einer religiösen Bekehrung vergleichbarer Einschnitt. Welche der beiden Deutungen kommt der Wahrheit näher?

Es gibt im wesentlichen zwei Methoden, mit denen wir nach einer Antwort suchen können. Wir können entweder alle Eintragungen in den Notizbüchern in zeitlicher Reihenfolge analysieren, oder wir versuchen, Darwins Erklärungsmodell der natürlichen Auslese zu rekonstruieren und untersuchen dann im einzelnen die Geschichte seiner verschiedenen Komponenten. Ich habe mich für die zweite Vorgehensweise entschieden, und zwar innerhalb eines chronologischen Rahmens, obwohl für ein umfassendes Verständnis beide Methoden erforderlich sind. Die erste Methode will die Versuche und Irrtümer in Darwins allmählicher Annäherung an das Problem rekonstruieren, wie sie sich in den aufeinanderfolgenden Eintragungen in den Notizbüchern widerspiegeln. Sie untersucht zudem vorläufige Ideen, die er später verwarf. Gruber, Kohn und – zum Teil – Limoges zogen diese Methode vor.

Darwins Erklärungsmodell

Was waren die Komponenten von Darwins Erklärungsmodell? Mir erschien es für meine Analyse am zweckmäßigsten, fünf Tatsachen und drei Schlußfolgerungen zu unterscheiden (siehe Abbildung 1). Zuerst werde ich zu bestimmen versuchen, wann Darwin sich über diese fünf Fakten klar wurde, sodann, wann er die drei Schlußfolgerungen zog und ob diese Schlußfolgerungen bereits vorher angestellt worden waren und sich in der Literatur fanden.

Die fünf Tatsachen waren bereits vor dem Malthus-Erlebnis weitgehend bekannt, und zwar nicht allein Darwin, sondern auch seinen Zeitgenossen, von denen nur ein einziger, A. R. Wallace, sie auf genau die gleiche Weise nutzte wie Darwin. Über nichts als diese Fakten zu verfügen reichte offensichtlich nicht aus. Sie mußten auf sinnvolle Weise zueinander in Beziehung gesetzt, das heißt in ein angemessenes begriffliches System eingeordnet werden. Mit anderen Worten: Darwin mußte intellektuell bereit sein, die Zusammenhänge zwischen den einzelnen Tatsachen zu erkennen.

Dies bringt uns zu der interessantesten, aber auch schwierigsten Frage: Was ist in den eineinhalb Jahren vor dem Malthus-Erlebnis in Darwins Denken vor sich gegangen? Dies war – alles weist darauf hin –, eine Zeit bis dahin nie dagewesener geistiger Aktivität in Darwins Leben. Welche Veränderungen genau in seinem Denken stattgefunden haben und wie sie miteinander zusammenhingen, ist noch nicht gebührend erforscht worden. Gruber und Kohn haben dieses Problem sorgfältiger untersucht als irgend jemand sonst, aber Darwins Korrespondenz aus jener Zeit und anderes handschriftliches Material, das noch nicht gründlich untersucht wurde, wird uns in jedem Fall neue Einsichten vermitteln. Meine vorläufigen Schlußfolgerungen könnten sich daher durchaus als unrichtig erweisen. Allerdings legt die Lektüre meiner Ansicht nach einen Schluß nahe: Darwins Überzeugungen veränderten sich in vier Bereichen leicht oder drastisch; ich werde sie hier einfach aufzählen und sodann im Zusammenhang mit Darwins Modell erörtern.

(1) *Allmählich tritt an die Stelle der Annahme, daß alle Indivi-duen einer Art sich im wesentlichen gleichen, die Vorstellung von der Einzigartigkeit eines jeden Individuums.* Wie bereits erörtert, wurde die Überzeugung, daß die beobachtete Ver-schiedenartigkeit von Phänomenen eine begrenzte Anzahl konstanter, scharf abgegrenzter Essenzen widerspiegelt, all-mählich durch Populationsdenken ersetzt, durch den Glauben an die faktische Verschiedenheit innerhalb einer Population und an die Bedeutung dieser individuellen Unterschiede. Die meisten früheren Äußerungen Darwins über Arten und Varie-täten waren streng typologisch. Meinem Eindruck nach wur-den sie, je mehr Darwin sich in die Veröffentlichungen der Tierzüchter vertiefte, später auch als Ergebnis seiner Arbeiten über die Rankenfüßer (Ghiselin 1969), immer stärker von einem Populationsdenken bestimmt.

(2) *Eine Verschiebung von weicher zu harter Vererbung.* In seinen früheren Äußerungen nahm Darwin anscheinend an, ein Großteil, wenn nicht sogar jegliche Vererbung sei »weich«. Er ging davon aus, die materielle Basis der Vererbung sei nicht unveränderlich, sondern sie könne durch Gebrauch und Nicht-gebrauch, durch physiologische Aktivitäten des Körpers, durch einen direkten Einfluß der Umwelt auf das genetische Material oder durch eine innewohnende fortschrittliche Ten-denz in Richtung auf Vollkommenheit verändert werden und diese von der Umgebung ausgelösten Veränderungen können an die nachfolgenden Generation weitergegeben werden. Diese Theorie wird als die Vererbung erworbener Merkmale oder weiche Vererbung bezeichnet. Das allmähliche Über-wiegen seines Populationsdenkens und seine zunehmende Be-tonung der genetischen Unterschiede zwischen Individuen weisen darauf hin, daß er sich in zunehmendem Maße der Not-wendigkeit bewußt wurde, eine »harte« Vererbung zu postulie-ren – das heißt eine Vererbung, die nicht unmittelbar durch Umweltfaktoren beeinflußbar ist.

(3) *Eine veränderte Einstellung zum Gleichgewicht in der Na-tur.* Darwin glaubte allmählich, das Gleichgewicht in der Natur sei eher dynamisch denn statisch, und er begann zu fragen, ob

das Gleichgewicht durch förderliche Anpassungen oder aber durch einen andauernden Krieg aufrechterhalten wird.

(4) Darwin verliert allmählich seinen christlichen Glauben. Darwin verlor seinen Glauben in den Jahren 1837 bis 1839, zum großen Teil eindeutig vor der Lektüre von Malthus. Um die Gefühle seiner Freunde und seiner Frau nicht zu verletzen, bediente sich Darwin in seinen Veröffentlichungen häufig einer deistischen Sprache, aber vieles in seinen Notizbüchern läßt darauf schließen, daß er zu dieser Zeit bereits zum »Materialisten« (was mehr oder weniger gleichbedeutend mit Atheist ist; siehe Kapitel 2) geworden war.

Diese vier Veränderungen in Darwins Denkweise hängen bis zu einem gewissen Grad miteinander zusammen. Da sie weitgehend unbewußter Natur waren, spiegeln sie sich im allgemeinen in seinen Notizbüchern allenfalls in feinen Veränderungen seiner Formulierungen wider; und hier liegt ein beträchtlicher Spielraum für Auslegungen. Doch eingedenk dieser vier Punkte wird unsere Aufmerksamkeit für mögliche Veränderungen in Darwins Denken in den Jahren vor der Malthus-Lektüre wachgehalten, wenn wir nun Schritt für Schritt Darwins Erklärungsmodell untersuchen.

Der Kampf ums Dasein

In der Aufzeichnung seiner Reaktion auf die Lektüre von Malthus läßt Darwin keinen Zweifel daran aufkommen, daß nicht Malthus' allgemeine Einstellung als Katalysator für seinen Gedankengang wirkte, sondern nur ein bestimmter Satz; denn er erklärt, daß »aber bis zu diesem einen Satz von Malthus niemand das Problem des Einhaltens unter den Menschen klar gesehen hat« (*Notebooks* D: 135). De Beer (1963: 99) gelang die Identifizierung jenes ausschlaggebenden Satzes bei Malthus: »Man kann daher mit Sicherheit sagen, daß sich die Bevölkerung, wenn sie nicht daran gehindert wird, weiterhin alle fünfundzwanzig Jahre verdoppeln oder in einem geometrischen Verhältnis zunehmen wird.« Von da an betonte Darwin, daß

Malthus' Beweis für das exponentielle Bevölkerungswachstum bei seiner Entdeckung der Bedeutung der natürlichen Auslese entscheidend war (Tatsache 1).

Es gibt da jedoch einen kritischen Punkt. Warum brauchte Darwin so lange, bis er die evolutionäre Bedeutung des Malthusischen Prinzips erkannte? Viele von Darwins bevorzugten und am häufigsten gelesenen Autoren, etwa Erasmus Darwin, Charles Lyell, Alexander von Humboldt und William Paley, hatten auf die ungeheure Fruchtbarkeit von Tieren und Pflanzen hingewiesen. Zudem wurde das Malthusische Bevölkerungsgesetz in der Essayliteratur jener Zeit viel diskutiert. Warum hat es Darwin an jenem 28. September 1838 plötzlich so nachhaltig beeindruckt?

Vier Gründe sind denkbar. Auf den ersten hat Gruber (1974) hingewiesen: Darwin hatte an den drei vorangegangenen Tagen (zwischen dem 25. und 27. September) Genaueres über die unglaubliche Fruchtbarkeit von Protozoen erfahren, und zwar aus der Abhandlung Ehrenbergs zu diesem Thema. Es ist ziemlich wahrscheinlich, daß dies Darwins Empfänglichkeit für Malthus' These steigerte. Der zweite Grund ist: Als Malthus dieses Prinzip auf den Menschen – eine Art mit relativ wenigen Nachkommen – anwandte, wurde Darwin plötzlich klar, daß ein potentiell exponentielles Wachstum einer Population völlig unabhängig von der tatsächlichen Anzahl der Nachkommen eines einzelnen Paares ist. Der dritte Grund ist: Das Malthus-Erlebnis fiel in eine Zeit, als in Darwins Kopf das Populationsdenken zu reifen begonnen hatte. Den vierten Grund nannte Ruse (1979: 175): Die von Malthus vorgeschlagene numerische Formel schien die mathematischen Forderungen der Newtonianer, wie etwa Herschel, zu befriedigen.

Die zweite Tatsache in Abbildung 1 – Stabilität der Populationen – war nicht im mindesten umstritten. Niemand zweifelte daran, daß die Anzahl der Arten und, abgesehen von vorübergehenden Schwankungen, die Anzahl der Individuen in jeder Art auf Dauer gesehen stabil bleibt. Dies ist im Vollkommenheitsprinzip der Anhänger von Leibniz und in der Konzeption von der Harmonie der Natur der Naturtheologen mit enthalten. Wenn eine Art ausstirbt, dann wird dies durch Artbildung ausgeglichen, und wenn es eine hohe Fruchtbarkeit gibt, dann muß ihr eine hohe Sterblichkeit entgegenwirken. Am Ende summiert sich alles zu einer fortwährenden Stabilität.

Auch die dritte Tatsache – Begrenztheit der Ressourcen – war durchaus nicht umstritten, sie war vielmehr ein wichtiger Bestandteil der Gleichgewichtskonzeption der Naturtheologie, die in England in der ersten Hälfte des 19. Jahrhunderts so beherrschend war.

Aus diesen drei Fakten leitete Darwin seine erste große Schlußfolgerung ab: Exponentielles Bevölkerungswachstum im Verein mit begrenzten Ressourcen führt zu einem erbitterten Kampf ums Dasein. Wir müssen uns fragen, ob diese Schlußfolgerung bei Darwin neu war, und, wenn ja, welchen Anteil Malthus daran hatte. Dies ist die vielleicht umstrittenste Frage, die die Analyse der Theorie der Auslese aufwirft. Die Hauptschwierigkeit ist, daß der Begriff »Kampf ums Dasein« und ähnliche synonyme Ausdrücke von verschiedenen Autoren in unterschiedlichem Sinne gebraucht wurden.

Ehe wir sie analysieren können, müssen wir uns mit einer anderen Vorstellung befassen, nämlich der eines vollkommenen Gleichgewichts der Natur, einer Idee, die im 18. Jahrhundert vorherrschend war: Nichts in der Natur ist zuviel, nichts zuwenig, alles ist so geplant, daß es zu allem anderen paßt. Kaninchen und Hasen haben viele Nachkommen, weil für Füchse und andere Fleischfresser Nahrung vorhanden sein muß. Die gesamte Ökonomie der Natur bildet ein harmonisches Ganzes, das durch nichts gestört werden kann. Aus diesem Grund konnte Lamarck, ein überzeugter Anhänger dieser Idee, sich ein Aussterben nicht vorstellen. In ähnlicher Weise hatte Cuvier sich die Idee eines vollkommenen Gleichgewichts zu eigen gemacht, wie aus der Korrespondenz mit seinem Freund Pfaff hervorgeht. Er übertrug eben diese Konzeption auf die Struktur eines Organismus, den er sich als einen »harmonischen Typus« vorstellte, in dem nichts verändert werden durfte. In solch einem komplexen System ist alles so vollkommen, daß jede Veränderung zu einer Verschlechterung führen würde.

Diese Denkweise war zu Darwins Zeit nicht nur bei den Naturtheologen in England, sondern auch auf dem Kontinent immer noch maßgebend. In der Tat kann man in Darwins Notizbüchern eine Reihe von Eintragungen finden, die diese Denkweise widerzuspiegeln scheinen. Aber war Darwin noch ein überzeugter Anhänger der Vorstellung eines harmonischen Gleichgewichts einer gütigen Natur? Es ist dies eine sehr wichtige Frage, da es einen Einfluß auf die Auslegung dessen hat, was Darwin unter dem Begriff »Kampf ums Dasein« verstand.

Für uns Moderne bezeichnet der Begriff einen erbitterten, hemmungslosen Kampf. Die Naturtheologen jedoch sahen im Kampf ums Dasein einen segensreichen Rückkoppelungsmechanismus, dessen Funktion es war, das Gleichgewicht in der Natur aufrechtzuerhalten. Bei Herder (1784) ist es das Gleichgewicht der Kräfte, das der Schöpfung Frieden schenkt. Linnaeus (1781) widmete der »Politica Naturae« einen ganzen Essay und betonte, daß »diese Naturgesetze, durch die die Anzahl der Arten in den natürlichen Reichen unverändert bewahrt und ihre relative Größe in angemessenen Grenzen gehalten wird, Gegenstände sind, die unsere aufmerksame Betrachtung und Erforschung in höchstem Maße verdienen«. Lamarck äußerte eine ähnliche Meinung.

War diese Deutung des Kampfes ums Dasein als eines segenreichen einmütig? Leider verfügen wir auch heute noch nicht über eine verläßliche Analyse, die uns eine Antwort auf diese Frage geben könnte. Mein Eindruck ist jedoch, je mehr man über die Wechselwirkung von Räuber und Beute, von Parasiten und ihren Opfern, über die Häufigkeit des Aussterbens und den Kampf konkurrierender Arten erfuhr, desto deutlicher wurde der Kampf ums Dasein als ein »Krieg«, als ein Ringen ums Überleben aufgefaßt, als ein Kampf »mit blutigen Lefzen und Klauen«, wie Tennyson es später ausdrückte. Bonnet (1781) und De Candolle (1820) betonten, daß dieser Krieg zwischen Arten über eine Räuber-Beute-Beziehung hinaus ein Kampf um alle und jegliche Ressourcen war. Allerdings war man sich durchaus nicht im klaren darüber, wie erbittert dieser Kampf ist, und Darwin räumt ein, daß »nicht einmal die kraftvolle Sprache de Candolles das Sichbekriegen der Arten so zum Ausdruck bringt, wie dies [in überzeugender Weise] die Schlußfolgerung aus Malthus tut«.

Auf jeden Fall ist es sehr wahrscheinlich, daß Darwin durch seine Lektüre allmählich auf eine viel weniger gütliche Deutung des Kampfes ums Dasein eingestimmt wurde, als die Naturtheologen sie vertraten. Die bloße Tatsache, daß Darwin sich den Evolutionsgedanken zu eigen gemacht hatte, muß ihm das häufige Aussterben und das durch evolutionäre Veränderungen bedingte Nachhinken von Anpassungen und Störungen des Gleichgewichts bewußtgemacht haben. Von Aristoteles bis hin zu den Naturtheologen galt unumstößlich, daß der Glaube an ein harmonisches Universum und an vollkommene Anpassung in der Natur oder an einen die Unvollkommenheiten und Unausgeglichenheiten unablässig korrigierenden Schöpfer mit dem Glauben an Evolution nicht vereinbar ist. Ein Wandel zum Evolutionsdenken machte es notwendigerweise möglich, weiterhin dem Glauben an ein harmonisches Universum anzuhängen.

Kampf zwischen Arten oder zwischen Individuen?

Von weit größerer Bedeutung ist eine zweite Frage: Zwischen wem findet der Kampf ums Dasein statt? Diese Frage läßt zwei grundverschiedene Antworten zu. In der gesamten essentialistischen Literatur wird die Ansicht vertreten, daß der Kampf zwischen Arten stattfindet. Kraft dieses Kampfes wird das Gleichgewicht in der Natur aufrechterhalten, selbst wenn er gelegentlich zum Aussterben einer Art führt. Dies ist die Deutung des Kampfes ums Dasein in der Literatur der Naturtheologen bis hin zu de Candolle und Lyell, und auf ihr liegt in Darwins Notizbüchern bis zu seiner Malthus-Lektüre das Hauptgewicht. Die wesentliche Funktion dieses Kampfes ist es, Störungen im Gleichgewicht der Natur zu beheben, er kann aber nie zu Veränderungen führen; er ist im Gegenteil ein Mittel zur Aufrechterhaltung eines stabilen Zustands. Als solcher war er auch nach 1838 ein wichtiger Bestandteil von Darwins Denken, vor allem in seinen biogeographischen Erörterungen (etwa der Bestimmung von Artgrenzen).

Nur die Anwendung des Denkens in Populationen auf den Begriff des Kampfes ums Dasein führt zu dem entscheidenden Wandel im Inhalt dieses Begriffes: Man erkennt einen Kampf ums Dasein zwischen Individuen ein und derselben Population. Dies war – Herbert (1971) erkannte dies als erste klar – Darwins entscheidende neue Einsicht, die sich aus seiner Malthus-Lektüre ergab, obwohl Mayr (1959b) und Ghiselin (1969) schon früher den Populationscharakter der Selektion betont hatten. Wenn die meisten Individuen einer jeden Art in jeder Generation erfolglos sind, muß es zwischen ihnen einen ungeheuren Konkurrenzkampf ums Dasein geben. Diese Schlußfolgerung ließ Darwin sogleich an andere Fakten denken, die in seinem Unterbewußtsein geschlummert hatten, ohne daß er für sie bis zu diesem Augenblick eine Verwendung gehabt hätte.

Darwins Malthus-Lektüre war eine dramatische Episode. Und es ist unerheblich, ob man darin einen völligen Umschwung in Darwins Denken sieht oder ob man der Ansicht ist, daß »die Tatsachen den Schluß nahelegen, daß die Veränderung in der Wahl der Einheit [der Auslese] ein länger andauernder Prozeß war, der sich über ein Jahr oder länger hinzog und mit anderen Aspekten seines Denkens verknüpft war« (Gruber 1974). Ich persönlich neige letzterer Auffassung zu, da die Fähigkeit, die Malthusische Feststellung eines exponentiellen Bevölkerungswachstums interpretieren und sie auf Individuen übertragen zu können, ein Populationsdenken voraussetzt, und dies hatte Darwin sich in den vorangegangenen eineinhalb Jahren allmählich angeeignet. Daß sich am 28. September 1838 alles zu einem dramatischen Höhepunkt zuspitzte, steht außer Frage.

Die ganze Idee einer Konkurrenz zwischen Individuen wäre bedeutungslos, wenn alle diese Individuen typologisch identisch wären – wenn sie alle dieselbe Essenz hätten. Konkurrenz erlangt in einem evolutionären Sinne erst dann Bedeutung, wenn sich eine Vorstellung entwickelt hat, die Verschiedenartigkeit zwischen den Individuen derselben Population zuläßt. Jedes Individuum kann sich von jedem anderen in der Fähigkeit unterscheiden, das Klima zu ertragen, Nahrung und einen Lebensraum sowie einen Partner zu finden und erfolgreich Junge großzuziehen. Die Anerkennung der Einzigartigkeit eines jeden Individuums und der Rolle, die Einzigartigkeit in der Evolution spielt, ist nicht nur von hervorragender Bedeutung für das Verständnis der Geschichte der Biologie, sondern zählt zu den weitestreichenden begrifflichen Revolutionen im westlichen Denken (Tatsache 4).

Diese Ansicht bezeichnen wir als »Populationsdenken«. Es erhielt bei Darwin – daran können kaum Zweifel bestehen – den entscheidenden Anstoß durch die Lektüre von Malthus zur richtigen Zeit. Seltsam aber ist: In Malthus' Schriften finden wir auch bei gründlicher Durchforschung keinerlei Spur eines Populationsdenkens. In diesen ersten Kapiteln von Malthus, die Darwin auf den Gedanken des exponentiellen Wachstums brachten, steht nichts, was sich auch nur im entferntesten auf dieses Thema bezöge. In Kapitel 9 findet sich ein Hinweis auf Tierzucht, aber Malthus kommt dort nur auf dieses Thema, um genau den entgegengesetzten Standpunkt zu beweisen. In bezug auf die Behauptungen der Tierzüchter stellt Malthus fest: »Man sagt mir, unter denjenigen, die das Rind verbessern, gelte die Maxime, daß man es bis zu jedem beliebigen Qualitätsgrad kreuzen kann, und diese Maxime stellte man ausgehend von einer anderen auf, daß nämlich ein Teil der Nachkommenschaft in höherem Grade die wünschenswerten Eigenschaften der Eltern besitzen wird.« Anschließend führt Malthus alle möglichen Fakten und Gründe an, warum dies unmöglich der Fall sein kann, und kommt zu dem Schluß, »daher kann es nicht zutreffen, daß bei Tieren ein Teil der Nachkommenschaft in höherem Grade die wünschenswerten Eigenschaften der Eltern besitzt oder daß Tiere unendlich beeinflußbar sind« (Malthus 1798: 163).

Woher aber hatte Darwin sein Populationsdenken, wenn es sich offensichtlich nicht von Malthus herleitete? In seiner Autobiographie und in etlichen Briefen betont Darwin immer wieder, daß er aufgrund seiner eingehenden Beschäftigung mit der Literatur zur Tierzucht geistig auf das Malthusische Prinzip vorbereitet gewesen sei. Neuere Kommentatoren wie Limoges und Herbert beharrten darauf, daß hier Darwin sein Gedächtnis im Stich gelassen haben muß, da sich in seinen Notizbüchern bis etwa drei Monate nach der Lektüre sehr wenige Anmerkungen zur Tierzucht finden. Ich persönlich bin der Überzeugung, daß Darwins Darstellung dennoch im wesentlichen korrekt ist.

Wenn wir uns fragen, was Darwin aller Wahrscheinlichkeit nach in seine Notizbücher eintrug, können wir mit Sicherheit davon ausgehen, daß es sich dabei um neue Tatsachen oder um neue Ideen handelte. Und Tierzucht fiele, da keineswegs ein neues Thema, sicherlich nicht darunter. Darwins beste Freunde an der Cambridge University waren die Söhne von Landjunkern und Gutsherren. Sie bildeten die »Reiterklasse«, die zu jeder sich bietenden Gelegenheit mit ihren Hunden auf die Jagd ging (Himmelfarb 1959). Sie interessierten sich allesamt in höherem oder geringerem Maße für Tierzucht. Untereinander haben sie wahrscheinlich oft über Bakewell und Sebrigt diskutiert sowie über die besten Verfahren, Hunde, Pferde und den Viehbestand zu kreuzen und zu verbessern.

Wie anders als mit seinem starken Interesse will man erklären, daß Darwin in der äußerst arbeitsreichen Periode nach der Rückkehr der *Beagle* so viel Zeit auf das Studium der Veröffentlichungen der Tierzüchter verwandte? Wohlgemerkt, Darwins hauptsächliches Interesse galt der Entstehung von Variation, aber im Verlauf seiner Lektüre kam er gar nicht darum herum, von den Tierzüchtern die wichtige Lektion zu lernen: Jedes Individuum in der Herde unterschied sich von jedem anderen, und bei der Auswahl der Männchen und Weibchen für die Zucht der nächsten Generation mußte man äußerste Sorgfalt walten lassen. Ich bin ziemlich überzeugt davon, daß Darwin nicht zufällig ausgerechnet in dem halben Jahr vor seiner Malthus-Lektüre so aufmerksam die Veröffentlichungen der Tierzüchter studierte (Ruse 1975a).

Nicht an den Prozeß der Auslese erinnerte sich Darwin, als

J. S. Henslow (1796–1861), Darwins Botanikprofessor an der Universität Cambridge; er verschaffte Darwin die Einladung zur Teilnahme an der Forschungsreise der Beagle

Das Königliche Segelschiff Beagle *in der Magellanstraße, 1833*

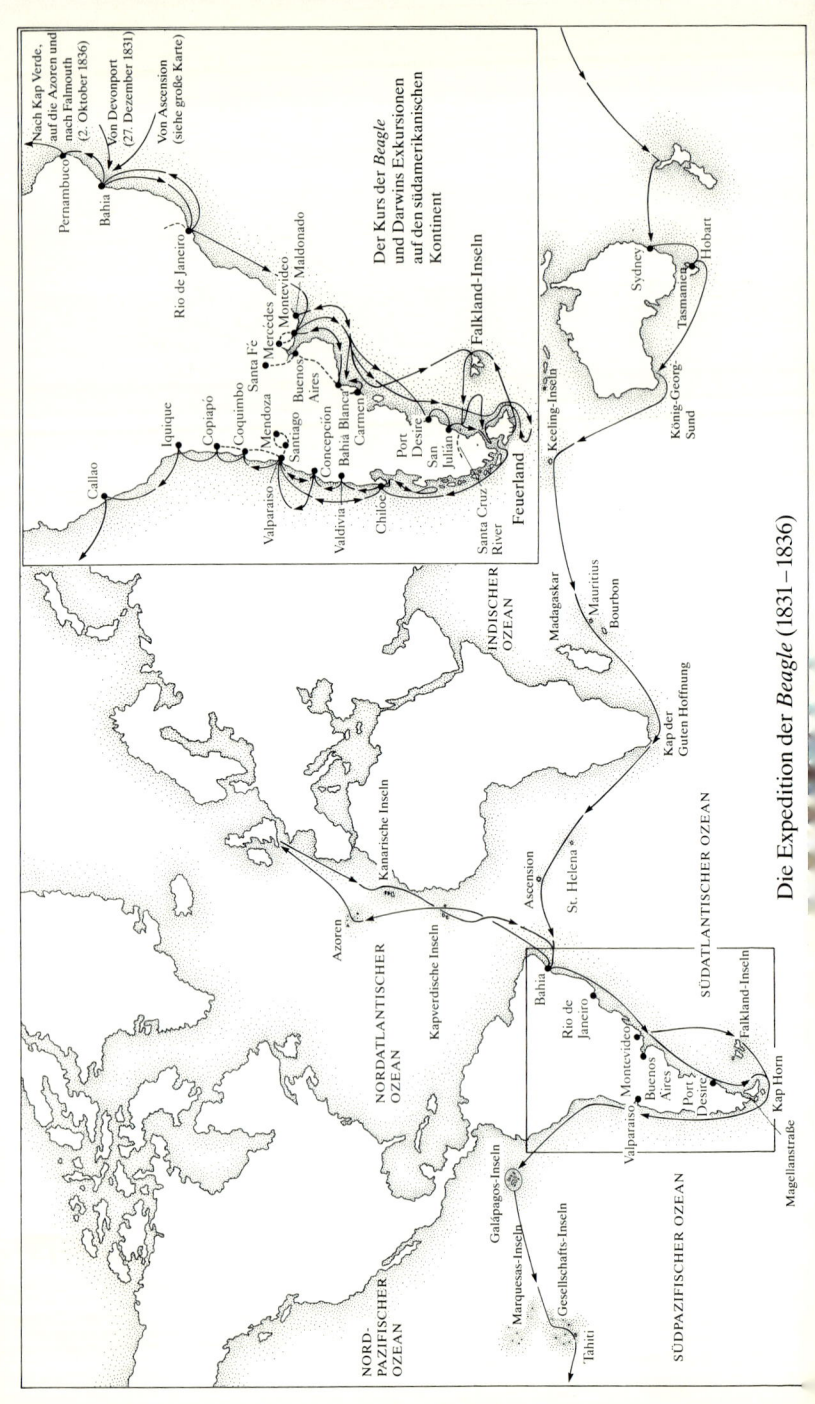

Die Expedition der *Beagle* (1831–1836)

Der Naturforscher Jean Baptiste Lamarck (1744–1829); er vertrat als erster konsequent eine Theorie des allmählichen evolutionären Wandels

Der Geologe Charles Lyell (1797–1875), dessen Theorie des Uniformitarismus Darwin viele Anregungen für seine Theorie des evolutionären Wandels verdankte

Der Ornithologe John Gould (1804–1881); er teilte Darwin im März 1837 mit, daß es sich bei den Spottdrossel-Exemplaren, die dieser von drei Galápagos-Inseln mitgebracht hatte, um drei verschiedene Arten handelte

Charles Darwin 1840

*Charles Darwins Frau Emma Wedgwood-Darwin (1808–1896), 1840.
Sie war seine Cousine und die Tochter des berühmten Keramikers
Josiah Wedgwood II*

Alfred Russell Wallace (1823–1913) entwickelte zur gleichen Zeit wie Darwin eine Theorie der Evolution durch natürliche Auslese. Wie Weismann wandte er sich später gegen die Theorie der Vererbung erworbener Merkmale

Der Morphologe, Physiologe und Embryologe Thomas Henry Huxley (1825–1895) bezeichnete sich wegen seiner energischen Verteidigung Darwins und der Theorie der Abstammung als »Darwins Bulldogge«.

Der Botaniker Joseph Dalton Hooker (1817–1911). Der Freund und Förderer Darwins legte zusammen mit Lyell 1858 Darwins und Wallaces Erkenntnisse der Londoner Linnaeus-Gesellschaft vor.

Der Morphologe und Paläontologe Richard Owen (1804–1892). Der einstige Freund Darwins griff Die Entstehung der Arten *vehement an, woraufhin Huxley seine Ansichten mit der gleichen Schärfe attackierte*

Der Biologe Ernst Haeckel (1834–1919). Er war ein begeisterter Verfechter des Darwinismus und trug sehr zu seiner Verbreitung in Deutschland bei; ein besonderes Anliegen war ihm die Erforschung der Phylogenese

August Weismann (1834–1914). Nach Darwin der größte Evolutionstheoretiker des 19. Jahrhunderts. Er vertrat standhaft die natürliche Auslese und bewirkte, daß die Theorie der Vererbung erworbener Eigenschaften aufgegeben wurde. Wegbereiter der Genetik

Der Botaniker Asa Gray (1810–1888). Darwins wichtigster Anhänger in Amerika und ein frommer Christ, dem es gelang, natürliche Auslese mit dem Glauben an einen persönlichen Gott in Einklang zu bringen

Der Naturforscher Louis Agassiz (1809–1873). Der gebürtige Schweizer, ein herausragender Ichthyologe und Spezialist für andere Organismengruppen war maßgeblich daran beteiligt, daß man sich auch in Amerika zunehmend mit naturgeschichtlichen Forschungen befaßte; der fromme Christ Agassiz bezeichnete Die Entstehung der Arten als »wissenschaftlichen Mißgriff, unlauter hinsichtlich der Fakten, unwissenschaftlich in den Methoden und schädlich in der Tendenz«

er sich plötzlich der Konkurrenz zwischen Individuen bewußt wurde, des Kampfes ums Dasein zwischen Individuen, sondern an die Tatsache, daß zwischen Individuen Unterschiede bestehen. Wir haben hier ein zufälliges Zusammentreffen zweier wichtiger Vorstellungen – übermäßige Fruchtbarkeit sowie Einzigartigkeit –, die gemeinsam die Grundlage für die Entwicklung einer völlig neuen Vorstellung liefern.

Verschiedenartigkeit gewinnt dann evolutionäre Bedeutung – das heißt, sie kann nur dann selektiert werden –, wenn zumindest ein Teil davon erblich ist (Tatsache 5). Wie die Tierzüchter, von denen er so viel lernte, war Darwin völlig von der Erblichkeit von Eigenschaften überzeugt. Und man kann diesen Standpunkt ganz unabhängig von Annahmen über die Natur des genetischen Materials und die Entstehung neuer genetischer Faktoren aufrechterhalten. Darwins Vorstellungen zu diesen Themen waren reichlich wirr, aber aufgrund von Beobachtung hatte er einiges gelernt. Er wußte, daß bei asexueller Fortpflanzung die Nachkommen mit den Eltern identisch sind, während bei sexueller Fortpflanzung die Nachkommen sich von den Eltern und voneinander unterscheiden. Darüber hinaus wußte er, daß in der Nachkommenschaft immer die Merkmale beider Elternteile gemischt waren. Im großen und ganzen betrachtete Darwin genetische Variation als eine Art Black box. Als Naturforscher und eifriger Leser der Veröffentlichungen der Tierzüchter wußte er, daß Verschiedenartigkeit immer vorhanden ist; und mehr *mußte* er nicht wissen. Zudem war er überzeugt davon, daß in jeder Generation von neuem Variation bereitgestellt wurde und damit stets im Überfluß als Rohmaterial für natürliche Auslese vorhanden war. Mit anderen Worten: Eine korrekte Theorie der Genetik war *keine* notwendige Voraussetzung für die Theorie der natürlichen Auslese.

Der Weg zur Entdeckung

Als nächstes haben wir die Frage zu beantworten: Wie gelangte Darwin auf der Grundlage der erwähnten fünf Tatsachen und seiner ersten Schlußfolgerung zu der eigentlichen Konzeption der natürlichen Auslese? In seiner *Autobiographie* (1958: p. 118 – 120; dt.: S. 100) betonte Darwin, daß er »Tatsachen in großem Maßstab« sammelte, »ganz besonders mit Bezug auf domestizierte Naturprodukte, durch gedruckte Fragebogen, durch Unterhaltung mit geschickten Tierzüchtern und Gärtnern und durch umfassendes Lesen... Ich nahm bald wahr, daß Zuchtwahl der Schlüssel zum Erfolg des Menschen beim Hervorbringen nützlicher Rassen von Tieren und Pflanzen ist. Wie aber Zuchtwahl auf Organismen angewendet werden könne, die im Naturzustand leben, blieb noch einige Zeit für mich ein Geheimnis.« 1859 schrieb er an Wallace: »Durch die Untersuchung domestizierter Produkte bin ich zu dem Schluß gekommen, daß Auslese das Prinzip des Wandels ist; und als ich dann Malthus las, erkannte ich sofort, wie dieses Prinzip anzuwenden sei.« An Lyell schrieb er, unter Bezugnahme auf Wallaces Theorie: »Wir unterscheiden uns lediglich [in der Hinsicht], daß ich durch das, was künstliche Auslese für domestizierte Tiere geleistet hat, zu meinen Ansichten gelangte.« Früher anerkannten Darwin-Forscher diese Darstellungen der Fakten im allgemeinen als korrekt.

Diese Deutung von Darwins Weg zur Konzeption der natürlichen Auslese wurde in den Jahren nach der Entdeckung seiner Notizbücher aus dem gleichen Grund in Frage gestellt, aus dem den Forschern Zweifel an den Quellen seines Populationsdenkens kamen. Limoges und Herbert betonen, daß Darwin in den ersten drei Notizbüchern nirgends von Auslese oder von gezielter Auslese der Tierzüchter, hauptsächlich zur Erzeugung neuer Haustierrassen, spricht. Sie behaupten, Darwin habe sich nur deshalb für Haustiere interessiert, weil er Material über das Auftreten von Varianten und über die Mechanismen ihrer Erzeugung zu finden hoffte, zu Fragen also, die in wildlebenden Populationen schwierig zu untersuchen sind.

Es trifft zu, daß der Ausdruck *selection*, »Auslese«, in Darwins Notizbüchern nicht vorkommt; zum erstenmal findet er sich in seinem Abriß 1842, in der Formulierung *natural means of selection*, »natürliche Mittel der Auslese« (F. Darwin 1909: 17). Die Wendung »menschliche Auslese« bezieht sich hier auf künstliche Auslese. In Wirklichkeit spricht Darwin jedoch in seinen Notizbüchern gar nicht so selten vom Prozeß der Auslese, aber er verwendet dafür einen anderen Ausdruck – *picking* (»Herausgreifen, Auswählen«).

Ich bin bereit, den neueren Kritikern zuzugestehen, daß sich in den Notizbüchern kein Hinweis auf eine einfache Anwendung der Analogie zwischen Auslese durch den Menschen und Auslese durch die Natur auf den evolutionären Prozeß findet. Das ist ziemlich offensichtlich, wenn man den ausschlaggebenden Eintrag in den Notizbüchern am 28. September 1838 (hier im ursprünglichen telegraphischen Stil wiedergegeben) liest.

»Nimm Europa; im Durchschnitt müssen in jeder Art jedes Jahr gleich viele von Raubvögeln, durch die Kälte und so weiter getötet werden – selbst eine zahlenmäßig abnehmende Raubvogel-Spezies muß sich sofort auf den ganzen Rest auswirken. – Der Endzweck all dieses *wedging* [›einen Keil hineintreiben‹] muß es sein, die richtige Struktur auszusortieren und sie an Veränderungen anzupassen – das für die Form zu tun, worin, wie Malthus zeigt, die entscheidende Wirkung (allerdings mit Hilfe eines Willensentschlusses) der Bevölkerungsdichte auf die Energie des Menschen liegt. Man könnte sagen, daß es eine Kraft gibt, die gleich hundert Keilen versucht, jede Art von angepaßter Struktur in die Lücken in der Ökonomie der Natur [zu] zwängen, oder vielmehr Lücken schafft, indem die Schwächeren ausgesondert werden.«

Die Metapher ist hier *wedging*, »einen Keil hineintreiben«, »auseinandersprengen«, und nicht »selektieren«. Anscheinend sind die Einwände der Kritiker von einigem Gewicht. Allerdings ist die Analogie zwischen künstlicher Auslese und natürlicher Auslese für Darwins Schlußfolgerungen nicht notwendig. Schlußfolgerung 1 und Tatsache 4 führen automatisch zu Schlußfolgerung 2 (natürliche Auslese). Es ist durchaus wahrscheinlich, daß die Analogie zwischen künstlicher und natürlicher Auslese Darwin erst einige Zeit nach der Malthus-Lektüre auffiel. Doch zweifle ich kaum daran, daß die umfassende Lektüre auf dem Gebiet der Tierzucht Darwins Denken darauf vorbereitet hatte, die Rolle des Individuums und seiner erblichen Merkmale richtig einzuschätzen. Ich teile in der Tat mit Ruse die Überzeugung, daß Darwins jahrelange Berührung mit den Ideen der Tierzüchter sein Denken darauf einstimmte, die Bedeutung des Malthusischen Prinzips zu erkennen. Dieses schlummernde Wissen wurde unter der Einwirkung der Malthus-Lektüre abgerufen.

Die über viele Generationen fortgesetzte natürliche Auslese von Individuen mit besonderen erblichen Merkmalen führt – wie in Schlußfolgerung 3 – automatisch zu Evolution. Dieser Prozeß wird gelegentlich sogar zur Definition von Evolution verwandt. In diesem Zusammenhang ist hervorzuheben, daß Darwins Schlußfolgerung der von Malthus genau entgegengesetzt ist; Malthus stritt ab, daß »ein Teil der Nachkommenschaft in höherem Grade die wünschenswerten Eigenschaften der Eltern besitzen wird«. In der Tat diente Malthus' ganze Argumentation dazu, Condorcets und Godwins These von der Möglichkeit einer menschlichen Vervollkommnung zu widerlegen. Das Malthusische Prinzip, das sich auf Populationen von im wesentlichen identischen Individuen bezog, führt nur zu quantitativen, nicht zu qualitativen Veränderungen in Populationen (Limoges 1970). Die häufig vertretene These, Malthus' soziologische Aussage habe Darwins neue Einsicht bewirkt, ist von Gordon (1989) überzeugend widerlegt worden.

Was verdankte Darwin Malthus?

Daß die Malthus-Lektüre in Darwins Denken bei der Formulierung der Theorie der natürlichen Auslese als Katalysator wirkte, kann nicht bestritten werden und wurde von Darwin selber immer wieder betont. Wenn wir allerdings die einzelnen Komponenten der Theorie analysieren, wie wir dies eben getan haben, dann ergibt sich: Um einen Beitrag von Malthus handelt es sich insbesondere bei der Einsicht, die Konkurrenz bestehe eher zwischen Individuen als zwischen Arten. Freilich veranlaßte dies wiederum Darwin, andere Phänomene neu zu bewerten, etwa das Wesen des Kampfes ums Dasein, aber das war lediglich eine sekundäre Folgerung. Ich teile die Ansicht derer, die die Malthusische These vom exponentiellen Wachstum für den Schlußstein von Darwins Theorie halten. »Der eine Satz von Malthus« wirkte wie ein Kristall, der in eine unterkühlte Flüssigkeit geworfen wird.

Es läßt sich jedoch ein zweiter, subtilerer Einfluß von Malthus feststellen. Die Welt der Naturtheologen war eine optimistische: alles, was geschah, geschah zum allgemeinen Wohl und trug dazu bei, die vollkommene Harmonie der Welt aufrechtzuerhalten. Die Welt eines Malthus war pessimistisch: Es gibt ständig wiederkehrende Katastrophen, einen nie endenden, erbitterten Kampf ums Dasein, doch die Welt bleibt im wesentlichen die gleiche. Wie sehr auch Darwin von sich aus begonnen haben mag, die segensreiche Natur des Kampfes ums Dasein in Frage zu stellen, vor seiner Malthus-Lektüre war ihm mit Sicherheit nicht klar, wie erbittert dieser Kampf ist. Und das erlaubte ihm, die besten Elemente von Malthus und der Naturtheologie miteinander zu verbinden: Dadurch gelangte er zu der Überzeugung, daß der Kampf ums Dasein nicht ein hoffnungsloser, im Gleichgewicht bleibender Zustand ist, wie Malthus glaubte, sondern eben das Mittel, durch das die Harmonie der Welt erreicht und aufrechterhalten wird. Anpassung ist das Ergebnis des Kampfes ums Dasein.

Für jemanden, der sich mit Theorienbildung befaßt, sind die Ereignisse vom 28. September 1838 von großem Interesse.

Wenn man bedenkt, wie weitgehend Darwin vor diesem Tag über alle anderen Bestandteile seiner Theorie verfügte, wird klar, daß es im Fall einer komplex aufgebauten Theorie keineswegs genügt, die meisten Komponenten zu haben; man braucht sie alle. Schon eine kleine Unzulänglichkeit – wenn man beispielsweise das Wort *variety*, Varietät beziehungsweise Variante, typologisch und nicht unter dem Gesichtspunkt von Populationen definiert – kann genügen, um das richtige Aneinanderfügen der Komponenten unmöglich zu machen. Ebenso wichtig ist die allgemeine ideologische Einstellung des Theorienbildners. Jemand wie Edward Blyth hätte über genau die gleichen Komponenten der Theorie verfügen können wie Darwin und wäre aufgrund seiner damit unvereinbaren ideologischen Festlegung doch nicht in der Lage gewesen, sie korrekt aneinanderzufügen. Nichts verdeutlicht besser, wie wichtig allgemeine Einstellung und begriffliches System des Theorienbildners sind, als die gleichzeitige, unabhängige Formulierung der Theorie der natürlichen Auslese durch A. R. Wallace. Er war einer der wenigen, vielleicht der einzige, der über eine ähnliche Summe von Erfahrungen verfügte: ein der Naturgeschichte gewidmetes Leben, Jahre des Sammelns auf tropischen Inseln und die Malthus-Lektüre.

Was ist natürliche Auslese?

Darwins Wahl des Wortes *selection*, »Auslese« (in älteren Übersetzungen: »Zuchtwahl«), war nicht besonders glücklich. Es läßt ein wirkendes Wesen oder Prinzip in der Natur vermuten, das, da es die Zukunft voraussagen kann, »die Besten« auswählt. Die natürliche Auslese tut selbstverständlich nichts dergleichen. Der Ausdruck steht einfach für die Tatsache, daß nur ein paar (im Durchschnitt zwei) von allen Nachkommen eines Elternpaares lange genug überleben, um sich fortzupflanzen. Es gibt weder eine spezielle Selektionskraft in der Natur noch einen bestimmten Handelnden, der selektiert. Es gibt viele Gründe für den Erfolg der wenigen Überlebenden.

Einem Teil, vielleicht sogar einem Großteil des Überlebens liegt ein zufallsabhängiger Prozeß zugrunde, das heißt: Glück. Zum größten Teil hängt es vom überlegenen Funktionieren der physiologischen Vorgänge im Körper des überlebenden Individuums ab, kraft dessen es mit den Wechselfällen der Umwelt besser fertig werden kann als andere Mitglieder der Population. Auslese kann nicht in einen inneren und einen äußeren Anteil getrennt werden. Den Erfolg eines Individuums bestimmt genau die Fähigkeit der inneren Maschinerie des Körpers des Lebewesens (einschließlich des Immunsystems), mit den Herausforderungen der Umwelt fertig zu werden. Nicht die Umwelt selektiert, sondern der Organismus, der sich im Meistern der Umwelt als mehr oder weniger erfolgreich erweist. Es gibt keine äußere Selektionskraft.

Einige wenige Beispiele mögen dies verdeutlichen. Nehmen wir zum Beispiel die Widerstandskraft gegen Krankheitserreger. Bakterien und andere Krankheitsverursacher stellen die Umwelt dar; die Abwehr eines Tieres gegen sie besteht aus intrazellulären Selektionsprozessen. In ähnlicher Weise wird die Anpassung an die Temperatur der Umwelt durch ausgewogene physiologische Mechanismen gesteuert, die durch Rückkoppelungsmechanismen reguliert werden. Der Erfolg eines Organismus hängt in hohem Maße von seiner normalen Entwicklung vom befruchteten Ei bis zum Erwachsensein ab. Gegen fast alle Abweichungen von der Normalität im Laufe der Entwicklung wird Selektion wirksam.

Da für viele Leute der Begriff »Selektion« oder »Auslese« eine teleologische Konnotation hat – das heißt, einen Zweck unterstellt –, wurden viele alternative Begriffe zur Diskussion gestellt, etwa »Überleben der Geeignetsten«, »selektive Bewahrung«, »gezielte Nichteliminierung« und so fort. Eines versuchen alle diese Begriffe deutlich zu machen: Selektion ist ein A-posteriori-Phänomen, das heißt, es ist das Überleben einiger weniger Individuen, die entweder mehr Glück haben als die anderen Mitglieder einer Population oder aber über bestimmte Eigenschaften verfügen, die ihnen in ihrer Umwelt eine Überlegenheit verleihen. Die probabilistische Natur der Selektion kann gar nicht stark genug betont werden. Es handelt sich nicht um einen deterministischen Prozeß. Darüber hinaus ist das Prinzip der Auslese als solches – da es sich um ein sehr umfassendes Prinzip handelt – wahrscheinlich nicht widerlegbar (Tuomi 1981). Dennoch ist jede konkrete Anwendung des Prinzips der natürlichen Auslese auf eine spezifische Situation überprüfbar und widerlegbar.

Man muß zwischen zwei Verwendungen des Begriffes Auslese unterscheiden. »Auslese von« definiert das Zielobjekt von Selektion; dabei handelt es sich normalerweise (bei sexuell sich fortpflanzenden Organismen) um ein potentiell sich fortpflanzendes Individuum, wie es durch seinen Phänotypus (Körper) repräsentiert ist. Aus diesem Grund ist es irreführend zu sagen, das Gen sei die Selektionseinheit. »Auslese für« bezeichnet die spezielle phänotypische Eigenschaft und die entsprechende Komponente des Genotypus (DNS), die für den Erfolg des selektierten Individuums verantwortlich ist. Die mittlerweile überholte Vorstellung, daß Evolution das Wechselspiel zwischen genetischer Mutation und Selektion sei, war, wie wir sehen werden, Teil des saltationistischen Denkens der Mendelisten. Das Material, mit dem die Selektion arbeitet, ist nicht Mutation, vielmehr bringt die Rekombination elterlicher Gene die neuen Genotypen hervor, welche die Entwicklung von Individuen steuern; diese werden in der nächsten Generation wieder einer Selektion ausgesetzt. Man darf nie vergessen, daß Auslese ein zweistufiger Prozeß ist. Der erste Schritt besteht aus der Erzeugung (durch genetische Rekombination) einer ungeheuren Zahl neuer genetischer Variationen, während der zweite Schritt die gezielte Bewahrung (Überleben) einiger weniger der neuen genetischen Varianten ist.

Auslese auf der Ebene des Gesamtorganismus führt zu Veränderungen auf zwei anderen Ebenen: der der Gene, auf der durch die Auslese von Individuen die Häufigkeit bestimmter Gene in der Population zu- oder abnehmen kann, und auf der Ebene der Art, auf der die selektive Überlegenheit von Mitgliedern einer Art zum Aussterben einer anderen Art führen kann. Dieser Prozeß ist, wie bereits erwähnt, oft als Speziesselektion bezeichnet worden, sollte aber lieber Artersetzung oder Aufeinanderfolge von Arten genannt werden, um Fehldeutungen zu vermeiden. (Nichts wird je »zum Wohle der Art« selektiert.)

Schließlich ist hervorzuheben, daß es sich bei der Auslese um zwei Spielarten von Qualität handelt. Was Darwin »natürliche Auslese« nannte, bezieht sich auf jede Eigenschaft, die dem Überleben zuträglich ist, etwa eine bessere Nutzung der Ressourcen, eine bessere Anpassung an Wetter und Klima, eine höhere Widerstandskraft gegen Krankheiten und eine größere Fähigkeit, Feinden zu entkommen. Abgesehen von den überlegenen Eigenschaften zum Überleben kann ein Individuum jedoch auch schlicht dadurch einen höheren genetischen Beitrag für die nächste Generation leisten, daß es sich erfolgreicher fortpflanzt. Diese Art von Selektion bezeichnete Darwin als »sexuelle Auslese«. Besonders beeindruckt war er von den männlichen sekundären Geschlechtsmerkmalen, etwa von dem prachtvollen Gefieder männlicher Paradiesvögel, der riesenhaften Größe der Elephantenrobben oder dem eindrucksvollen Geweih von Hirschen. Neuere Forschungen haben gezeigt, daß Selektion die Evolution solcher Merkmale entweder begünstigt, weil sie im Konkurrenzkampf mit anderen Männchen um die Weibchen recht hilfreich sind oder weil Weibchen von Männchen mit diesen Eigenschaften angezogen werden. Letzterer Prozeß wird als »Weibchenwahl« bezeichnet. Auslese für Fortpflanzungserfolg hat auf viele Eigenheiten in der Geschichte des Lebens Einfluß, und zwar über den sexuellen Dimorphismus hinaus.

In den folgenden Kapiteln soll beschrieben werden, wie die Theorie der Evolution durch natürliche Auslese allmählich geklärt und modifiziert wurde. Schließlich wurde die Theorie von allen Biologen angenommen, eine Entwicklung, die ich als zweite Darwinsche Revolution bezeichne.

7. Was ist Darwinismus?

Charles Darwin war die Persönlichkeit, über die in den sechziger Jahren seines Jahrhunderts am meisten geredet wurde. T. H. Huxley, immer gut für griffige Formulierungen, bezeichnete Darwins Ideen schon bald als »Darwinismus« (1864), und 1889 veröffentlichte Alfred Russel Wallace einen ganzen Band mit dem Titel *Darwinism*. Allerdings haben seit jenen sechziger Jahren keine zwei Autoren das Wort »Darwinismus« in genau dem gleichen Sinne verwandt. Wie in der alten Geschichte von den drei Blinden und dem Elefanten schien jeder, der über den Darwinismus schrieb, immer nur einen seiner vielen Aspekte zu fassen und dabei zu glauben, er hätte das Wesen dessen getroffen, was dieser Begriff bezeichnet. So reagierte jeder, der die *Entstehung* las, nur auf die Teile, die entweder seine vorgefaßten Ideen bestätigten oder ihnen zuwiderliefen. Keiner dieser Autoren hat begriffen, daß der Darwinismus keine monolithische Theorie ist, die mit der Gültigkeit oder Hinfälligkeit einer einzigen Idee steht oder fällt.

Die traditionelle Auffassung, daß es sich um eine monolithische Einheit handle, setzte gewissermaßen schon mit Darwin selber ein; oft sprach er von seiner »Theorie der Descendenz mit Modification durch... natürliche Zuchtwahl« (1859: p. 459; dt.: S. 533), als wäre die Theorie der gemeinsamen Abstammung nicht von der der natürlichen Auslese zu trennen. Wie eigenständig die beiden Theorien in Wirklichkeit sind, zeigte sich, als kurz nach 1859 nahezu jeder Biologe, der sein Fachgebiet beherrschte, zwar die Theorie der gemeinsamen Abstammung übernahm, die natürliche Auslese jedoch ablehnte. Statt dessen erklärte man die Abstammung anhand Lamarckscher, finalistischer oder saltationistischer Theorien (Bowler 1988). Etliche Passagen in der *Entstehung* lassen darauf schließen, wie unsicher Darwin selber hinsichtlich dieses

Themas war: »Wie wir gesehen haben, ist die Tatsache, daß alle früheren und jetzigen organischen Wesen in einige wenige grosse Classen und in Gruppen geordnet werden können, welche anderen Gruppen subordiniert sind und wobei die erloschenen Gruppen oft zwischen die noch lebenden fallen, aus der Theorie der natürlichen Zuchtwahl... erklärbar« (1859: p. 478; dt.: S. 552 – 553). Tatsächlich läßt sich der hierarchische Aufbau der lebenden Welt mit der Theorie der gemeinsamen Abstammung erklären, aber das sagt noch nichts über die Mechanismen aus, durch die diese Veränderungen hervorgerufen wurden.

Selbst in unseren Tagen sprechen weit mehr Autoren von Darwins Theorie lieber im Singular, statt die Heterogenität des Darwinschen Paradigmas anzuerkennen. Sogar Autoren wie Kitcher (1985) und Burian (1989), die sich sehr wohl der Vielschichtigkeit von Darwins Paradigma bewußt sind, beziehen sich auf Darwins Theorie im Singular. Burian bezeichnet die synthetische Theorie der Evolution als »die derzeitige Variante von Darwins Theorie«.

Wie man den Darwinismus sieht, hängt weitgehend von den geistigen Voraussetzungen ab. Für einen Theologen, einen Lamarckisten, einen Mendelisten oder einen Biologen nach der evolutionären Synthese hat das Wort eine unterschiedliche Bedeutung. Eine weitere Größe, die zu der Meinungsvielfalt hinsichtlich der Bedeutung von »Darwinismus« beiträgt, ist die Geographie: das Wort »Darwinismus« bedeutete in England, in Deutschland, in Rußland und in Frankreich jeweils etwas anderes. Von Anfang an standen, wie wir gesehen haben, Darwins Theorien im Gegensatz zu einer Reihe von Ideologien, etwa Essentialismus, Physikalismus, Naturtheologie und Finalismus, deren Geltungsgrad sich von einem Land zum anderen unterschied. Für die Anhänger der einen oder der anderen dieser Ideologien stand das Wort »Darwinismus« für das Gegenteil ihrer eigenen Glaubensvorstellungen.

Eine ähnlich große Vielfalt herrscht in der Zeitdimension. Begriffe unterscheiden sich insofern von Fakten, als sie sich in der Zeit verändern. Hull (1985) hat ganz zu Recht von der

»Entwicklung von Begriffen als einem wahrhaft zeitabhängigen Prozeß« gesprochen, »in dessen Rahmen ein wirklicher Wandel stattfindet«. Was 1859 Darwinismus genannt wurde, betrachtete man dreißig Jahre später nicht mehr als solchen, da der Begriff auf etwas ganz anderes als das, was er in früherer Zeit bezeichnet hatte, übertragen worden war. Diese Tatsache legte Wallace im Vorwort zu *Darwinism* (1889) sehr klar dar. Er erklärte, indem Darwin die gemeinsame Abstammung mit Modifikation bewies, habe er so herausragende Arbeit geleistet, daß diese Theorie nun allgemein als die natürliche Ordnung in der organischen Welt anerkannt werde. »Die Einwände, die jetzt gegen Darwins Theorie vorgebracht werden, beziehen sich einzig und allein auf die besonderen Mittel, durch die die Veränderung von Spezies bewerkstelligt wurde, nicht aber auf die Tatsache der Veränderung.« Leider war Wallace mit seinem Eintreten für die natürliche Auslese seiner Zeit weit voraus.

Verschiedene Komponenten von Darwins Paradigma waren zu bestimmten Zeiten besonders interessant. In jedem Stadium der Geschichte des Darwinismus wurde eine andere von Darwins Theorien als Darwinismus bezeichnet: Antikreationismus versus christliche Rechtgläubigkeit, Gradualismus versus Mendelschen Saltationismus, Selektionismus versus Lamarckismus oder Finalismus und so fort. Dieser fortwährende Bedeutungswandel wirft die peinliche Frage nach dem Zusammenhang all dieser Darwinismen auf. Ist den verschiedenen Darwinismen irgend etwas gemeinsam? Die Antwort lautet natürlich: Sie gehen alle von Darwins ursprünglichem Paradigma aus, wie es in der *Entstehung* formuliert ist.

Die beste Methode, die immense Bedeutungsvielfalt des Begriffs Darwinismus zu belegen, ist es, eine Liste seiner verschiedenen Deutungen zu unterbreiten, auf die man in der Literatur stößt. Ich werde in jedem einzelnen Fall die Gültigkeit einer solchen Verwendung sowie den zeitlichen und ideologischen Zusammenhang, in dem der Begriff Darwinismus in dieser Bedeutung gebraucht wurde, zu analysieren versuchen. Diese historische Analyse wird es uns dann erlauben zu fragen, ob eine der vorgeschlagenen Definitionen des Darwinismus als die beste oder möglicherweise sogar die einzig richtige herausgegriffen werden kann.

Darwinismus als »Darwins Theorie der Evolution«

Welche ist gemeint, zumal da Darwin so viele Evolutionstheorien aufstellte? Soll der Begriff sich auf die Gesamtheit der Darwinschen Theorien einschließlich jener der Pangene, der Auswirkung von Gebrauch und Nichtgebrauch, der Mischvererbung und der Häufigkeit sympatrischer Speziation beziehen? Mit Sicherheit nicht. Ein solches Konglomerat als Darwinismus zu bezeichnen wäre mehr als sinnlos; es wäre äußerst irreführend.

Darwinismus als Evolutionismus

Evolutionismus war ein den Physikalisten fremder Begriff, nicht nur weil sie jeglichen Essentialismus ablehnten, sondern auch wegen seiner Einbeziehung des historischen Elements, das in der Physik Mitte des 19. Jahrhunderts so auffällig fehlte. Historische Rückschlüsse waren auch all jenen Philosophen fremd, die aus der Logik oder Mathematik kamen. Erst durch Darwin wurde das Evolutionsdenken zu einer seriösen wissenschaftlichen Konzeption. Dennoch wäre es irreführend, wollte man Evolutionismus als Darwinismus bezeichnen. Als Darwin die *Entstehung* veröffentlichte, war Evolutionsdenken, vor allem in der Linguistik und in der Soziologie (Toulmin 1972: 326), bereits weit verbreitet. Als Beleg dafür, daß es auch in der Biologie existierte, genügt die Erwähnung der Namen Buffon, Lamarck, Geoffroy, Chambers und einiger deutscher Wissenschaftler. Darwin war eindeutig nicht der Vater des Evolutionismus, auch wenn er ihn schließlich zum Sieg führte.

Darwinismus als Antikreationismus

Dieser Darwinismus verneinte die Konstanz der Arten und insbesondere die Einzelschöpfung, das heißt die gesonderte Erschaffung jeden Details in der unbelebten wie in der belebten Welt. Es gab zwei sehr unterschiedliche Gruppen von Antikreationisten. Die Deisten glaubten an Gott, machten ihn jedoch zu einem ziemlich weit entfernten Gesetzgeber, der in die einzelnen Geschehnisse auf dieser Welt nicht eingriff, da er mit seinen Gesetzen bereits für alles Vorsorge getroffen hatte. Was auch immer im Verlauf der Evolution geschah, war die Folge dieser Gesetze. Dieser Gedanke ermöglichte es einer Reihe christlicher Wissenschaftler wie Charles Lyell und Asa Gray, Evolution zuzustimmen. Allerdings ist nur die Transformationsevolution – die geregelte Veränderung einer Stammeslinie im Laufe der Zeit, die auf das Ziel vollkommener Anpassung gerichtet ist – dieser deistischen Interpretation zugänglich. Darwins Evolution durch Variation mit ihren Zufallskomponenten auf der Ebene sowohl der genetischen Rekombination als auch der Selektion kann nicht durch strenge Gesetze geregelt werden. Die agnostischen Antikreationisten erklärten alle evolutionären Phänomene ohne Rückgriff auf übernatürliche Kräfte.

Unmittelbar nach 1859 bedeutete das Wort Darwinismus einfach Ablehnung der Einzelschöpfung. Wenn jemand Einzelschöpfung ablehnte und statt dessen die Inkonstanz der Arten, gemeinsame Abstammung und die Einbindung des Menschen in den allgemeinen Evolutionsverlauf vertrat, war er Darwinist. Weder natürliche Auslese noch irgendeine spezielle Theorie der Artentstehung, ja nicht einmal der Glaube an allmähliche versus sprunghafte Evolution hatten damals irgendeine Bedeutung dafür, ob man als Darwinist galt.

Hinsichtlich anderer Aspekte der Evolutionstheorie gab es große Unterschiede zwischen Darwin und anderen »Darwinisten«, etwa Huxley, Lyell, Wallace und Gray. In den sechziger Jahren waren diese Unterschiede jedoch recht unwichtig, da Darwinismus in jener Zeit vor allem die Ablehnung von Einzelschöpfung bei gleichzeitiger Annahme der Inkonstanz der Art, der Theorie der gemeinsamen Abstammung und (außer für Wallace) der Eingliederung des Menschen in das Tierreich bedeutete. Wenn in den sechziger oder siebziger Jahren des 19. Jahrhunderts jemand den Darwinismus angriff, dann hauptsächlich, um Kreationismus oder Naturtheologie gegen diese vier darwinistischen Vorstellungen zu verteidigen.

Um zu entscheiden, was wir als den Kern des Darwinismus betrachten sollen, wäre es wohl am besten, wenn wir bestimmen, was Darwin mit seiner Aussage, die *Entstehung* sei *one long argument* (»eine lange Beweisführung«), im Sinn hatte. Gillespie (1979) ist in einer sorgfältigen Untersuchung dieser Frage zu dem Schluß gekommen, daß damit Darwins Beweisführung gegen Einzelschöpfung gemeint war. Unabhängig von Gillespie habe ich denselben Schluß gezogen, als mir bei der Abfassung eines neuen Registers für die *Entstehung* auffiel, wie häufig Darwin seine Schlußfolgerung, ein einzelnes Phänomen könne unmöglich durch Einzelschöpfung erklärt werden, wiederholte. Statt dessen trat Darwin für eine materialistische – das heißt natürliche – Erklärung der Vielfältigkeit der organischen Welt und ihrer Geschichte ein. Immer wieder hob Darwin hervor, daß seine Theorie der gemeinsamen Abstammung jedes beliebige Phänomen, für dessen Erklärung man sich auf Einzelschöpfung berufen hatte, weit besser erklären konnte.

In diesem Zusammenhang kommt der Biogeographie eine besondere Bedeutung zu, da es keinen überzeugenderen Beweis für gemeinsame Abstammung gibt als die Verbreitung von Arten und höheren Taxa. Aus diesem Grund widmete Darwin zwei ganze Kapitel in seiner *Entstehung* der Biogeographie; und in diesen Kapiteln zeigte er immer wieder, wie ein spezielles Verbreitungsmuster ohne weiteres durch gemeinsame Abstammung erklärt werden konnte, nicht aber durch Einzelschöpfung. Gerade die Theorie der gemeinsamen Abstammung konnte jene Gesamtschau leisten, von der Darwin so häufig sprach (Kitcher 1985: 171, 184 – 185), da sie gleichzeitig der Linnaeischen Hierarchie, den Archetypen der idealistischen Morphologen, der Geschichte der Tier- und Pflanzenwelt und vielen anderen biologischen Phänomenen einen Sinn gab.

Seltsamerweise haben viele moderne Autoren behauptet, Darwins »lange Beweisführung« sei ein Plädoyer für natürliche Auslese gewesen (Recker 1987). Es gibt keinen stichhaltigen Beweis für diese Erklärung. In seinen Briefen bezeichnete Darwin sein Manuskript immer als sein »Artenbuch«, nicht als sein Buch über natürliche Auslese. Mit natürlicher Auslese beschäftigte er sich in den ersten vier Kapiteln, anscheinend um die Forderung der führenden Wissenschaftsphilosophen nach einer *vera causa* zu erfüllen (Hodge 1982); in den restlichen zehn Kapiteln geht es nicht um natürliche Auslese. Statt dessen enthalten sie fast ausschließlich Nachweise für gemeinsame Abstammung. Tatsächlich lenkte Darwin selber wiederholt die Aufmerksamkeit auf die »letzten Kapitel« der *Entstehung* als auf einen besonders überzeugenden Beweis für seine Theorie. Die Tatsachen bestätigen seine Behauptung. Nach der Lektüre dieser Kapitel bekehrten sich Darwins Zeitgenossen zum Glauben an die Inkonstanz der Arten und die Gültigkeit der These von der gemeinsamen Abstammung und damit an die Evolution. Indes warben ihm weder diese noch die ersten vier Kapitel seiner Theorie der natürlichen Auslese viele Jünger, einer Theorie, die selbst einige der engsten Freunde und Anhänger, beispielsweise Huxley und Lyell, nicht übernahmen. Das ist auch nicht weiter verwunderlich, sobald man sich klarmacht, daß die *Entstehung* eben keine lange Beweisführung zugunsten der natürlichen Auslese ist.

Die Annahme von Evolution durch natürliche Auslese machte eine totale ideologische Umwälzung erforderlich. Die »Hand Gottes« wurde durch das Wirken natürlicher Prozesse ersetzt. Gott wurde »entthront«, wie es einer von Darwins Kritikern formulierte. In Darwins Erklärungsmustern spielte Gott keine Rolle mehr.

Wodurch ersetzte Darwin ihn? Welches waren die Kräfte, die in Darwins Erklärungen die gleiche Rolle spielten, die Gott im christlichen Dogma gespielt hatte? Einige Physikalisten vertraten ebenso wie Historiker und Philosophen, die physikalistische Erklärungen übernahmen, die Ansicht, Darwin habe sich Newtons reduktionistische Erklärung – daß die Prozesse in der unbelebten wie in der belebten Welt aus »einem gesetzmäßigen System von Materie in Bewegung« bestehen – zu eigen gemacht (Greene 1987). Diese Formulierung spiegelt Darwins Denken nicht wider. Die Erklärungen Darwins sind meilenweit von der Newtonschen Erklärungsweise entfernt, und man sucht in der *Entstehung* vergeblich nach einem Hinweis auf »Materie in Bewegung«.

Darwinismus als Anti-Ideologie

Nicht nur natürliche Auslese, sondern auch zahlreiche andere Aspekte von Darwins Paradigma liefen, wie wir gesehen haben, vielen der Mitte des 19. Jahrhunderts vorherrschenden Ideologien völlig entgegen. Andere Ideologien – neben dem Glauben an Einzelschöpfung und der von den Naturtheologen aufgestellten These einer zweckmäßigen Planung –, die ebenfalls in absolutem Gegensatz zu Darwins Denken standen, waren der Essentialismus (Typologie), der Physikalismus (Reduktionismus) und der Finalismus (Teleologie). Die Anhänger dieser Kredos sahen in Darwins Werk ihren schlimmsten Gegner, und was immer von dem in der *Entstehung* direkt oder indirekt Geäußerten ihre Position zu gefährden drohte, bezeichneten sie als Darwinismus. Eine nach der anderen wurden diese drei Ideologien jedoch widerlegt, und mit ihrem Untergang erfuhren die Vorstellungen von Determinismus, von Voraussagbarkeit, von Fortschritt und Vervollkommnung in der lebenden Welt eine Schwächung.

Ein Nebeneffekt der völligen Widerlegung aller finalistischen Betrachtungsweisen organischer Evolution war die unausweichliche Neuinterpretation der Evolution als historischer Prozeß, der zeitweiligen Zufälligkeiten unterworfen ist. Dies führte zu der Betonung des Opportunismus der Selektion und der Flickschusterei der Evolution. Eine solche Auffassung von Evolution unterscheidet sich völlig von jeglichen einfachen transformationellen Veränderungen in der unbelebten Welt, die, ebenfalls durch Zufall in Gang gesetzt, primär von Naturgesetzen gelenkt werden und somit ziemlich genaue Voraussagen ermöglichen. Etwas näher kommen dieser Vorstellung komplexe unbelebte Systeme, etwa das Wettergeschehen, Meeresströmungen (die in hohem Maße von Wirbelbewegungen beeinflußt werden) und das Aneinanderreiben der Kontinentalplatten (das zu Erdbeben und Vulkanausbrüchen führt), bei denen die Vielfalt der miteinander wechselwirkenden Faktoren und die Häufigkeit zufallsabhängiger Prozesse eine genaue Voraussage unmöglich machen.

Darwinismus als Selektionismus

Nahezu jeder moderne Biologe wird auf die Frage, was unter dem Begriff Darwinismus zu verstehen ist, antworten, er beinhalte den Glauben an die Bedeutung der natürlichen Auslese für die Evolution. Diese Deutung von Darwinismus ist heute so allgemein anerkannt, daß manchmal übersehen wird, wie relativ jung diese moderne Auffassung ist. Natürliche Auslese als der Mechanismus evolutionären Wandels wurde bis zur Zeit der evolutionären Synthese (in den 1930er bis 1940er Jahren) von den Biologen nicht allgemein angenommen; jedoch war, zumindest in den Augen einiger Evolutionstheoretiker, natürliche Auslese immer die Schlüsseltheorie in Darwins gesamtem Forschungsprogramm. Der erste, für den dies unseres Wissens gilt, war August Weismann (siehe Kapitel 8), ihm schloß sich voller Begeisterung A. R. Wallace an, der seinem Buch über die darwinistische Evolution den Titel *Darwinism* gab, da, wie er sagte, »meine Arbeit in hohem Maße dazu tendiert, die überwältigende Bedeutung natürlicher Auslese im Vergleich zu allen anderen Kräften, die bei der Entstehung neuer Arten wirksam werden, zu veranschaulichen«. Es bedurfte noch weiterer fünfzig Jahre und der Widerlegung der wichtigsten antidarwinistischen Theorien, ehe diese Einsicht generell übernommen wurde.

Darwinismus als Evolution durch Variation

Darwins Evolutionsbegriff unterschied sich grundlegend von den bereits zuvor besprochenen (siehe Kapitel 4) transformationellen und von den saltationistischen Evolutionsbegriffen. Wiewohl es von allem Anfang an hätte offensichtlich sein müssen, wie verschieden der Darwinsche Begriff war, wurde dieser Unterschied erst in allerneuester Zeit in seinem ganzen Ausmaß erkannt. Darwins Evolution durch Variation gründete sich auf völlig neue philosophische Begriffe, und in der Vernachlässigung dieser Begriffe ist der Grund dafür zu suchen, daß sie normalerweise mit den vorherrschenden evolutionären Ideen verwechselt wurde. Kitchers Äußerungen zeigen, wie weit selbst einige moderne Philosophen noch davon entfernt sind, voll und ganz zu erfassen, wie weit sich Darwin vom traditionellen Denken entfernt hatte. Kitcher behauptet: »Das Problem ist, daß die Theorie, die ich Darwin zugeschrieben habe, unumstritten ist – so unumstritten, daß sie schon an Trivialität grenzt« (1985: 30). Kitcher behauptet, praktisch alle Gegner Darwins hätten dessen Feststellung zugestimmt, es gebe zwischen den Mitgliedern einer Art Unterschiede und verschiedene Organismen hätten verschiedene Eigenschaften. Kitcher übersieht jedoch: Der Essentialist glaubt – Lyell, Sedgwick, Herschel und andere betonten das – an eine eindeutige Begrenzung des Maßes an möglicher Variation innerhalb einer Art oder, anders formuliert: für ihn bestimmt die innewohnende Essenz die zulässige Variationsbreite. Für den Populationsdenker ist Variation unbegrenzt. Daher existiert eindeutig eine Möglichkeit, über die Grenzen einer Art hinauszugehen. Natur und Ausmaß der Variabilität stellten den wesentlichen Unterschied zwischen dem Populationsdenker Darwin und seinen essentialistischen Gegnern dar. Diesen Widerspruch als »bedeutungslos« zu bezeichnen heißt seine revolutionäre Bedeutung völlig verkennen.

Darwinismus als das Kredo der Darwinisten

In neuerer Zeit versuchte eine Reihe von Historikern und Philosophen, deren Bemühen, den Darwinismus befriedigend zu definieren, an der Vielschichtigkeit des Darwinschen Paradigmas gescheitert war, Darwinismus als das Kredo der Darwinisten zu definieren. Hull (1985) und insbesondere Kitcher (1985) haben sich diesen Ansatz zu eigen gemacht. Für diese Definition von Darwinismus entscheiden sich häufiger Philosophen und Historiker als Biologen. Anscheinend fühlt sich ein Philosoph, vor allem eine oder einer, der von der Mathematik oder Logik kommt, der Diskussion des Darwinismus als einem soziologischen Phänomen eher gewachsen als einer Auseinandersetzung mit einem Begriffssystem wie dem Darwinismus, das eine gründliche Kenntnis der Evolutionsbiologie erfordert. Sie versuchen ihren Ansatz mit der Behauptung, man könne Darwinismus am besten anhand der wissenschaftlichen Gemeinschaft (den Darwinisten) abgrenzen, die dieses System unterstützt, zu rechtfertigen. Recker hat jedoch (1990) hervorgehoben, wie fragwürdig ein solcher Anspruch ist. In Wirklichkeit vermehrt dieser Ansatz in mancher Hinsicht noch die Schwierigkeiten, da einen Darwinisten zu definieren genauso schwierig ist wie die Definition des Darwinismus. In den Augen Hulls »bildeten die Darwinisten früher eine einigermaßen zusammenhängende soziale Gruppe«. Diese bestand jedoch vermutlich nur aus Lyell, Huxley und Hooker, da Asa Gray in Amerika war, Wallace in Ostindien, Fritz Müller in Südamerika und Haeckel in Deutschland.

Recker (1990), Hull (1985) und andere haben wiederholt behauptet, es gebe keine für alle Darwinisten charakteristischen Lehrsätze. In der Tat trifft es zu, daß einige führende Darwinisten, etwa Huxley und Lyell, nie an natürliche Auslese glaubten; weder Huxley noch vermutlich Lyell pflichteten Darwins absolutem Gradualismus bei; weder Wallace noch Lyell waren der Ansicht, daß man den Menschen genauso betrachten könne wie die Tierarten. Es gab also drastische Unterschiede zwischen diesen Darwinisten. Diese Unterschiedlichkeit veranlaßte Hull zu der Feststellung, es genüge nicht, daß jemand bestimmte darwinistische Ansichten vertritt, um als Darwinist zu gelten. Er und andere glaubten vielmehr, es gebe nicht einen einzigen Begriff, der von allen sogenannten Darwinisten unterschrieben worden wäre.

Das ist ein Irrtum. Es existiert in der Tat eine allen wirklichen ursprünglichen Darwinisten gemeinsame Überzeugung, und das war ihre Ablehnung des Schöpfungsglaubens, ihre Ablehnung der Einzelschöpfung. Dies war die Fahne, um die sie sich scharten und unter der sie marschierten. Als Hull behauptete, daß »die Darwinisten in den wesentlichen Grundsätzen nicht vollkommen übereinstimmten« (1985: 785), übersah er ein Grundprinzip, über das alle diese Darwinisten einer Meinung waren. Nichts war für sie von größerer Bedeutung als die Entscheidung, ob Evolution ein natürliches Phänomen ist oder etwas, das von Gott gelenkt wird. Die Überzeugung, daß die Vielfältigkeit der natürlichen Welt ein Ergebnis natürlicher Prozesse und nicht das Werk Gottes ist, war die alle sogenannten Darwinisten einende Idee – trotz ihrer Meinungsverschiedenheiten bei anderen Darwinschen Theorien und obwohl ein paar von ihnen (Gray, Wallace) einige theologische Ansichten beibehielten. In der Zeit unmittelbar nach der *Entstehung* wurde dies ganz klar gesehen, und aus eben diesem Grund bedeutete damals Darwinismus für die Gegner Darwins einfach, daß man Einzelschöpfung leugnete und an ihre Stelle die Evolutionstheorie setzte, insbesondere die Theorie der gemeinsamen Abstammung.

Die Erklärungskraft der Theorie der gemeinsamen Abstammung trug sehr zur Untermauerung der Theorie der Evolution durch natürliche Prozesse bei. In der Tat war es diese Theorie, die schließlich sogar die morphologischen Idealisten ins darwinistische Lager überwechseln ließ, als sie erkannten, daß dies die einzige vernünftige Erklärung der hierarchischen Ordnung morphologischer Archetypen war. Wohlgemerkt, einige Morphologen, etwa Louis Agassiz, schrieben diese natürliche Ordnung Gottes Gesetzen zu. Aber die natürliche Erklärung der gemeinsamen Abstammung eines Darwin und seiner Anhänger war so viel überzeugender, daß Agassiz' Deutung auf taube Ohren stieß und nach dessen Tod im Jahre 1873 der Vergessenheit anheimfiel.

Die Kriterien, nach denen man wissenschaftliche Gemeinschaften abgrenzt, haben ihrer Bedeutung entsprechend einen unterschiedlichen Rang. Schöpfung oder nicht war 1859 die wichtige Entscheidung. Allein die Annahme oder Zurückweisung von Darwins These von der Evolution durch natürliche Prozesse grenzte die Darwinisten klar von den Nichtdarwinisten ab. Sie brauchten keine eng verknüpfte soziale Gruppe zu bilden, auch war es unerheblich, ob sie in Europa, Südamerika oder Ostindien lebten; sie wurden vielmehr durch einen festen Glauben zusammengehalten und waren daran leicht zu erkennen: den Glauben an Evolution durch natürliche Prozesse. Dies erklärt, was einige Historiker verwirrte, daß so viele Evolutionstheoretiker des 19. Jahrhunderts sich selber als Darwinisten betrachteten, obwohl sie ganz andere Erklärungsmechanismen als Darwins natürliche Auslese übernommen hatten. Nur die Überzeugungen, die sie mit Darwin teilten, waren ihrer Ansicht nach die wahrhaft wesentlichen Aspekte des Darwinismus.

Wohlgemerkt, es gab einige Grenzfälle, etwa Asa Gray, der anscheinend alle Darwinschen Theorien übernahm und trotzdem nach wie vor daran glaubte, daß letztendlich Gott alles lenke einschließlich der Art von Variation, die der natürlichen Auslese zur Verfügung steht. Richard Owen war ein weiterer Grenzfall; er glaubte wirklich an eine Art von Evolution, dennoch meinte er – teilweise aufgrund seiner Feindschaft mit Huxley – Darwins Theorien unnachgiebig angreifen zu müssen.

Schließlich gibt es da noch den schwierigen Fall Lyell (Rekker 1990). Obwohl ein Freund und Mentor Darwins, der normalerweise als Darwinist gilt, hat er nie die grundlegenden Elemente von Darwins Forschungsprogramm anerkannt. Für ihn war offensichtlich Gott immer die letzte Ursache; Lyell dehnte die Evolution nicht auf den Menschen aus, und die natürliche Auslese nahm er nie an. Will man erklären, weshalb Lyell Darwin so unbeirrt unterstützte, obwohl er den meisten Überzeu-

gungen Darwins nicht zustimmte, darf man eines nicht vergessen: Darwin war ursprünglich Geologe – und, mehr noch, als
solcher ein vorbehaltloser Anhänger Lyells, der diesen bei seinen geologischen Veröffentlichungen tatkräftig unterstützt
hatte. Es ist durchaus denkbar, daß Lyell mit seiner Unterstützung der Ideen Darwins einfach erwiderte, was Darwin zuvor
für seine geologischen Veröffentlichungen getan hatte, um die
Ansichten Lyells zu unterstützen. Und Darwin war, wie Hodge
so überzeugend dargestellt hat, Lyellianer, als er sich mit biologischen Problemen zu beschäftigen begann, obwohl er sich am
Ende gegen einige der grundlegenden Überzeugungen seines
Lehrers auflehnte. Lyell gehörte also politisch und sozial der
darwinistischen Partei an. Von seiner Anschauung her war er
nie ein echter Darwinist.

Abgesehen von diesen Grenzfällen war das Ganze für die
Zeitgenossen Darwins völlig klar. Wenn jemand glaubte, daß
die Entstehung der Vielfalt des Lebens auf natürlichen Ursachen beruhte, dann war er Darwinist. Wer jedoch glaubte, daß
die lebende Welt das Ergebnis eines Schöpfungsaktes war, der
war Antidarwinist. Daß es ein paar deistische Grenzfälle gab,
ist ebensowenig eine Widerlegung dieser grundsätzlichen Klassifizierung, wie die Existenz einer Reihe beginnender Arten ein
Einwand gegen die Existenz von Arten ist.

Darwinismus als eine neue Weltsicht

J. C. Greene (1986) hat, in Übereinstimmung mit anderen
Ideengeschichtlern, vorgeschlagen, die Endung -ismus Ideologien vorzubehalten und nicht auf wissenschaftliche Theorien
anzuwenden. Ich stimme mit ihm dahingehend überein, daß
man das Festhalten an einer üblichen wissenschaftlichen Theorie nicht mit der Endung -ismus aufwerten sollte. Es gibt jedoch
wissenschaftliche Theorien, die zu wichtigen Pfeilern von Ideologien geworden sind, wie im Fall der Lehre Newtons; und ganz
sicher gilt dies für den Darwinismus. Etliche von Darwins wichtigen neuen Vorstellungen, etwa Evolution durch Variation,

natürliche Auslese, das Wechselspiel von Zufall und Notwendigkeit, das Fehlen übernatürlicher Wirkkräfte in der Evolution, die Stellung des Menschen unter den Lebewesen und andere, sind nicht nur wissenschaftliche Theorien; dabei handelt es sich gleichzeitig um wichtige philosophische Konzeptionen, und sie charakterisieren bestimmte Weltsichten, welche diese Konzeptionen in sich aufgenommen haben. Was also einige von Darwins grundlegenden wissenschaftlichen Theorien betrifft, gehören sie legitimerweise sowohl in den Bereich der Wissenschaft als auch in den der Philosophie.

Die Ablehnung einer Einzelschöpfung bedeutete die Zerstörung einer vormals herrschenden Weltsicht. Aus diesem Grund bekämpften nicht nur Wissenschaftler wie Sedgwick und Agassiz, sondern auch Philosophen wie Whewell und Herschel Darwin so erbittert. Gab es eine neue Weltsicht, die den Platz des Schöpfungsglaubens einnehmen konnte? Falls ja, um welche handelte es sich und wie könnte man sie definieren? Greene schlug vor, in Zukunft »sollte das Wort Darwinismus nur zur Bezeichnung einer Weltsicht verwandt werden, zu der in den späten fünfziger und den frühen sechziger Jahren des 19. Jahrhunderts anscheinend mehr oder weniger unabhängig voneinander Spencer, Darwin, Huxley und Wallace gelangt waren«. Er bezieht sich hier auf eine Viktorianische Weltsicht, in welcher bestimmte soziologische Vorstellungen zur Entwicklung einer neuen Gesellschaftstheorie herangezogen wurden. Diese stützte sich teilweise auf die Schriften von Adam Smith, Malthus und David Ricardo und behauptete, Konkurrenz, Kampf und Bevölkerungswachstum führten zu Fortschritt. Darwin war mit diesen Vorstellungen vertraut, aber sorgfältige Analysen seiner sowie der Schriften der Sozialphilosophen haben gezeigt, daß diese Ideen nicht die Quelle von Darwins biologischen Vorstellungen waren (siehe Gordon 1989), wie viele politische Schriftsteller uns glauben machen wollen.

In seinen Schriften hat Darwin nie eine solche Weltsicht vertreten. Da er in den Schriften Darwins keine Bestätigung seiner Behauptungen finden konnte, schlug Greene vor, Herbert Spencers Weltsicht zu übernehmen, die sich laut Greene weitgehend mit der Darwins deckte. Spencers Weltsicht beschreibt Greene folgendermaßen: »Ein gesetzmäßiges System von Materie in Bewegung, evolutionärer Deismus, der unter dem Einfluß eines positivistischen Empirizismus an Agnostizismus grenzt, die Idee einer organischen Evolution, die Idee einer sozialen Wissenschaft der historischen Entwicklung, Glaube an die segensreichen Auswirkungen von Konkurrenzkampf«, um nur die wichtigsten Punkte hervorzuheben. War dies wirklich Darwins Weltsicht?

Es gibt Hinweise darauf, daß Darwin die herrschenden Glaubensvorstellungen vieler aufgeklärter Engländer der Oberschicht teilte, einschließlich (laut Greene) der Spencers, Huxleys und Wallaces. Bei kritischer Betrachtung der von Greene aufgelisteten Glaubensvorstellungen entdeckt man jedoch, daß keine einzige darunter von Darwin stammt, ja nicht einmal eine, die ursprünglich von Spencer entwickelt wurde. Vielmehr reichen die meisten dieser Ansichten bis ins 18. Jahrhundert zurück, obschon einige von ihnen, wie etwa der Begriff »Kampf ums Dasein«, der schon Bestandteil der Naturtheologie gewesen war, einen Bedeutungswandel erfahren hatten. Obwohl Greene für die Gesamtheit dieser Ideen den Begriff »Darwinismus« wählt, räumt er ein, »Spencer könnte zu Recht fordern, daß man sie Spencerismus nennt«, da sich keine einzige von Darwins ureigenen Ideen darunter befindet. Noch schlimmer ist, daß dieses Spencersche Paradigma in einigen Punkten Darwins Ideen völlig zuwiderläuft. Beispielsweise vertrat Spencer eine Evolution durch Transformation und nicht Evolution durch Variation; zweitens war seine Evolution eindeutig teleologisch; und schließlich beruhte sie ausschließlich auf einer Vererbung erworbener Eigenschaften, so daß natürliche Auslese überhaupt keine Rolle spielte. Daher unterschied sie sich sowohl vom Wissenschaftlichen als auch vom Philosophischen her beträchtlich von Darwins Ideen. Zu behaupten, Darwin und Spencer hätten das gleiche Paradigma vertreten, ist eine völlige Verfälschung der Geschichte. Es ist eine bei Soziologen recht beliebte These, aber Biologen, die sich in den letzten Jahren mit diesem Problem auseinandersetzten, haben sie übereinstimmend widerlegt (Freeman 1974).

Wie lange herrschte dieser sogenannte Darwinismus, so wie Greene ihn definiert, als Weltsicht vor? Greene zufolge die sechziger Jahre hindurch, vielleicht bis etwa 1875, aber schon bald nach 1860 lösten sich Spencer, Wallace und Huxley von einer dieser Vorstellungen nach der anderen. Die Konsequenzen des wissenschaftlichen Darwinismus machten die Anerkennung dieser Gesellschaftstheorie nahezu unhaltbar.

Greene ist der Ansicht, daß bestimmte moderne Biologen, etwa Julian Huxley, George Gaylord Simpson und vielleicht noch Edward O. Wilson, eine auf den neuesten Stand gebrachte darwinistische Weltsicht vertreten. In Wahrheit aber ist jeder moderne Denker – jeder moderne Mensch, der eine Weltsicht hat –, außer er hängt einem Schöpfungsglauben an und glaubt an die buchstäbliche Wahrheit eines jeden Wortes in der Bibel, letztendlich Darwinist. Die Ablehnung der Einzelschöpfung, die Einbeziehung des Menschen in die belebte Welt (die Ausschließung der Sonderstellung des Menschen gegenüber den Tieren) und etliche andere Glaubensvorstellungen eines jeden aufgeklärten modernen Menschen beruhen letztlich alle auf den Folgerungen der Theorien, die in der *Entstehung* enthalten sind. Trotzdem, Darwinismus als die angeblich von Darwin in den sechziger Jahren seines Jahrhunderts vertretene Weltsicht zu definieren ist so ziemlich die überflüssigste Definition, die ich mir vorstellen kann.

Darwinismus als neue Methodologie

Angesichts der intensiven Auseinandersetzung der modernen Wissenschaftsphilosophie mit Fragen der Methodologie ist es nicht weiter überraschend, daß sich einige Philosophen gefragt haben, mit welcher wissenschaftlichen Methode Darwin arbeitete und was neu daran war. War Darwins Methode streng hypothetisch-deduktiv, wie Ghiselin meinte (1969), oder bediente er sich verschiedener anderer Systeme? Diese Fragen wurden ganz unterschiedlich beantwortet (Recker 1987). Nahezu jeder moderne Wissenschaftsphilosoph hat eine irgendwie andere darwinistische Methodologie vorgeschlagen. Inwieweit ging Darwin induktiv vor? Beschreibt der semantische Ansatz in der Wissenschaftsphilosophie den Ansatz Darwins am besten? Das sind die Fragen, die gestellt werden.

Darwin war klar: Wollte er seine Leser von der Gültigkeit seiner Vorstellungen überzeugen, mußte er sich einer Methodologie bedienen, die sich von der, die die Physiker zum Beweis der Gültigkeit der Naturgesetze benutzten, weitgehend unterschied. Darwins Methode bestand darin, das Beweismaterial vorzulegen, auf dem seine Schlußfolgerungen gründeten, und er bediente sich dieser Schlußfolgerungen, um seine Annahmen zu untermauern. Je größer die Anzahl und Verschiedenartigkeit der einzelnen Beweise, die er anführen konnte, um so überzeugender wurden seine Schlußfolgerungen (Ghiselin 1969). Kitcher (1985) bagatellisierte Darwins umfangreiches Anführen von stützenden Tatsachen, da er nicht begriff, daß diese Fakten nicht als solche, sondern nur als Beweis und Beleg für die Schlußfolgerungen, die Darwin zog, von Interesse waren. Diese Schlußfolgerungen dienten ebenso einer Untermauerung seiner Annahmen, wie sie einige von Darwins wichtigsten zugrundeliegenden Vorstellungen enthüllten.

Ein Grund, warum verschiedene Autoren behaupten konnten, Darwin habe sich verschiedener Methodologien bedient, ist, daß Darwin vom Methodologischen her ziemlich pluralistisch war. Bei einigen Beweisführungen hielt er sich in der Tat an die hypothetisch-deduktive Methode; bei anderen ging er induktiv vor. Meiner Meinung nach kann man die Behauptung, Darwin habe durchgängig nur eine einzige Methode angewandt, ohne weiteres widerlegen. Und, was wichtiger ist: Daß die meisten von Darwins Theorien sich letztlich als gültig erwiesen, bedeutet nicht den Sieg seiner Methodologie, sondern geht aus weiterem Beweismaterial und der schrittweisen Widerlegung gegensätzlicher Ideologien hervor.

Viele Autoren haben darauf hingewiesen, wie spektakulär Darwins Paradigma alles vereinheitlicht. Dobzhansky stellte fest: »Außer im Lichte der Evolution ergibt nichts in der Biologie einen Sinn«; ich möchte ergänzen: »Im Lichte der Darwinschen Evolution«. Ich halte es für ziemlich irreführend, wenn man, wie Kitcher, behauptet, diese vereinheitlichende Wirkung sei der Qualität von Darwins Methodologie zuzuschreiben.

Unter Philosophen ist der Glaube weit verbreitet, daß eine Theorie praktisch keine Chance hat angenommen zu werden, wenn nicht gleichzeitig ein entsprechender Mechanismus zur Diskussion gestellt wird. Dies ist in der Tat oft der Fall. Wegeners Theorie der Kontinentalverschiebung wurde von den Geophysikern erst gutgeheißen, als man den Mechanismus für die Bewegung der Kontinente im Rahmen der Theorie der Plattentektonik erhellt hatte. Es ist allerdings nicht *notwendigerweise* der Fall, wie die Theorie der gemeinsamen Abstammung zeigt. Der von Darwin vorgeschlagene Mechanismus, die natürliche Auslese, wurde fast allgemein abgelehnt, da aber das Faktum der Evolution und die Theorie der gemeinsamen Abstammung so absolut überzeugend waren, nachdem Darwin sie herausgestellt hatte, nahmen andere Evolutionisten – statt der natürlichen Auslese – einfach andere Arten von Mechanismen an, teleologische, Lamarcksche oder saltationistische. Für Darwin selber war, obwohl er zeit seines Lebens an die natürliche Auslese glaubte, nicht dieser Mechanismus am wichtigsten, sondern vielmehr der Beweis für Evolution und gemeinsame Abstammung. Daher das, vom Umfang her, völlig unausgewogene Verhältnis dieser beiden Themen zueinander in der *Entstehung*.

Charakteristisch für die Version des Darwinismus, die sich im Verlauf der evolutionären Synthese entwickelte, waren die gleichgewichtige Betonung sowohl der natürlichen Auslese als auch zufallsabhängiger Prozesse; die Überzeugung, daß weder Evolution als Ganzes noch natürliche Auslese in Einzelfällen deterministisch sind, daß es sich vielmehr bei beiden um probabilistische Prozesse handelt; die Betonung, daß die Entstehung von Vielfältigkeit ein ebenso wichtiges Element der Evolution ist wie Anpassung; die Einsicht, daß Auslese für Fortpflanzungserfolg ein genauso wichtiger Prozeß in der Evolution ist wie Auslese für Überlebensqualitäten.

Der Pluralismus des Darwinismus

Damit ist klar, die Frage:»Was ist Darwinismus?«, ist nicht so einfach zu beantworten. Wer diese Frage stellt, muß immer auf verschiedene Antworten gefaßt sein, je nachdem, wieviel Zeit seit 1859 verstrichen ist und welche Ideologie die befragte Person vertrat. Ein solcher Pluralismus sagt vielen Philosophen nicht zu, und sie haben nach einer Methode gesucht, wie sie dem Begriff Darwinismus zu einer unmißverständlichen Bedeutung verhelfen könnten. Beispielsweise wurde vorgeschlagen, man sollte, analog dem Vorgehen eines Systematikers, der ein Individuum als Typus auswählt, um eine Art mit einem festgelegten Namen zu verknüpfen, ein »Exemplar« auswählen, an dem die Bedeutung des Begriffs Darwinismus festgemacht wird. Hull (1983; 1985) hat dies in der Tat versucht, aber ich habe an anderer Stelle gezeigt (1983, 1989), welche unüberwindbaren Schwierigkeiten der Anwendung dieser exemplarischen Methode entgegenstehen.

Die meisten der erörterten neun Bedeutungen des Begriffs Darwinismus sind eindeutig entweder irreführend oder nicht typisch für Darwins Denken. Wenn ich diese Sachlage als Historiker betrachte, fällt mir auf, daß zwei Bedeutungen breitestes Einverständnis fanden. Nach 1859, während der ersten Darwinschen Revolution, bedeutete Darwinismus für fast jeden Erklärung der lebenden Welt durch natürliche Prozesse. Während und nach der evolutionären Synthese verstand man, wie wir noch sehen werden, unter dem Begriff »Darwinismus« einhellig adaptiven evolutionären Wandel unter der Einwirkung natürlicher Auslese und Variations- anstelle von Transformationsevolution. Dies sind die beiden einzigen wahrhaft bedeutungsvollen Konzeptionen des Darwinismus; die eine herrschte im 19. Jahrhundert vor (und noch bis etwa 1930), die andere im 20. Jahrhundert (ein Konsens, zu dem man im Verlauf der evolutionären Synthese gelangte). Jede andere Verwendung des Begriffs Darwinismus durch einen modernen Autor ist notwendigerweise irreführend.

8. Eine harte Überprüfung der weichen Vererbung: der Neodarwinismus

Teilweise war Darwin selber an den Schwierigkeiten schuld, auf die seine Theorien in den Jahren nach der Veröffentlichung der *Entstehung* trafen. Bei fast jedem Gegenstand, mit dem er sich befaßte – auch bei nahezu allen seinen Theorien –, widersprach er sich irgendwann selber. Einer der Kritiker Darwins im 20. Jahrhundert hatte nicht ganz unrecht mit der Behauptung: »Darwins Bemühen, sich nicht festlegen zu lassen, und seine Widersprüchlichkeit versetzen jeden bedenkenlosen Leser in die Lage, sich mit der gleichen Leichtigkeit und Bequemlichkeit einen Text aus der *Entstehung der Arten* oder der *Abstammung des Menschen* für seine Zwecke herauszusuchen, als würde er ihn der Bibel entnehmen« (Barzun 1958: 75). Obwohl Darwin beispielsweise im Prinzip den Essentialismus ablehnte und Anpassung strikt in Begriffen der Variation erklärte (für ihn war das Individuum das Zielobjekt der Selektion), verfiel er gelegentlich wieder in eine typologische Sprache, etwa was die Entstehung einer beginnenden Art durch die Isolation einer Abart betrifft. Entschieden lehnte Darwin jegliches teleologische »Gesetz notwendiger Vervollkommnung« ab (1859: p. 351; dt.: S. 427), und dennoch ließ er sich zu einigen reichlich unvorsichtigen Äußerungen hinreißen, so daß es gewissen Historikern möglich war, Darwin als Teleologen zu betrachten (Himmelfarb 1959). Obgleich er oft feststellte, daß der natürlichen Auslese genügend Variabilität zur Verfügung steht, um die Entstehung einer jeden neuen Anpassung zu erklären, äußerte er seine Verwirrung über die Entstehung von Augen. An einer Stelle etwa äußerte er, daß nur geringfügige Abweichungen evolutionär von Bedeutung sind, um dann an einer anderen auffällig unterschiedliche Varietäten wie das »ancon sheep« und den »turnspit dog«, die beide äußerst kurzbeinig sind, zu erörtern. Kohn (1989) hat eine detaillierte Analyse von

Darwins Unschlüssigkeit und ihrer psychologischen und takti-schen Ursachen erstellt.

Man hat oft behauptet, Darwin habe in der ersten Ausgabe der *Entstehung* alle Lamarckschen Ideen entschieden zurück-gewiesen und in dieser Zeit keine anderen Mechanismen der Evolution gelten lassen als zufällige Variation und natürliche Auslese. Das stimmt nicht. Bereits 1859 ließ Darwin eine ziem-liche Unentschiedenheit hinsichtlich der Entstehung von Ver-änderungen und des Wesens der Vererbung erkennen. Er macht nicht weniger als dreierlei Zugeständnisse an die Mög-lichkeit, daß die Umwelt im weitesten Sinne des Wortes zu einer genetischen Veränderung führen kann und diese erwor-benen Merkmale vererbt werden können. Zuerst spekuliert er über einen direkten Einfluß der Umwelt auf bestimmte Struk-turen; als nächstes stellt er Hypothesen über einen indirekten Einfluß der Umwelt auf, daß sie nämlich Veränderung fördere; und als drittes erörtert er die Auswirkungen von Gebrauch und Nichtgebrauch, wenn er beispielsweise sagt, daß die geringere Größe der Augen von Maulwürfen und anderen Wühltieren »wahrscheinlich von fortwährendem Nichtgebrauche her [-rührt],· dessen Wirkung aber vielleicht durch natürliche Zuchtwahl unterstützt worden ist« (1859: p. 137; dt.: S. 158). Im Falle von Höhlentieren schreibt er, der Verlust der Augen gehe »auf Rechnung des Nichtgebrauchs« (S. 159). Anderer-seits weist er darauf hin, daß die Anpassungen der neutralen Kasten sozialer Insekten mittels einer wie auch immer gearte-ten Lamarckschen Theorie nicht zu erklären seien.

Darwins Hauptthese war, evolutionärer Wandel beruhe auf der Erzeugung von Variation in einer Population und auf dem Überleben und reproduktiven Erfolg (»Selektion«) einiger die-ser Varianten. Die Entstehung dieser Veränderungen blieb ihm jedoch zeit seines Lebens ein Rätsel. Darwin war der An-sicht, bei Variation handle es sich um ein periodisch auftreten-des Phänomen, um eines, das im wesentlichen unter bestimm-ten Umständen auftritt. Allerdings war er sich ganz sicher, daß es in der Natur ein ungeheures Reservoir an Variation gibt, das als Ausgangsmaterial für Selektion immer zur Verfügung steht.

Den »Gesetzen der Variation« widmete Darwin das ganze fünfte Kapitel seiner *Entstehung der Arten*, und einige Jahre später griff er das Thema in seinem zweibändigen Werk *The Variation of Animals and Plants under Domestication* (1868)/ *Das Variiren der Thiere und Pflanzen im Zustande der Domesti-cation* (1868) erneut auf. Zwei Jahre zuvor hatte, was Darwin nicht wußte, Gregor Mendel den Schlüssel zum Verständnis des Wesens der Variation veröffentlicht. Darwin, der nie von Mendels Arbeit erfuhr, war außerstande, dieses Problem zu lösen. Unter dem Einfluß der vorherrschenden Ideen des Physikalismus suchte Darwin nach einer unmittelbaren Ursache für jede Abänderung. Zudem machte die Tatsache, daß er teilweise an eine Mischvererbung (*blending inheritance*) glaubte – die Verschmelzung der jeweiligen Erbteile der Eltern in der Nachkommenschaft –, es ihm unmöglich, dieses Problem zu lösen. Sein teils typologischer, teils deterministischer Ansatz verhinderte es, daß er die richtigen Antworten fand.

Die große Zahl falscher Vorstellungen über die Natur der Vererbung und das Manko, daß keine guten empirischen Daten zur Verfügung standen, ließen einen jüngeren Zeitgenossen Darwins zu dem Schluß kommen, die Erforschung des Variierens sei die neue Perspektive der Evolutionsbiologie. Dieser junge Evolutionstheoretiker war August Weismann (1834 – 1914). Mit seiner kompromißlosen Widerlegung einer Vererbung erworbener Merkmale und seinen genetischen Theorien – selbst wo diese falsch waren – legte er den Grundstein für die Anerkennung der Mendelschen Vererbung; dies war der nächste größere Schritt in Richtung einer modernen Evolutionstheorie.

In den ersten zwanzig Jahren nach der Veröffentlichung der *Entstehung* gab es keinerlei neue konzeptionelle Beiträge zum Darwinschen Paradigma. Das heißt keine, die irgendwelche Folgen hatten. Wohlgemerkt, Mendel veröffentlichte 1866 seine grundlegenden Entdeckungen zur Vererbung, aber sie wurden schlichtweg (bis 1900) übergangen und übten keinerlei Einfluß auf das zeitgenössische Denken aus. Einen entscheidenden Schritt nach vorn stellte Weismanns provozierender

Essay *Über die Vererbung* dar, den er 1883 veröffentlichte. Darin bestritt Weismann kategorisch jegliche Auswirkungen von Gebrauch und Nichtgebrauch, genaugenommen jegliche Vererbung erworbener Merkmale. Dieser unnachgiebigen Einstellung schloß sich sogleich A. R. Wallace an, der in seinem Buch *Darwinism* (1889) das Monopol für Selektion beanspruchte. George J. Romanes, ein Schüler des späten Darwin, betrachtete die Verneinung einer weichen Vererbung als entscheidende Abweichung von Darwins Lehre und prägte 1896 den Begriff »Neodarwinismus« für Weismanns ausschließlichen Selektionismus oder, wie dieser selbst es einmal formulierte, für seinen Darwinismus ohne eine Vererbung erworbener Merkmale. Dieser Begriff wurde während der evolutionären Synthese beibehalten, aber nachdem man allgemein den Glauben an eine weiche Vererbung aufgegeben hatte, kehrten die meisten zu dem einfachen Begriff »Darwinismus« zurück. In den Jahren zwischen 1883 und der evolutionären Synthese war der Kampf gegen weiche Vererbung eng mit dem Namen Weismann verknüpft.

August Weismann ist eine herausragende Gestalt in der Geschichte der Evolutionsbiologie. Auf die Frage, wer im 19. Jahrhundert nach Darwin den größten Einfluß auf die Evolutionstheorie ausgeübt hat, muß die Antwort einmütig lauten: August Weismann. Das Faszinierende an Weismanns intensiver Beschäftigung mit den Problemen der Evolution ist der allmähliche Reifungsprozeß seines Denkens. Ältere Wissenschaftsgeschichte hatte die unglückselige Neigung, das Denken eines großen Wissenschaftlers als monolithischen Block darzustellen, als etwas aus einem Guß, das sich nie verändert. Neuere Forschungen haben gezeigt, wie irreführend eine solche Darstellung ist, und das gilt für nahezu jeden Wissenschaftler. Als Weismann die Theorie einer Vererbung erworbener Merkmale verwarf, ganz gewiß eine dramatische Bekehrung, hatte er bereits das Alter von siebenundvierzig Jahren erreicht. Diese Umkehr erforderte ein grundlegendes Überdenken aller seiner vorherigen Annahmen über Vererbung und Evolution.

Es ist vielleicht hilfreich, drei Perioden in Weismanns Denken zu unterscheiden: 1868 – 1881 oder 1882: in dieser Zeit vertrat er die Vererbung erworbener Merkmale; 1882 – 1895: hier suchte er nach einer Quelle genetischer Variation; und 1896 – 1910, als er die Keimselektion als Unterstützung der natürlichen Auslese anerkannte.

1859, als Darwin seine *Entstehung der Arten* veröffentlichte, war Weismann fünfundzwanzig Jahre alt. Während seines Studiums an mehreren deutschen Universitäten kam das Thema Evolution nie zur Sprache. Auch hatten Weismanns frühe zoologische Arbeiten rein gar nichts mit Evolution zu tun; in ihnen befaßte er sich vielmehr mit Themen wie Muskelhistologie und Insektenembryologie. Und doch wählte Weismann 1868 den Darwinismus als Thema seiner Antrittsvorlesung in Freiburg. In keinem anderen Land, nicht einmal in England, hatte der Darwinismus einen vergleichbaren Einfluß wie in Deutschland, wie sich an den Veröffentlichungen zeitgenössischer Zoologen, Botaniker und Anatomen ablesen läßt. Welche Bedeutung Weismann Darwins Theorie beimaß, belegt die Tatsache, daß er die »Transmutations«-Theorie mit der kopernikanischen heliozentrischen Theorie verglich und damit zum Ausdruck brachte, daß seit »dem Durchdringen der Copernicanischen Theorie kein ebenbürtiger Fortschritt in der menschlichen Erkenntniss gethan wurde, als erst jetzt in der DARWIN'schen Theorie« (1868: 30).

Von Anfang an war Weismann klar, daß man zwischen zwei Evolutionstheorien unterscheiden muß: zwischen Evolution als solcher, von ihm als Transmutationstheorie bezeichnet, und Darwins Erklärungsmodell, der Theorie der natürlichen Auslese.

Weismanns Einstellung zur Evolution als solcher kam der des modernen Evolutionstheoretikers ziemlich nahe, für den Evolution nicht eine Theorie ist, sondern eine allgemein akzeptierte Tatsache. Die verschiedenen Schlußfolgerungen, zu denen die Evolutionsbiologie kommt, »dürfen«, so Weismann, »mit derselben Bestimmtheit« aufrechterhalten werden, »mit welcher die Astronomie behauptet, die Erde bewege sich um die Sonne, denn für die Gültigkeit eines Schlusses ist es gleich-

gültig, ob er durch Rechnung, oder sonstwie gefunden wird«
(1886: 2). Die Tatsache einer Evolution stand für Weismann so
unwiderlegbar fest, daß er sich in seinen nachfolgenden Schriften praktisch nie die Mühe machte, Fakten zur Untermauerung
der Evolution anzuführen, sondern sich statt dessen auf die
kausalen Aspekte des Evolutionsprozesses konzentrierte.

Weismann bejahte voller Begeisterung die Theorie der gemeinsamen Abstammung, obwohl die Konstruktion von Stammeslinien nie zu seinen Spezialgebieten zählte. Rückhaltlos un-
terschrieb er insbesondere die Theorie der Rekapitulation und
gründete seine Analyse der ontogenetischen Stadien der
Schmetterlingsraupen ganz auf dieses Prinzip. Daß Weismann
sich der relativen Unabhängigkeit evolutionärer Entwicklungen in der Ontogenese verschiedener Insektenordnungen bewußt war, zeigt sich daran, daß er auf die Gleichförmigkeit in
der Morphologie von erwachsenen Wespen und Fliegen hin-
wies und die zahlreichen im Larvenstadium festzustellenden
Spezialisierungen als sekundäre Anpassungen deutete. (Zu
einer eingehenderen Erörterung von Weismanns Ansichten
zur Rekapitulation siehe Gould 1977: 102 – 109)

Weismanns Kampf gegen den Antiselektionismus

Die bei weitem wichtigste Evolutionstheorie Darwins war die
natürliche Auslese. Sie versuchte, mit Hilfe materieller Ursachen zu begründen, was vorher einer übernatürlichen Ursache,
einem Plan zugeschrieben worden war. Diese Theorie war so
neuartig, so gewagt, daß anfangs nur einige wenige Biologen
sie übernahmen. Weismann war einer der wenigen; und
schließlich ging er, wie wir sehen werden, sogar noch weiter als
Darwin, indem er die »Allmacht« der natürlichen Auslese behauptete. Die meisten Evolutionstheoretiker in der Zeit nach
Darwin vertraten andere Theorien. Die drei gängigsten dieser
gegnerischen Theorien (Bowler 1983) waren (1) der Glaube an
eine innewohnende Triebkraft oder »phyletische Kraft«, die zu
einer Evolution durch »Orthogenese« führt; (2) Saltationsevo-

lution; (3) Lamarcksche Faktoren (Vererbung erworbener Merkmale; siehe unten).

In den sechziger und siebziger Jahren des 19. Jahrhunderts war die Idee, daß irgendeine teleologische, finalistische phyletische Kraft am Wirken sei, die wohl gängigste dieser drei Anschauungen, zumindest in Deutschland. Angesichts der Tatsache, daß einige der am meisten bewunderten Biologen – etwa von Baer, Naegeli und Kölliker, die Orthogenetiker Haacke und Eimer – und führende Philosophen – vor allem von Hartmann – sie übernommen hatten, meinte Weismann seinen Widerstand gegen die Annahme einer derartigen metaphysischen Kraft beharrlich betonen zu müssen, und er versuchte, sie durch immer neue Argumente zu widerlegen. Mit Rücksicht auf das Ansehen seiner Gegner entschied er sich dafür, diese Denkrichtung nicht lächerlich zu machen, sondern zu zeigen, daß sie seiner Ansicht nach nicht zu den bekannten Fakten stimmte. Er fragte, wie derlei innewohnende Kräfte etwa so raffinierte Muster wie bei Blätter nachahmenden Schmetterlingen hervorbringen könnten. Darüber hinaus müßte es möglich sein, sagte er, wenn es denn eine solche evolutionäre Triebkraft gebe, sie durch empirische Forschungen nachzuweisen. Dies war jedoch niemandem gelungen; vielmehr ließen sich alle evolutionären Veränderungen auf bekannte Transmutationsfaktoren, das heißt auf natürliche Auslese zurückführen (1882: 161).

Die zweite große antiselektionistische Theorie der Zeit nach Darwin war die der Entstehung neuer Typen durch große Sprünge. Diese These war dem evolutionären Gradualismus, einer der fünf Evolutionstheorien Darwins, diametral entgegengesetzt. Dieser Saltationismus wurde von Wissenschaftlern wie T. H. Huxley, Kölliker und anderen Zeitgenossen Darwins vertreten. Weismann wies die Möglichkeit eines sprunghaften evolutionären Wandels stets weit von sich (1882: 697). Interessanterweise nahm Weismann bereits 1882 und 1886 die einige Jahre später von Bateson (1894) und de Vries (1901) aufgestellten Behauptungen vorweg und versuchte, sie zu widerlegen. »Die plötzliche, sprungweise Umwandlung ist nicht denkbar, weil sie die Art existenzunfähig machen müßte« (1886: 16),

schrieb er; wenn man davon ausgeht, daß »der Thierkörper gewissermassen eine ungemein komplizirte Kombination von alten und neuen Anpassungen ist, dann würde es doch ein höchst
wunderbarer Zufall sein, wenn bei einer plötzlichen Abänderung zahlreicher Körpertheile diese sich alle gerade so abän-
derten, dass sie zusammen wieder ein Ganzes bildeten, welches
mit den veränderten äusseren Bedingungen genau stimmt«
(1886: 16–17). Schließlich und endlich ist man, wenn man
Organismen untersucht, erstaunt über die Genauigkeit und
Allgegenwart der Anpassungen.»Man [kann] diese unzähligen
Anpassungen unmöglich auf seltene, zufällig einmal vorkom-
mende Variationen beziehen. Die nöthigen Variationen, aus
denen Selection ihre Umwandlungen zusammensetzt, müssen
immer, und an vielen Individuen wieder und wieder sich dar-
bieten« (1892: 568). Als die Mutationstheorie von de Vries den
Höhepunkt ihrer Popularität erreichte, zeigte Weismann einmal mehr, wie äußerst unwahrscheinlich eine sprunghafte Evolution ist (1909: 22–24).

Weismann war stolz darauf behaupten zu können, »schärfer
als es Darwin gethan hat, dass die Veränderungen der Lebensbedingungen sowohl als die des Organismus in kleinsten Schritten erfolgen müssen, [das heißt] langsam« (1886: 16). Wenn
man bedenkt, daß Weismann zunächst einen Großteil des evolutionären Wandels auf Gebrauch und Nichtgebrauch zurück-
führte und später evolutionären Wandel mehr oder weniger
quantitativen Veränderungen einer großen Anzahl von Determinanten zuschrieb, leuchtet ein, weshalb er auf einem *allmählichen* evolutionären Wandel bestehen mußte. Nachdem de
Vries seine Mutationstheorie veröffentlicht hatte, behauptete
Weismann, eine Saltation des Phänotypus sei lediglich die
Sichtbarwerdung einer langen Reihe vorangegangener kleiner
genetischer Veränderungen (1904, 2: 119).

Weismanns Beweise für Selektion

Nachdem er alle anderen möglichen Ursachen für evolutionären Wandel widerlegt hatte, bekannte Weismann sich rückhaltlos zum Selektionismus. Schon in seiner allerersten Veröffentlichung zur Evolution (1868) zeigte er sich als überzeugter Selektionist. Er untermauerte seine Selektionstheorie durch verschiedene Beweisführungen. Angesichts der offenkundigen Untauglichkeit aller teleologischen und saltationistischen Evolutionstheorien bleibt einem, so Weismann, keine andere Wahl, als eine natürliche Auslese anzunehmen. Es gibt kein einziges Detail in der Struktur oder Physiologie eines Organismus, das nicht durch natürliche Auslese geformt worden wäre. Weismann war zweifellos der konsequenteste Selektionist des 19. Jahrhunderts.

Natürliche Auslese war das Hauptthema einer Reihe von Schriften, die Weismann in den siebziger und achtziger Jahren des 19. Jahrhunderts veröffentlichte und die sich mit der »Deszendenztheorie« befaßten. In seiner detaillierten Untersuchung der Zeichnung der Schmetterlingsraupen wandte er unmißverständlich das adaptationistische Programm an. Er fragte: »Hat die Zeichnung der Raupen irgendeinen biologischen Werth oder ist sie gewissermaßen nur ein Spiel der Natur? lässt sie sich demnach ganz oder theilweise durch Naturzüchtung entstanden denken oder hat Naturzüchtung keinen Antheil an ihr?« (1876: 85). Um diese Fragen beantworten zu können, entwickelte Weismann eine strenge Methodologie. Und er überprüfte seine Annahmen anhand sorgfältig durchgeführter Experimente, bei denen Raupen, die vor viele verschiedene Hintergründe plaziert worden waren, Vögeln und Eidechsen ausgesetzt wurden. Darüber hinaus versuchte Weismann stets zu bestimmen, ob es eine Korrelation zwischen Farbmerkmalen und charakteristischen Verhaltensweisen gab. Das Ergebnis dieser Untersuchungen war, daß er überreiches Beweismaterial fand, das für eine Selektion sprach. »Es ist gelungen, für jede der drei Haupt-Elemente der SphingidenZeichnung eine biologische Bedeutung nachzuweisen und dadurch ihre Entstehung durch Naturzüchtung wahrscheinlich zu machen« (1876: 131).

Wohin auch immer Weismann blickte, fand er Beweise für Selektion – nicht nur im Tierreich, sondern auch bei Pflanzen. Er untersuchte die adaptive Bedeutung der Form und Farbe von Blumen, die Darwin (für Orchideen) und zahlreiche andere, die sich mit der Biologie der Blumen befaßten (beginnend mit Sprengel), aufgezeigt hatten; die Äderung der Blätter und die zahlreichen Schutzmechanismen von Pflanzen gegen Pflanzenfresser. Weismann lieferte eine hervorragende Beschreibung der Anpassungen von Meeressäugetieren an das Leben im Wasser und zeigte, daß alle Unterschiede zwischen ihnen und landbewohnenden Säugetieren eindeutig Anpassungen sind (1886: 11).

Natürliche Auslese wird nicht nur beim Erwerb neuer Anpassungen wirksam, sondern auch bei der Beibehaltung bereits bestehender. Sobald der Selektionsdruck nachläßt, wie im Falle der Augen von höhlenbewohnenden Tieren, werden Individuen mit unvollkommenen Strukturen nicht mehr ausgemerzt: »Nach meiner Ansicht wird jedes Organ nur durch unausgesetzte Selection auf der Höhe seiner Ausbildung gehalten und sinkt unaufhaltsam, wenn auch überaus langsam von dieser Höhe herab, sobald es keinen Werth mehr für die Erhaltung der Art besitzt« (1893: 51). Ein solcher Verlust von Organen kann die Folge entweder eines Nachlassens des Selektionsdrucks zur Beibehaltung sein oder einer tatsächlichen Gegenselektion, die durch Konkurrenz um Gewebesubstrat ausgeübt wird. In seinen *Vorträgen* (1904 I: 36–170) lieferte Weismann besonders eindrucksvolle Belege für natürliche Auslese.

Weismann bekannte ohne zu zögern, daß er Panselektionist war. »Es gibt keinen Theil des Körpers, und sei es der kleinste und unbedeutendste, überhaupt kein Strukturverhältnis, das nicht entstanden wäre unter dem Einfluss der Lebensbedingungen« (1886: 10). Allerdings räumte er ein: »Das sind Ueberzeugungen – ich gebe es zu – keine absoluten Beweise.« In den achtziger Jahren waren experimentelle Beweise für die Macht der Selektion rar. Die Analogie zur künstlichen Selektion war wahrscheinlich nach wie vor der überzeugendste Beweis, denn, wie Weismann sagte, die Züchter hatten schon fast alle Ziele ihrer Selektion erreicht (1893: 59–60). Ansonsten ist das Ausschlußprinzip die beste Stütze für natürliche Auslese, ein Prinzip, welches die vorläufige Gültigkeit einer Theorie feststellt, wenn alle konkurrierenden Theorien widerlegt worden sind.

Nachdem Weismann überzeugter Selektionist geworden war, stellte er, wie vor ihm Darwin, fest, daß Auslese nicht notwendigerweise zu Vollkommenheit führt: »Kein Mechanismus in der Natur ist absolut vollkommen, nicht einmal das so schön gebaute Auge des Menschen. Alles ist nur so vollkommen, wie es sein muß, um das zu leisten, was es leisten soll.« Hier klingen ähnliche Äußerungen Darwins nach (1859: 201, 206).

In jüngster Zeit haben mehrere Autoren stolz die Entdeckung von Einschränkungen gegenüber dem Wirken natürlicher Auslese verkündet. Weismann war sich der Rolle von Einschränkungen in der Entwicklung bereits vor mehr als hundert Jahren bewußt – ein Zeichen für sein tiefes Verständnis des evolutionären Prozesses. Die physische Beschaffenheit einer jeden Art beschränkt das Wirken natürlicher Auslese, »da sie dem Verlauf der Entwicklung Schranken setzt, wie breit letztere auch angelegt sein mag« (1882: 113–114). Diese Einschränkungen der Entwicklung sind der Grund dafür, »dass die Organismenwelt in ihrer Entfaltung häufig längere oder kürzere Zeiträume hindurch bestimmte Entwicklungsrichtungen einhält« (1886: 7).

Die Frage nach dem Zielobjekt der Selektion beschäftigte Weismann sein Leben lang. Anfangs folgte er Darwin, indem er nur eine einzige Ebene der Auslese anerkannte; offenbar hielt er das Individuum als Ganzes für das Zielobjekt der Selektion. Er faßte den Genotypus als ganzheitliches System auf, dessen einzelne Bestandteile nicht willkürlich ausgetauscht oder ersetzt werden konnten. Inwieweit Weismann diese ganzheitliche Betrachtungsweise aufgab, nachdem er seine komplexen Theorien zur Struktur des Genotypus und sein Postulat von drei Ebenen der Selektion entwickelt hatte, ist noch nicht geklärt.

Was sexuelle Auslese betrifft, so war Weismann zunächst recht enthusiastisch, und 1872 schrieb er viele Unterschiede zwischen den Geschlechtern, selbst bei Insekten, sexueller Auslese zu (1872: 60); er ahnte sogar, daß diese Theorie viel umfassender angewandt werden sollte. Weismann sah ganz klar, daß sexuelle Auslese bestimmten Individuen einen Vorteil verschafft, und er stellte fest, daß die Triebkraft sexueller Auslese nicht die äußere Umwelt ist, sondern eher die Vorlieben der Individuen bei ihrer Partnerwahl. Durch sexuelle Auslese erworbene Merkmale bieten keinerlei Vorteil im täglichen Kampf ums Überleben (1872: 62).

Zehn Jahre später (1882: 101–102) war Weismann sich über die Ursache von sexuellem Dimorphismus nicht mehr so sicher. Zwanzig Jahre später schloß er sich wieder ganz der Auffassung Darwins an. Ein ganzes Kapitel seiner *Vorträge* (1904, Kapitel 2) widmete er der sexuellen Auslese; er übernahm endgültig das Prinzip der Weibchenwahl und versuchte, alle Einwände von Wallace zu widerlegen.

Die nun folgende Geschichte der Einschätzung der sexuellen Auslese war ein ständiges Auf und Ab. Als die mathematischen Populationsgenetiker erklärten, das einzelne Gen sei die Selektionseinheit, und Eignung als den Beitrag dieser Gene zum Genpool der nächsten Generation definierten, blieb für sexuelle Auslese kaum mehr Raum. Diese Auffassung war charakteristisch für die Zeit von den zwanziger bis in die sechziger Jahre des 20. Jahrhunderts. In den letzten zwei Jahrzehnten rückte die sexuelle Auslese wieder mehr in den Vordergrund; man erkannte, daß das Individuum als Ganzes das hauptsächliche Zielobjekt der Selektion ist und daß ein solches Individuum aufgrund von Merkmalen, die nicht zu seiner allgemeinen Eignung beitragen, einen Fortpflanzungsvorteil haben kann. Dieser Punkt ist zu einem der wichtigsten Anliegen der Soziobiologie geworden.

Ablehnung der Vererbung erworbener Merkmale

Als Weismann 1882 zu dem Schluß kam, daß die Theorie einer Vererbung erworbener Merkmale unhaltbar ist, mußte er nach einer neuen Quelle genetischer Variation suchen; aus diesem Grund widmete er sich in der zweiten Forschungsperiode vornehmlich genetischen Studien. Er stellte sogar ausdrücklich fest, daß seine Theorie der Vererbung »mir gewissermaßen nur Mittel zu einem höheren Zweck gewesen war, ein Unterbau zum Verständnis der Umwandlungen der Lebensformen im Laufe der Zeiten« (1904: III). Von Anfang an war Weismann der Auffassung, daß Variation eine unabdingbare Voraussetzung für das Wirken natürlicher Auslese ist. Variation war kein Problem für ihn, denn damals glaubte er an eine Entstehung der Umformungen durch direktes Einwirken äußerer Lebensbedingungen (1882: 682). Es gibt wahrscheinlich keinen anderen Evolutionstheoretiker, den die Historiker gemeinhin als derart extremen Selektionisten eingestuft haben wie Weismann. Daher wird es sie sehr überraschen zu hören, daß Weismann, wie Darwin, zumindest bis 1881 an eine Vererbung erworbener Merkmale glaubte. Er glaubte nicht nur an die erbliche Auswirkung von Gebrauch und Nichtgebrauch, er stellte auch noch im November 1881 fest, daß der verändernde Einfluß direkten Einwirkens, wie ihn Lamarck vertritt, keineswegs in Frage gestellt werden kann, obwohl sein Ausmaß noch nicht mit einiger Gewißheit einzuschätzen sei (1882: XVIII). (Weismanns Bekehrung zur »harten« Vererbung muß zwischen 1881 und 1883 erfolgt sein. Zumindest in drei Aussagen in seinem auf November 1881 datierten Vorwort zur englischen Ausgabe seiner *Studien zur Descendenz-Theorie*, die 1882 erschien, vertrat er nach wie vor eine Vererbung erworbener Merkmale. In dieser Ausgabe fügte Weismann eine Reihe von Anmerkungen zu verschiedenen Themen hinzu, machte jedoch keine Abstriche an den stark von Lamarck geprägten Aussagen des ursprünglichen deutschen Textes.) Daß Variation eine unerläßliche Komponente des Prozesses natürlicher Auslese ist, davon blieb Weismann fest überzeugt, auch nachdem er hinsichtlich der Verursachung solcher Variation seine Ansicht von Grund auf geändert hatte. Noch 1893 sprach er von Variation als einem »Hauptfactor der Selection« (1893: 54).

In allen seinen vor 1882 verfaßten Schriften zur Evolution war die Vererbung erworbener Merkmale für Weismann die Hauptquelle von Variation. Später räumte er ein: »Ich selbst war vor 25 Jahren noch der Ansicht, dass ausser der primären Variation und deren Häufung und Ordnung durch Naturzüchtung auch noch die vererbten Wirkungen von Gebrauch und Nichtgebrauch eine nicht unerhebliche Rolle spielten« (1893: 42–43). In der Tat findet man in Weismanns Veröffentlichungen vor 1883 zahlreiche Äußerungen darüber, wie die Umwelt die Veränderung und Vererbung bei Organismen beeinflussen könnte (Churchill 1968; Blacher 1982). Weismann stellte sich vor, Arten und Populationen machten gelegentliche Perioden stark erhöhter Variation durch und, wenn Teile einer Population während einer solchen Periode isoliert wären, würde ein von ihm als »Amphimixis« bezeichneter Prozeß zu Unterschieden führen. Einige von Weismanns Beschreibungen klingen wie das, was man später als »genetische Drift« bezeichnete.

Ich möchte betonen, da dies oft mißverstanden wurde, daß es keinen wirklichen Widerspruch zwischen dem Glauben an Selektion und dem Glauben an eine Vererbung erworbener Merkmale gab – weder für Darwin noch für Weismann. Beide glaubten von Anfang an an die überragende Bedeutung der natürlichen Auslese als den für das Entstehen von Anpassung verantwortlichen Mechanismus, aber sie mußten unbedingt einen Mechanismus finden, der die für das Wirken natürlicher Auslese erforderliche Variation erzeugte. Es war die Aufgabe der Vererbung erworbener Merkmale, zumindest für einen Teil dieser Verschiedenartigkeit zu sorgen. Es ist verständlich, daß beide Wissenschaftler sich dieses Faktors bedienten, denn der Glaube an eine Vererbung erworbener Merkmale war bis zu Beginn der achtziger Jahre praktisch Allgemeingut. Dies galt für volkstümliche Vorstellungen ebenso wie für die Wissenschaft. Die wenigen Zweifler (Galton, vielleicht His) waren Rufer in der Wüste, die nicht gehört wurden.

Angesichts Weismanns wiederholter lamarckistischer Äußerungen nimmt es wunder, wie rückhaltlos er sich in seinem Vor-
trag von 1883, »Über die Vererbung«, vom Lamarckismus ab-
wandte. Seine Widerlegung der Lamarckschen Behauptungen
ist so umfassend und seine darwinistische Deutung der zahlreichen Fälle, die er vorher als Beweise für eine Vererbung erworbener Merkmale zitiert hatte, ist so gut durchdacht, daß man
sich fast zu dem Schluß gezwungen sieht, Weismann habe
schon viele Jahre lang über dieses Problem nachgedacht. Trotz
ihres Titels entwickelte er in dieser Abhandlung von 1883 keine
Theorie der Vererbung, sondern widmete sie fast ausschließlich der Widerlegung einer Vererbung erworbener Merkmale.
Seine Strategie war der Darwins, als dieser den Kreationismus
widerlegte, bemerkenswert ähnlich: Weismann griff einen Fall
nach dem anderen auf, der nicht durch »Gebrauch und Nichtgebrauch« und anderer Lamarckscher Mechanismen erklärt
werden konnte. Wie können die zahlreichen speziellen Anpassungen der Arbeiter und Soldaten der Ameisen durch
Gebrauch vererbt werden, wenn diese Kasten sich nicht fortpflanzen? Wie können Gewohnheiten durch Gebrauch zu In-
stinkten werden, wenn ein spezieller Instinkt nur einmal im
gesamten Leben des Individuums zum Tragen kommt, wie es
so oft bei Fortpflanzungsinstinkten der Insekten der Fall ist?
Wie kann die äußere Struktur von Insekten durch Gebrauch
und Nichtgebrauch modifiziert werden, wenn das Chitinskelett
während des Puppenstadiums angelegt wird und sich anschließend nicht mehr verändert? Für einen modernen Biologen, der
von der Unmöglichkeit einer Vererbung erworbener Merkmale fest überzeugt ist, scheinen Weismanns Argumente äußerst überzeugend. Aber zu Weismanns Zeit war der Glaube
an das Lamarcksche Prinzip so tief verwurzelt, daß nur eine
Minderheit sich bekehren ließ. Gebrauch und Nichtgebrauch
schienen eine weit überzeugendere Erklärung für den Verlust
von Extremitäten bei Schlangen oder der Augen bei höhlenbewohnenden Tieren zu sein. Erst im Rahmen der evolutionären
Synthese in den vierziger Jahren unseres Jahrhunderts nahmen
die Biologen mehr oder weniger alle einen bedingungslosen Se-

lektionismus an; aber die endgültige Widerlegung des Prinzips der Vererbung erworbener Merkmale gelang erst in den fünfziger Jahren mit Hilfe des sogenannten zentralen Dogmas der Molekularbiologie, laut dem keine in den Eigenschaften der Körperproteine enthaltene Information auf die Nukleinsäuren übertragen werden kann.

Weismanns Strategie war es zu zeigen, daß nicht nur eine Vererbung erworbener Merkmale auf ungeheure Schwierigkeiten stieß, sondern daß auch die zu ihren Gunsten zitierten Fälle ganz gut mit der Theorie der natürlichen Auslese erklärt werden konnten. Eine Struktur, die im Leben eines Individuums oft gebraucht wird, ist natürlich entsprechend starken Selektionskräften ausgesetzt. Wenn dieses Organ bei einem bestimmten Individuum minderwertig ist, dann ist sein Besitzer bei seinem Kampf ums Dasein benachteiligt. Daher beruht »die Steigerung eines Organs im Laufe der Generationen nicht auf einer Summirung der Uebungsresultate des Einzellebens, sondern auf der Summirung günstiger Keimesanlagen« (1883: 26).

Wiederholt stellte Weismann fest, er neige dazu, das Prinzip Auslese noch viel konsequenter anzuwenden als Darwin selber. Die Tatsache, daß bei Enten und anderen domestizierten Geflügelarten die Flügel etwas degeneriert, die Beine dagegen kräftiger ausgebildet sind als bei ihren wilden Vorfahren, wurde von Darwin als Ergebnis von Gebrauch und Nichtgebrauch erklärt. Weismann wies ganz zu Recht darauf hin, daß man dies durch die Annahme, daß natürliche Auslese die Ursache für diese Veränderung in den Proportionen war, sogar noch besser erklären kann.

Es entbehrt nicht einer gewissen Ironie, daß in der gegenwärtigen Literatur zur Evolution natürliche Auslese nicht so sehr wegen ihres Unvermögens, bestimmte Anpassungen oder andere evolutionäre Entwicklungen zu erklären, angegriffen wird, sondern weil sie ein derart erfolgreiches Prinzip ist, mit dem man alles erklären könnte; daher sei es, um sich der Sprache Karl Poppers zu bedienen, unmöglich, irgendeine auf dem Prinzip natürlicher Auslese fußende evolutionäre Erklärung zu widerlegen. Zu Weismanns Zeit war die Situation eine ganz andere: Man war noch nicht gewohnt, in Begriffen der natürlichen Auslese zu denken, und es war viel bequemer, evolutionäre Entwicklungen mit Hilfe einer Vererbung erworbener Merkmale zu erklären.

Weismann war Mitte Vierzig, als er sich vom Lamarckismus ab- und einem kompromißlosen Selektionismus zuwandte. Eine wichtige Rolle spielte bei dieser Kehrtwendung zweifellos seine eigene Beobachtung – sowie die verschiedener Zytologen und Embryologen –, daß bei verschiedenen Invertebratentypen die zukünftigen Keimzellen nach den ersten mitotischen Teilungen des sich entwickelnden Embryos beiseite gestellt werden und keinerlei physiologische Verbindung mehr mit den Körperzellen haben (Churchill 1985).

Diese Beobachtung brachte Weismann 1885 auf seine Theorie der »Continuität des Keimplasmas«. Sie besagt: Die »Keimbahn« ist von Anfang an von der Körper(Soma-)-Bahn getrennt, und daher kann nichts, was mit dem Soma geschieht, den Keimzellen und ihren Kernen vermittelt werden. In dieser frühen Theorie bestand die Trennung zwischen Keimzellen und Körperzellen. Obgleich eine solche Trennung bei bestimmten Organismen während der ersten Zellteilungen der Entwicklung auftreten kann, sind bei der Mehrzahl der Organismen (vor allem bei Pflanzen) viele, wenn nicht sogar die meisten somatischen Gewebe in der Lage, Keimzellen zu produzieren. Aus diesem Grund ersetzte Weismann in seinen späteren Veröffentlichungen Keimzellen durch Keimplasma. Die strikte Trennung, die wir mittlerweile zwischen dem DNS-Programm des Kerns und den Proteinen im Zytoplasma einer jeden Zelle vornehmen, spiegelt Weismanns frühe Einsicht wider (Churchill 1985).

Weismanns Schlußfolgerung, das Keimmaterial sei etwas ganz anderes als die Körpersubstanz und »dass die Differenzierung der Körperzellen nicht erst von ihnen selbst erworben ist, sondern dass sie vorbereitet wurde durch Veränderungen in der Molekülarstruktur der Keimzelle« (1883: 14), ist völlig zutreffend.

Weismann kam der Vorstellung eines genetischen Programms ziemlich nahe, als er sagte, daß wir die richtigen Schlußfolgerungen hinsichtlich Entwicklung ziehen werden, »wenn wir alle im Laufe der Ontogenese eintretenden Differenzirungen von der chemischen und physikalischen Molekulärstruktur der Keimzelle abhängig denken« (1883: 18).

Die Bedeutung des Geschlechts und der genetischen Rekombination

Die Widerlegung einer Vererbung erworbener Merkmale hinterließ anscheinend eine große Lücke in der Evolutionstheorie. Weismann war vollkommen klar, daß er einen neuen Mechanismus für die Erzeugung genetischer Variation finden mußte. Er schlug folgende Lösung vor: »Ich glaube, daß (die Wurzel) zu suchen ist in der Form der... sexuellen, oder... amphigonen Fortpflanzung... Es werden also bei der amphigonen Fortpflanzung zwei Vererbungstendenzen gewissermassen miteinander gemischt. In dieser Vermischung sehe ich die Ursache der erblichen individuellen Charaktere und in der Herstellung dieser Charaktere die Aufgabe der amphigonen Fortpflanzung« (1886: 28). In der Tat erkannte er, daß dieser Prozeß der genetischen Rekombination durch sexuelle Fortpflanzung einer der wichtigsten Prozesse in der Evolution ist, und er widmete ihm eine lange Abhandlung.

Seine Schlußfolgerung stand in völligem Gegensatz zu den herrschenden Ideen. Da man um 1880 weitgehend von einer Mischvererbung ausging – selbst Darwin (Mayr 1982: 779–781), der gleichzeitig an eine partikuläre Vererbung glaubte –, war man der Ansicht, daß sexuelle Reproduktion für die Gleichförmigkeit der Arten sorgte. Weismann konnte derlei revolutionäre Behauptungen aufstellen, weil van Benedens (1883) und anderer Zytologen herausgefunden hatten, daß mütterliche und väterliche Chromosomen während der Befruchtung nicht verschmelzen, sondern lediglich die Diploidie der Zygote wiederherstellen. Sexuelle Reproduktion führt also nicht zu einer Homogenisierung der elterlichen Merkmale, sondern zu ihrer Neuverteilung. Genetische Rekombination kann daher in Verbindung mit natürlicher Auslese vorher getrennte und unabhängige Merkmale miteinander verbinden, die den Selektionswert ihrer Träger erheblich verbessern. Weismanns Aussagen zum Ursprung der Sexualität blieben vage, wenn sie nicht sogar teleologisch waren.

In einem erheblichen Maße war sich Weismann auch der Nachteile der Sexualität bewußt. So beschreibt er den eindeutigen Vorteil einer zeitweisen Aufgabe der sexuellen Reproduktion, der es bestimmten Tieren wie »Blattläusen und niederen Krustern« erlaubt, »in gegebener Zeit eine ungleich stärkere Vermehrung der Individuenzahl« zu erreichen (1886: 56). Allerdings ist dies nur für begrenzte Zeit von Vorteil – eine Schlußfolgerung, die, so Weismann, durch die Tatsache bestätigt wird, daß »wir... nirgends ganzen Gruppen von Arten oder Gattungen [begegnen], die sich rein parthogenetisch fortpflanzten« (1886: 58). Diese Aussage trifft zwar nicht mehr im wortwörtlichen Sinne zu, aber wir kennen nur ein höheres Taxon von Tieren, bei dem alle Arten asexuell sind, nämlich die Doppelrädertierchen. Alle anderen sich ausschließlich asexuell fortpflanzenden Tiergruppen scheinen früher oder später auszusterben.

Die überwältigende Bedeutung der genetischen Rekombination wurde von den meisten Mendelisten aufgrund ihrer ausgeprägt reduktionistischen Einstellung fast völlig übergangen. Die allgemeine Anerkennung der Rekombination im evolutionären Prozeß ließ bis zur evolutionären Synthese auf sich warten. Vor allem bei jenen mathematischen Populationsgenetikern, die das Gen als Zielobjekt der Evolution betonten, dauerte es lange, bis sie die Rolle der Rekombination voll würdigten. Heute ist offenkundig, daß in der Evolution nicht so sehr allelische Wechselwirkungen von besonderer Bedeutung sind, sondern vielmehr Wechselwirkungen zwischen verschiedenen Loci und verschiedenen Chromosomen, die sich durch genetische Rekombination ständig ändern. Weismanns (1891) Eintreten für die Amphimixis, wie er sie nannte, ist einer der wichtigsten Beiträge zur Evolutionsbiologie. Obwohl seine Erklärung der evolutionären Bedeutung sexueller Reproduktion in den letzten Jahren von einer Reihe von Autoren in Frage gestellt wurde, hat man hinsichtlich einer möglichen Alternative noch keine Übereinstimmung erzielt.

Die Quelle neuer genetischer Variation

Die Vermengung der genetischen Faktoren beider Elternteile führt in jeder Generation zu einem nahezu unbegrenzten Nachschub an genetisch neuen Individuen; dieser Prozeß besteht jedoch lediglich aus der Vermischung bereits bestehender Varianten. Die Entstehung ganz neuer genetischer Faktoren bleibt ungeklärt. Der Ursprung echter genetischer Neuerungen wurde zu einem grundlegenden Problem für jeden, der eine Vererbung erworbener Charaktere, das heißt eine Übertragung neuer somatischer Merkmale auf das Keimplasma, ablehnte. Weismann war sich der Bedeutung dieses Problems voll bewußt und schlug sich von 1882 bis weit in die neunziger Jahre damit herum. Wiederholt stellte er fest, daß Organismen normalerweise nur genaue Kopien von sich selber hervorbrächten (1882: 679, 682). Darüber hinaus muß natürliche Auslese den Nachschub an genetischen Varianten, die aufgrund einer Rekombination zur Verfügung stehen, notwendig irgendwann einmal erschöpfen. Weismann war also gezwungen, mit einer neuen Lösung aufzuwarten, aber dafür war er schlecht gerüstet (Mayr 1988).

Was die Quelle genetischer Variation betraf, war sein Denken völlig von einem mechanistischen Verursachungsprinzip beherrscht. Als Weismann vor 1883 seinen Glauben an eine Vererbung erworbener Merkmale aufgab, mußte er eine ganz neue Erklärung für die Entstehung genetischer Variation finden. Damals war er in einen Streit mit Naegeli, Kölliker, Eimer und anderen um die Existenz innerer Triebkräfte der Evolution verwickelt und daher nicht in der Lage, einen Prozeß anzunehmen, wie wir ihn jetzt als »spontane Mutation« bezeichnen.

Hätten nicht innere Kräfte einen derartigen Prozeß verursachen müssen? Dies würde dem die Tür öffnen, was er »metaphysische Prinzipien« nannte. Er wollte alles »mechanisch« erklären; sein Mechanikbegriff war ganz klassisch und ging von dem direkten Einwirken sichtbarer Kräfte wie des Klimas, der Ernährung und ähnlichem aus. Statt dessen postulierte er eine Reihe anderer Prozesse in der Keimbahn, von denen sich keiner als richtig erwies. Letztlich gründeten alle diese Erklärungen auf der Idee vielfacher Kopien genetischer Determinanten im Keimplasma und auf quantitativen Verschiebungen in der relativen Anzahl dieser verschiedenen Elemente.

Die von Herbert Spencer und anderen Neolamarckisten mit allem Nachdruck vertretenen Behauptungen, zufällige Variation reiche nicht aus, um das erforderliche Material für das Wirken natürlicher Auslese zu liefern, hinterließen ihre Spuren in Weismanns Denken. Er stimmte schließlich den Lamarckisten soweit zu, daß eine einfache darwinistische Selektion von Individuen nicht alle Phänomene der Evolution zu erklären vermag (1896: 59), wie beispielsweise die ständige Rückbildung verkümmerter Organe (1896: 24). Zu guter Letzt räumte Weismann ein, daß Zufall allein nicht die richtige Variation in der richtigen Art zur richtigen Zeit hervorbringen könne. Wenn vollkommene Anpassung erreicht wird, »kann von Zufall nicht die Rede sein, da müssen die der Personen-Zuchtwahl sich darbietenden Variationen selbst schon durch das Princip des «Ueberdauerns des Zweckmässigen [im Keim] hervorgerufen worden sein!« (1896: 46). Und dies brachte ihn zu seiner Hypothese der »Germinal-Selection«.

Hier ist nicht der Ort, die logische Grundlage von Weismanns Theorie der Vererbung zu analysieren, aber einer ihrer Aspekte muß erwähnt werden, da er Weismanns Evolutionsdenken entscheidend beeinflußte. Unter dem die Wissenschaft im 19. Jahrhundert beherrschenden Einfluß des Physikalismus wurde Qualität als unwissenschaftlicher Begriff betrachtet. Scheinbar qualitative Unterschiede in der Evolution mußten in quantitative umgewandelt werden. Und genau dies, so glaubte Weismann, könnte seine Theorie der Vererbung leisten. Sie erlaubte ihm zu zeigen, daß »alle Variationen in letzter Instanz quantitative sind, daß sie auf Ab- oder Zunahme der lebenden Teilchen oder ihrer Konstituenten, der Moleküle beruhen« (1904 II: 128). Diese Veränderungen treten nicht spontan auf, sondern sind immer durch äußere Faktoren, entweder durch die unterschiedliche Ernährung verschiedener Determinanten innerhalb des Keimplasmas oder durch die Umwelt, verursacht.

Weismann fiel offenbar nie auf, daß seine Theorie, ungeachtet der Terminologie, keine Selektionstheorie mehr war. Vielmehr kam sie der Geoffroyschen Vorstellung der direkten Keimbeeinflussung durch die Umwelt gefährlich nahe. Obgleich Weismann auch weiterhin jede Befähigung des Somas (Phänotypus) zur Beeinflussung des Keimplasmas mit allem Nachdruck leugnete, ließ er in seiner Theorie der induzierten Keimselektion eine unmittelbare Auswirkung der Umwelt auf das Keimplasma zu.

Die wesentliche Komponente einer jeden Vererbungstheorie ist das Beharren auf der grundsätzlichen Unveränderlichkeit des genetischen Materials. Die Theorie der Keimselektion wich jedoch von der Konstanz der zugrundeliegenden genetischen Elemente ab. Es hat den Anschein, daß Weismann sich zu dieser Sinnesänderung gezwungen sah, als verschiedene Lamarckisten behaupteten, wenn man die Puppen bestimmter Schmetterlinge Hitze- oder Kälteschocks aussetze, dann ändere sich nicht nur die Färbung der ausschlüpfenden Schmetterlinge, sondern auch die einiger ihrer Nachkommen, obwohl diese keiner solchen Behandlung ausgesetzt waren (1904, 2: 230–231). Heute weiß man, daß diese Ergebnisse auf fehlerhaften Experimenten beruhten; es ist eine Ironie des Schicksals, daß sie Weismann dazu brachten, induzierte Keimselektion anzunehmen und damit unnötigerweise die Folgerichtigkeit seiner Vererbungstheorie zu untergraben. Man sollte hier daran denken, daß Darwin seine unglückselige Theorie der Pangenese ebenso überflüssigerweise aufstellte; war sie doch ausdrücklich dazu gedacht, die Wirkungen von Gebrauch und Nichtgebrauch zu erklären. Schon ein Jahr nach Darwins Tod erwies sich das als entbehrlich (Weismann 1883).

Weismanns Theorie der Keimselektion war voller innerer Widersprüche und wurde von seinen Zeitgenossen fast einmütig verworfen; dennoch verteidigte er sie noch 1909 (S. 36–37) und erneut in der dritten Ausgabe seiner *Vorträge* (1910). Zu diesem Zeitpunkt waren alle denkbaren Argumente, die sie hätten untermauern können, mit der Anerkennung der Mendelschen Vererbung hinweggefegt worden. Diese enthielt wichtige begriffliche Veränderungen; unter anderem bejahte sie spontane Mutationen und qualitative genetische Veränderungen.

Trotz der bösartigen Angriffe von Driesch und anderen experimenteller Zoologen bewahrte sich Weismann sein Leben lang einen unerschütterlichen Glauben an die natürliche Auslese Darwins. Als man 1909 den fünfzigsten Jahrestag der *Entstehung der Arten* feierte, veröffentlichte Weismann eine eindrucksvolle Grundsatzerklärung über die Macht der natürlichen Auslese. Eine solche Erklärung erforderte beträchtliche Zuversicht und Mut, denn zu jener Zeit war die Theorie der natürlichen Auslese dank der Angriffe von de Vries, Bateson, Johannsen und anderen Mendelisten auf dem Tiefpunkt ihrer Anerkennung bei Wissenschaftlern angelangt.

Die Ideen Weismanns: ein Vermächtnis

Kein anderer Biologe im 19. Jahrhundert hat nach Darwin einen so großen Einfluß auf die Evolutionstheorie ausgeübt wie Weismann, daran besteht kaum ein Zweifel. Daß er diese Rolle übernehmen konnte, verdankte er einem Zusammenwirken verschiedener Eigenschaften. Einerseits verfügte er über einen ungeheuer scharfen analytischen Verstand; er konnte Schritt für Schritt eine logische Beweisführung aufbauen. Andererseits fiel es ihm, wie Darwin, sehr leicht, Hypothesen aufzustellen. Dies wurde im 19. Jahrhundert keineswegs geschätzt; und wie Darwins wurden auch Weismanns »Spekulationen« verlacht. Wenn man bedenkt, wie wenig über Vererbung bekannt war, würden auch einem modernen Biologen manche Spekulationen Weismanns allzu gewagt erscheinen, obwohl er heutzutage ständig ermutigt wird, Modelle zu konstruieren. Liest man die Angriffe von Oscar Hertwig, Wolff, Driesch und anderen, wird einem klar, wie sehr Weismanns Theorien seine Zeitgenossen verstört haben.

Was Weismann tat, das tat er aus gutem Grund. Er war sich der geistigen Dürftigkeit des damals in Deutschland vorherrschenden Induktionismus bewußt. »Die Zeit ist vorüber, in der man glaubte, durch das bloße Sammeln von Tatsachen die Wissenschaft vorwärts zu bringen« (1866: 65). Gewiß, für Weismann war sie vorüber, aber bei den meisten seiner Zeitgenossen war diese Botschaft noch nicht angekommen. Ehe Darwin, Haeckel, Weismann und einige andere Theoretiker damit begonnen hatten, ein begriffliches System der Biologie zu entwickeln, hatte, so Weismann (1882: XV), die Untersuchung bloßer Details einen Zustand intellektueller Kurzsichtigkeit herbeigeführt: Man interessierte sich nur für das, was man unmittelbar vor Augen hatte. Zwar wurden große Mengen detaillierter Fakten angehäuft, aber es fehlte das geistige Band, das sie verbinden sollte. Weismann wurde nicht müde zu betonen, daß seine Hypothesen nicht die letzte Wahrheit waren, sondern heuristische Hilfsmittel. Von einer seiner Theorien sagte er: »Sollte aber auch diese Theorie später wieder verlassen werden müssen, so scheint sie mir doch für jetzt als ein notwendiger Durchgangspunkt unserer Erkenntnis, sie musste aufgestellt und sie muss durchgearbeitet werden, mag die Zukunft sie nun als richtig oder als falsch erweisen« (1892a: 207). Dies ist eine eindeutige Stellungnahme zu seiner hypothetisch-deduktiven Wissenschaftsphilosophie.

Um es zusammenzufassen: Weismanns wichtigste Beiträge zum biologischen Denken waren:

(1) *Verteidigung der natürlichen Auslese.* Von etwa 1890 bis 1910 wurde Darwins Theorie in einem solchen Ausmaß von verschiedenen gegnerischen Theorien bedroht, daß sie Gefahr lief unterzugehen. Weismanns unbeirrtes Eintreten für die natürliche Auslese in jener Zeit stellte einen wichtigen Beitrag zum Hochkommen eines gestärkten Darwinismus dar. Weis-

mann half eine Methodologie zur Analyse natürlicher Auslese zu entwickeln, indem er zeigte, daß sie Voraussagen erlaubt, die, falls natürliche Auslese in der Tat eine Rolle spielte, bestätigt würden. Er zeigte, daß die Verkümmerung oder der Verlust von Strukturen – ein Phänomen, an dem einige seiner Zeitgenossen herumrätselten – mit einem Nachlassen des Selektionsdrucks erklärt werden konnte.

Weismann war einer der ersten, der Selektion und Umwelteinflüsse experimentell überprüfte. Beispielsweise setzte er Raupen verschiedener Färbung auf verschieden gefärbten Substraten möglichen Räubern aus. Bei anderen Experimenten testete er die Auswirkung der Temperatur, bei der die Puppen gehalten wurden, auf die Farbe von Schmetterlingen.

Vielleicht noch wirkungsvoller als seine Beweise zugunsten natürlicher Auslese waren seine Argumente gegen Orthogenese, Saltationismus und Lamarckismus, die drei mit der Selektionstheorie konkurrierenden Theorien (Bowler 1983). Besonders überzeugend war seine Beweisführung zugunsten des Gradualismus evolutionären Wandels.

(2) *Widerlegung der Theorie der Vererbung erworbener Merkmale.* Durch seine umfassende Zurückweisung einer Vererbung erworbener Eigenschaften begründete Weismann eine neue Version des Darwinismus. Mit Weismanns Angriff 1883 verlor die Vererbung erworbener Merkmale ihre Glaubwürdigkeit. Weismann untermauerte seinen Standpunkt mit dreierlei Beweisen: es gibt keinen zytologischen Mechanismus, der eine solche Übertragung vom Soma auf das Keimplasma bewirken könnte; es gibt viele Anpassungen, die auf dem Weg einer solchen Vererbung nicht hätten erworben werden können (etwa die Soldatenkasten bei Ameisen und Termiten); und alle angeblichen Fälle einer Vererbung erworbener Eigenschaften lassen sich durch Selektion erklären. Obwohl er sich im Detail gelegentlich irrte, hatte er im Prinzip recht, und der grundlegende Weismannsche Gedanke ist jetzt im sogenannten zentralen Dogma der Molekularbiologie formuliert.

(3) *Durchsetzung der partikulären Vererbung.* Gäbe es eine Mischvererbung (auf der Ebene der Gene), dann gälten ganz

andere genetische Gesetze (Galton) als im Fall partikulärer Vererbung. Wenn jeder Akt der Befruchtung (Zygotenbildung) aus einer Neuverteilung (und nicht Verschmelzung) der mütterlichen und väterlichen Genome besteht, so muß dies darüber hinaus, so die Hypothese Weismanns, durch eine Reduktionsteilung ausgeglichen werden (Churchill 1968; 1979; Farley 1982). Diese Postulate legten den Grund zur Mendelschen Genetik (wie Correns unmißverständlich festgestellt hat), und die Mendelsche Genetik bestätigte ihrerseits die Gültigkeit von Weismanns Theorien.

(4) *Anerkennung der Bedeutung sexueller Reproduktion als einer Quelle genetischer Variation.* Die Bedeutung der genetischen Rekombination hängt davon ab, daß Vererbung partikulär ist. Weismann erkannte als erster die umfassende Bedeutung sexueller Fortpflanzung als eines Mechanismus zur Erzeugung nahezu unbegrenzter genetischer Rekombination (Churchill 1979). Obwohl dieser Faktor in der Blütezeit des Mendelismus, als vor allem von Mutationen die Rede war, ziemlich vernachlässigt wurde, wurde er ab 1930 wieder aufgegriffen. Weismann war, wie die modernen Evolutionstheoretiker, ein treuer Anhänger Darwins, für den ebenfalls das Individuum das Zielobjekt der Selektion war. Natürliche Auslese könne nichts ausrichten, gebe es nicht einen unerschöpflichen Vorrat genetischer Variation in Form einzigartig verschiedener Individuen.

(5) *Einschränkungen der natürlichen Auslese.* Wie oben erörtert, betonte Weismann mit allem Nachdruck, daß es starke Entwicklungs- und andere Einschränkungen gibt, die der Macht der natürlichen Auslese entgegenwirken.

(6) *Mosaikevolution.* Immer wieder betonte Weismann, nicht nur verschiedene Komponenten des Phänotypus, sondern auch verschiedene Stadien im Lebenszyklus varriieren hinsichtlich ihrer Evolutionsrate. Bei Schmetterlingen zum Beispiel entwickeln sich die Raupen oft schneller und entlang völlig anderer Entwicklungslinien als die Imagines (1882: 432). Infolgedessen ist eine auf den Larveneigenschaften beruhende Klassifizierung durchaus nicht die gleiche wie eine Klassifizie-

rung nach den Imagines. Weismann listet für zahlreiche Insektengruppen Beispiele von Mosaikevolution auf (1882: 481–501). In den meisten Fällen ist sie die Folge spezieller Anpassungen des Larvenstadiums. In der Tat liefert Weismann eine lange Liste von evolutionären »Unstimmigkeiten«, die er entdeckte, als er die Larven- und Erwachsenenstadien mit den einander entsprechenden Stadien näher oder weiter verwandter höherer Taxa verglich (1882: 502–519).

(7) *Zusammenhalt des Genotypus.* Wiederholt stellte Weismann fest, daß es trotz Mosaikevolution Grenzen für die Unabhängigkeit verschiedener Komponenten des Genotypus gibt. Organismen müssen sich mehr oder weniger harmonisch entwickeln, und ein Selektionsdruck auf ein Organ zieht nicht selten einen Selektionsdruck auf eine andere Struktur nach sich. Oder eine Verhaltensänderung macht die Abwandlung einer Struktur erforderlich. Mit anderen Worten: Der Genotypus reagiert als Ganzer auf die Kräfte der natürlichen Auslese, eine Überlegung, die während der reduktionistischen Periode der mathematischen Genetik oft ignoriert wurde.

Allgemeiner gesagt, im Zeitalter des Induktionismus war es äußerst wichtig, daß jemand den Mut hatte zu spekulieren. Selbst in Fällen, in denen er selber nicht in der Lage war, die richtige Lösung zu finden, hat Weismann auf wichtige Probleme und offene Fragen hingewiesen.

Wahrscheinlich hat gegen Ende des 19. Jahrhunderts niemand die Grundthese des Darwinismus besser verstanden als Weismann. Er war der einzige, der die überwältigende Rolle der natürlichen Auslese begriff. Er erkannte, daß die große Unbekannte im Prozeß der Auslese die Quelle der genetischen Variation war und daß eine detaillierte Theorie der Vererbung das Gebot der Stunde war. Obgleich er eine solche Theorie nicht finden konnte, war die intellektuelle Vorarbeit, die er für diese Epoche leistete, die Voraussetzung dafür, daß sich der Mendelismus wirklich entfalten konnte. Mehr noch als zu seinen Lebzeiten gilt Weismann heute als einer der ganz wenigen wahrhaft herausragenden Evolutionsbiologen.

9. Genetiker und Naturforscher finden zu einem Konsens: die zweite Darwinsche Revolution

Fortschritt in der Wissenschaft verläuft selten stetig und regelmäßig. Er kann auch nicht notwendigerweise – mit den Worten Thomas Kuhns – als eine Reihe von Revolutionen, zwischen denen lange Perioden stetig fortschreitender normaler Wissenschaft liegen, beschrieben werden. Vielmehr stellen wir, sobald wir uns einzelne wissenschaftliche Disziplinen näher ansehen, große Unregelmäßigkeiten fest: Theorien kommen in Mode, andere verschwinden in der Versenkung; in einigen Bereichen herrscht weitgehende Übereinstimmung zwischen den in der Forschung Tätigen, andere Bereiche sind in Spezialistenlager aufgesplittert, die einander erbittert befehden. Letzteres beschreibt sehr treffend die Situation der Evolutionsbiologie von 1859 bis etwa 1940.

Der Widerstand gegen natürliche Auslese dauerte nach der Veröffentlichung der *Entstehung* noch etwa achtzig Jahre lang unvermindert an. Abgesehen von einigen wenigen Naturforschern gab es kaum einen Biologen und erst recht keinen experimentellen Biologen, der natürliche Auslese als ausschließliche Ursache der Anpassung akzeptierte. Eigentlich hätte man damit rechnen können, daß die Wiederentdeckung der Mendelschen Gesetze im Jahre 1900 eine sofortige Änderung der Einstellung zur natürlichen Auslese mit sich brächte, aber das war nicht der Fall. Die Erkenntnisse der Genetik machten nun eindeutig klar: Das genetische Material war partikulär (daher konnte es keine Mischvererbung geben), und Vererbung war »hart« (das heißt, sie erlaubte keinerlei Vererbung erworbener Eigenschaften). Dennoch erkannten die führenden Mendelisten – Bateson, de Vries und Johannsen – die natürliche Auslese nicht an. Statt dessen schrieben sie evolutionären Wandel einem Mutationsdruck zu.

Um 1920 gehörten die meisten Evolutionsforscher einer von

drei biologischen Disziplinen an: Genetik, Systematik oder Paläontologie. Sie unterschieden sich in ihren Interessen ebenso wie in ihrem Wissen. Die Naturforscher (Systematiker und Paläontologen), nur ungenügend mit den auf dem Gebiet der Genetik nach 1910 erzielten Fortschritten vertraut, stritten gegen die irrigen evolutionären Vorstellungen der Mendelisten, als handelte es sich dabei noch immer um den Standpunkt der Genetik. Die Genetiker wiederum ließen die umfangreiche Literatur über geographische Variation und Artentstehung außer acht; folglich konnte nichts in den evolutionären Schriften von T. H. Morgan, H. J. Muller, R. A. Fisher und J. B. S. Haldane die Vervielfachung der Arten, die Entstehung höherer Taxa und die Entstehung evolutionärer Neuerungen erklären. Darüber hinaus befaßten sich die beiden Gruppen mit jeweils verschiedenen hierarchischen Ebenen: die Genetiker mit Variation innerhalb von Populationen auf der Ebene der Gene, die Naturforscher mit der geographischen Variation von Populationen und mit Arten. Wenn in jener Zeit Genetiker und Paläontologen oder Genetiker und Systematiker gemeinsame Treffen veranstalteten, argumentierten sie von so unterschiedlichen Warten aus, daß sie total aneinander vorbeiredeten.

Um 1930 hatten die Darwinisten zwei gewaltige Probleme zu lösen: erstens, die immer noch mächtigen nicht- oder sogar antidarwinistischen Evolutionstheorien zu widerlegen, und zweitens, Mißverständnisse und Gegensätze im eigenen Lager auszuräumen. Noch Anfang der dreißiger Jahre meinten einige Autoren, dieses Ziel zu erreichen, würde noch viele Jahre beanspruchen.

Recht unerwartet wurde dann innerhalb weniger Jahre ein weitgehender Konsens zwischen Genetikern, Systematikern und Paläontologen erzielt. Julian Huxley (1942) führte den Begriff »evolutionäre Synthese« ein, der die Einigung der vormals sich bekämpfenden Lager der Evolutionstheoretiker auf eine einheitliche Evolutionstheorie charakterisiert.

Wie konnte es auf einmal zu dieser unerwarteten offenkundigen Übereinstimmung kommen? 1974 wurden zwei Arbeitskreise eingerichtet, in deren Rahmen man eine Antwort auf diese Frage suchte (Mayr und Provine 1980).

Die Widerlegung der Antidarwinisten

Die Entwicklung der Genetik von 1910 bis 1935 bewies klar, daß die genetischen Vorstellungen der Antidarwinisten (und auch einige der Mendelisten) nicht haltbar waren. Nicht nur wurde in dieser Zeit sowohl die Misch- als auch die weiche Vererbung von den Genetikern endgültig widerlegt, sondern es wurde auch die Möglichkeit des Auftretens spontaner Mutationen nachgewiesen, etwas, dem die deterministischen Physikalisten des 19. Jahrhunderts nicht hatten zustimmen können. Zudem stellten Morgan und seine Schule sowie Edward East und Erwin Baur fest, daß die meisten Mutationen nur sehr geringe Auswirkungen auf den Phänotypus hatten und keineswegs den von vielen frühen Mendelisten erwarteten großen Mutationen entsprachen. Ferner wurde der Unterschied zwischen Genotypus und Phänotypus klar herausgearbeitet, und man fing an zu verstehen, daß nicht individuelle Gene selektiert werden, sondern Genotypen als Ganze. Daher wurde genetische Rekombination statt Mutation als unmittelbare der Selektion zur Verfügung stehende Quelle der genetischen Verschiedenartigkeit angesehen. Man begriff die Art und Weise, wie Selektion in einer Population wirkt, viel besser, wenn man sie mit diesem besseren Verständnis in Verbindung brachte.

Die neueren Ergebnisse der Genetik wurden vor allem unter den Biologen besser bekannt. Naturforscher erfuhren von den Genetikern, daß Vererbung immer hart, nie weich ist. Es kann keine erbliche Beeinflussung durch die Umwelt, keine Vererbung erworbener Eigenschaften geben. Weismanns These wurde endlich, fünfzig Jahre nachdem er sie erstmals zur Diskussion gestellt hatte, allgemein angenommen. Eine weitere Erkenntnis der Genetik, die partikuläre Natur der Vererbung, wurde ebenfalls endlich allgemein akzeptiert.

Davor hatten viele Naturforscher zweierlei Typen von Merkmalen unterschieden: erstens Mendelsche (partikuläre) Merkmale, die sie als unwichtig für die Evolution ansahen; zweitens graduelle oder sich mischende Merkmale, die sie in der Nachfolge Darwins als das eigentliche Material der Evolution betrachteten.

Die Akzeptanz dieser beiden Erkenntnisse der Genetik trug zur Widerlegung der drei wichtigsten Evolutionstheorien bei, die seit der Veröffentlichung der *Entstehung* mit der natürlichen Auslese konkurriert hatten (Bowler 1983). Bei diesen Theorien handelte es sich, wie wir gesehen haben, um: (1) den Neolamarckismus (die Vererbung erworbener Merkmale) und andere Formen weicher Vererbung; (2) autogenetische Theorien, die auf dem Glauben an eine innewohnende Tendenz in Richtung auf evolutionären Fortschritt beruhten (Orthogenese, Nomogenese, Aristogenese, Omegaprinzip) und (3) saltationistische Evolutionstheorien, die das plötzliche Auftreten drastisch neuer Lebensformen behaupteten (De-Vries-Mutationen). Wohl kein anderer Autor hat so entscheidend zur Widerlegung dieser drei Theorien beigetragen wie G. G. Simpson; seine *Tempo and Mode* (1944) und *Meaning of Evolution* (1949) bestehen zum großen Teil aus Beweisen, die diese drei Theorien widerlegen.

Vor allem wies er nach, daß die Paläontologie jeglicher Beweise für teleologische Kräfte in der Makroevolution entbehrt. Auch die Schriften von Rensch, Huxley und Mayr enthalten viel Material zur Widerlegung der Behauptungen der Antidarwinisten.

Will man verstehen, was in diesen Jahren vor sich ging, muß man sich klarmachen, wie grundlegend sich die evolutionären Ansichten der Mendelisten (Bateson, de Vries, Johannsen) von denen der späteren Genetiker (Muller, Fisher) unterschieden. Die Mendelisten dachten typologisch und saltationistisch (Provine 1971). Es ist Geschichtsklitterung, wenn man Mendelismus mit Genetik gleichsetzt. Wohlgemerkt, beide stimmten in ihrer Ablehnung einer weichen und Mischvererbung überein. Hingegen wurden die evolutionären Vorstellungen von Bateson, de Vries und Johannsen im Verlauf der Synthese ver-

worfen (Mayr und Provine 1980). In der Tat schien der Neolamarckismus Evolution besser zu erklären als die saltationistischen Theorien der Mendelisten.

Eine große Errungenschaft der neueren Genetik war es sodann, eine einheitliche Sichtweise des Wesens von genetischem
Wandel entwickelt zu haben. Darwin, der sich der allgemeinen
Ansicht zu diesem Thema anschloß, glaubte, daß es zwei Arten
von Veränderung gebe: drastische, oft als »sports« bezeichnet,
und kleine, die sich als allmähliche oder quantitative Veränderungen darstellen. In den Augen Darwins zählte nur allmähliche Veränderung in der Evolution. Im Gegensatz dazu
beharrten die Mendelisten darauf, daß neue Arten durch drastische Mutationen entstünden. Genetische Forschungen von
Nilsson-Ehle, East, Castle und Morgan im ersten Drittel des
20. Jahrhunderts haben eindeutig erwiesen, daß drastische und
in Winzigkeiten abweichende Variationen nur die Extreme
eines kontinuierlich variierenden Spektrums sind und daß bei
Mutationen aller Unterschiedsgrade derselbe genetische Mechanismus zum Tragen kommt.

Diese Erkenntnis hatte eine Reihe wichtiger Konsequenzen.
Sie ermöglichte eine Versöhnung zwischen Mendelisten und jenen, die sich mit quantitativer Vererbung befaßten. Sie brachte
es zudem fertig, eine Brücke zwischen Mikro- und Makroevolution zu schlagen. Und, was am wichtigsten ist, sie widerlegte
das Kredo des Essentialismus. Es gibt keine gleichförmige Art-
essenz, vielmehr hat jedes Individuum einen hochgradig hete-
rogenen Genotypus (der von Individuum zu Individuum vari-
iert). Der Glaube an zwei Arten von Veränderung war bis in
die dreißiger Jahre noch weit verbreitet, aber die neue Art und
Weise, genetische Veränderungen zu deuten, trug im Verlauf
der Synthese auf ganzer Linie den Sieg davon (Sapp 1987).

Die Erkenntnis, daß graduelle Veränderungen in Begriffen
der Mendelschen (partikulären) Vererbung erklärt werden
konnten, bedeutete auch das Ende des Glaubens an sogenannte Mischvererbung. Dazu trug bei, daß man eindeutig
einen Unterschied zwischen Genotypus und Phänotypus anerkannte, wie ihn Nilsson-Ehle, East und andere aufgezeigt hat-

ten; eine völlige »Vermischung« von Merkmalen des Phänotypus war trotz der entschieden partikulären Natur der zugrundeliegenden genetischen Faktoren möglich.

Die drei nichtdarwinistischen Theorien der Evolution (Lamarckismus, Orthogenese und Saltationismus) wurden während der Synthese so überzeugend widerlegt, daß sie seitdem
keine Rolle mehr gespielt haben.

Die Einigung der Darwinisten

Den Historikern war es lange rätselhaft, warum sich selbst die
mehr oder minder darwinistischen Evolutionsbiologen so lange
und heftig gestritten haben. Der wirkliche Grund ist erst in
neuester Zeit klar erkannt worden. Diese neue Erkenntnis ist,
daß Evolution insgesamt eigentlich aus zwei völlig verschiedenen, aber sich gleichzeitig abspielenden Vorgängen besteht.

Der eine ist die Anpassung. Sie beruht auf der ununterbro-
chenen Einwirkung der Auslese auf jede Population. Diesen
Vorgang, den unaufhörlichen Wechsel des Geninhaltes eines
Genreservoirs, studieren die Genetiker.

Es ist ein Vorgang in der Dimension der Zeit, man könnte
ihn einen vertikalen Vorgang nennen. Die Genetiker, die diesen Vorgang experimentell untersuchten, konzentrierten sich
auf Einzelgene und sogenannte additive Vererbung. Das Ein-
zelgen wurde als das Zielobjekt der Auslese betrachtet und
Evolution als Änderung in der relativen Häufigkeit von Genen
definiert. Obwohl sich die evolutionären Genetiker Populationsgenetiker nannten, befaßten sie sich in ihren Studien meistens nur mit Genänderungen in einer einzigen Population.
Das Problem der organischen Vielfalt blieb fast vollkommen
außer acht, und wo es erwähnt wurde, sah man es als ein Problem der Zeitdimension an. Dies spiegelt sich in Muller's Feststellung wider: »Artbildung stellt kein absolutes Stadium von
Evolution dar, sondern wird allmählich erlangt und geht un-
merklich in rassische Differenzierung unter ihr und gattungs-
mässige Differenzierung über ihr über« (Muller 1940: 258). Es

ist ein rein quantitativer Vorgang. Kein Wunder, daß sie mit dieser Einstellung die Schriften der Systematiker und Paläontologen nicht verstanden und sie deshalb einfach ignorierten.

Das Interessengebiet der Systematiker war die Erklärung der Vielfalt der Natur. Sie beschäftigten sich mit Artentstehung, mit dem Vorhandensein von polytypischen Arten, mit Grenzfällen zwischen Rasse und Art, mit dem biologischen Artbegriff, mit der Rolle der Art und Artbildung in der Makroevolution und ähnlichen Problemen, die gelöst werden müssen, um den Ursprung und die Bedeutung der Vielfältigkeit der organischen Natur zu verstehen. Der wichtigste Beitrag der Naturkundler zum Verständnis der Evolution war die Erkenntnis der ausschlaggebenden Rolle der geographischen Variation. Deshalb führten sie als Gegenstück zur vertikalen Tradition der Genetiker und Paläontologen eine »horizontale« Tradition in die Evolutionsbiologie ein.

Mit der horizontal-geographischen Denkweise konnte ein Rätsel der Evolution nach dem andern gelöst werden. Der scharfe Gegensatz zwischen der absoluten Trennung lokaler Arten und Darwins Prinzip des Gradualismus wurde durch das Prinzip der geographischen Artentstehung gelöst.

Die Einbeziehung der geographischen Dimension war von besonderer Bedeutung für die Erklärung der Makroevolution. Schon seit langem waren Paläontologen sich des scheinbaren Widerspruchs zwischen Darwins Postulat eines durch die Populationsgenetik bestätigten Gradualismus und den tatsächlichen Funden der Paläontologie bewußt. Wenn man Stammeslinien durch die Zeit hindurch verfolgte, schienen sie nur winzige graduelle Veränderungen zu offenbaren, jedoch keinen eindeutigen Beweis für irgendeine Veränderung einer Art in eine andere Gattung oder für die allmähliche Entstehung einer evolutionären Neuerung. Alles wirklich Neue schien immer ziemlich unvermittelt in der Fossilienüberlieferung aufzutauchen. Im Rahmen der Synthese wurde klar: Es ist nicht verwunderlich, daß die Fossilienüberlieferung diese Sequenzen nicht widerspiegelt, zumal da neue evolutionäre Anfänge sich

fast ausschließlich in lokalisierten isolierten Populationen ab-
zuspielen schienen. Ein rein vertikaler Ansatz ist nicht in der
Lage, diesen scheinbaren Widerspruch aufzulösen.

Einen ebenso wichtigen Beitrag leisteten die Naturforscher
mit der Einführung des Populationsdenkens in die Genetik.
Der Mendelismus war stark typologisch ausgerichtet – Mutation versus Wildtypus. Und selbst später noch entdeckt man im
Denken vieler Genetiker, nicht nur bei Morgan und Goldschmidt, sondern auch bei Muller auf seiner Suche nach dem
vollkommenen Genotypus und bei R. A. Fisher eine stark
essentialistische Komponente. Populationsdenken mit seiner
Betonung der Einzigartigkeit eines jeden Individuums in der
Population wurde durch in der Systematik ausgebildete Forscher wie Chetverikov und seine Schüler (einschließlich Timofeeff-Ressovsky), Dobzhansky und Baur in die Genetik einge-
führt. Von einigen Ausnahmen (beispielsweise Polyploidie)
abgesehen, ist jedes evolutionäre Phänomen gleichzeitig ein
genetisches und ein Populationsphänomen.

Schließlich versuchten die Naturforscher, oder zumindest
einige von ihnen, die streng reduktionistische Auffassung der
meisten Genetiker durch einen stärker ganzheitlich ausgerich-
teten Ansatz zu ersetzen. Evolution, so sagten sie, ist nicht nur
eine Veränderung der Genhäufigkeit in Populationen, wie die
Reduktionisten behaupteten, sondern gleichzeitig ein Prozeß,
der sich auf Organe, Verhaltensweisen und Wechselbeziehungen zwischen Individuen und Populationen bezieht. In dieser
ganzheitlichen Einstellung trafen sich die Naturforscher mit
den Entwicklungsbiologen.

Es ist jetzt offensichtlich, daß die große Synthese in der Evolutionsbiologie, in der Tat die Gründung einer geschlossenen
Disziplin, so lange nicht stattfinden konnte, wie sich die Vertreter der beiden Hauptgebiete (Anpassung, Vielfalt) nicht verstanden. Die Synthese der gegensätzlichen Standpunkte wurde
erst möglich, als eine Reihe von Systematikern – Sergei Chetverikov, Theodosius Dobshansky, E. B. Ford, Bernhard
Rensch und ich – sich mit der nachmendelschen Genetik (der
Populationsgenetik) vertraut machten und einen auf den neue-

sten Stand gebrachten Darwinismus entwickelten, der die besten Elemente sowohl der Genetik als auch der Systematik miteinander verband. Darüber hinaus brachte George Gaylord Simpson Paläontologie und Makroevolution in die Synthese ein. Es gelang ihm zu zeigen, daß die von Paläontologen untersuchten Phänomene – das heißt Makroevolution oder Evolution über der Speziesebene – in jeder Hinsicht zu den Erkenntnissen der modernen Genetik und zu den Grundvorstellungen des Darwinismus stimmen. Das gleiche zeigte unabhängig Rensch in Deutschland und, für Pflanzen, L. G. Stebbins in Amerika.

Das Hauptverdienst an der Synthese gebührt unzweifelhaft Dobzhansky, einem russischen Naturkundler und Entomologen, der sich in zehn Jahren Forschung im genetischen Laboratorium von T. H. Morgan und A. H. Sturtevant die Gedankenwelt der modernen Genetik angeeignet hatte. In seinem großartigen Werk *Genetics and the Origin of Species* (1937) vereinigte er die Gedankenwelt des Systematikers mit der des Genetikers und legte damit den Grundstein für die evolutionäre Synthese. In schneller Reihenfolge bauten darauf, teilweise unabhängig, die folgenden Werke auf.

Der neue Konsens wurde in Dobzhanskys *Genetics and the Origin of Species* (1937) verkündet und propagiert, gefolgt von J. Huxleys *Evolution: The Modern Synthesis* (1942), Mayrs *Systematics and the Origin of Species* (1942), Simpsons *Tempo and Mode in Evolution* (1944), Renschs *Neuere Probleme der Abstammungslehre* (1947) und Stebbins' *Variation and Evolution in Plants* (1950). Man hat diese Autoren oft als die Architekten der evolutionären Synthese bezeichnet.

In den Jahren 1936 bis 1950, als diese Synthese stattfand, vollzog sich keine wissenschaftliche Revolution; es handelte sich eher um die Vereinheitlichung eines vorher stark aufgesplitterten Bereichs. Die evolutionäre Synthese ist insofern wichtig, als sie uns gelehrt hat, wie eine solche Vereinheitlichung zustande kommen kann: weniger mit Hilfe revolutionärer neuer Konzeptionen als vielmehr durch eine Art Großreinemachen, indem man endgültig mit verschiedenen irrigen

Theorien und Glaubensvorstellungen, die vorher Uneinigkeit stifteten, aufräumt. Zu den konstruktiven Errungenschaften der Synthese gehört, daß man eine neue Wissenschaft (Evolutionsbiologie) gründete, daß man zu einer gemeinsamen Sprache zwischen den beteiligten Bereichen kam und zu einer Klarstellung vieler Aspekte der Evolution und der ihr zugrundeliegenden Vorstellungen. Zusätze zur Synthese und kleine Änderungen werden weiter unten besprochen.

Der Triumph der natürlichen Auslese

Die Synthese war eine erneute Bestätigung der Darwinschen Auffassung, daß jeglicher adaptive evolutionäre Wandel auf der bestimmenden Kraft natürlicher Auslese beruht, die auf eine im Überfluß zu Gebote stehende Variation einwirkt. Heutzutage haben wir uns so sehr an die Darwinsche Formulierung gewöhnt, daß wir darüber leicht vergessen, wie sehr sie sich von der Erklärung der Evolution der Gegner Darwins unterscheidet.

Die Naturforscher waren, in der Nachfolge Darwins, von allem Anfang an die standhaftesten Verteidiger der natürlichen Auslese gewesen, aber wie Darwin tendierten sie in der Mehrzahl dazu, gleichzeitig an ein gewisses Maß weicher Vererbung zu glauben. Nun, da diese Form von Vererbung endgültig widerlegt war, fanden sich unter den Naturforschern die überzeugtesten Anhänger der natürlichen Auslese.

Von seiten der Genetiker gibt es noch keine zufriedenstellende Geschichte der Annahme der natürlichen Auslese. Chetverikov, Timofeeff-Ressovsky und Dobzhansky übernahmen sie von einer starken russischen Tradition (Adams 1980). In keinem anderen Land hatte natürliche Auslese eine so breite Basis der Zustimmung wie in Rußland. Aber aus ideologischen und politischen Gründen wurden diese äußerst erfolgreichen Genetiker von Stalin liquidiert, und an ihre Stelle traten der Scharlatan Lysenko und seine Spießgesellen. In England existierte eine starke selektionistische Tradition in Oxford (Lankester, Poulton und so weiter), aber die klassischen Mendelisten konnten mit der Auslese nichts anfangen; in den Vereinigten Staaten stand Morgans Denken weitgehend in dieser Tradition. Allerdings gab es in den Staaten noch eine zweite Tradition – am Bussey-Institut in Harvard konzentriert (Castle, East, Wright) –, die natürliche Auslese offenbar ohne Vorbehalte übernahm. In Frankreich scheint Lwoff am Institut Pasteur der erste konsequente Selektionist gewesen zu sein, gefolgt von Ephrussi, L'Héritier und Teissier. Aber selbst heute scheinen unter den französischen Biologen strikte Selektionisten in der Minderheit zu sein. In allen Ländern außer in der ehemaligen Sowjetunion gewann der Selektionismus in den Jahren nach der Synthese an Einfluß.

Es ist verständlich, daß in den Anfangsphasen der Synthese die Omnipräsenz der natürlichen Auslese besonders betont wurde, da es unter den älteren Evolutionstheoretikern nach wie vor eine nicht unbeträchtliche Anzahl von Lamarckisten gab. Sobald jedoch dieses Stadium überwunden war, entwickelte sich ein Trend zur Anerkennung auch anderer Faktoren. Der moderne Biologe unterscheidet sich vielleicht weitestgehend von Darwin darin, daß er zufallsabhängigen Prozessen eine weit größere Bedeutung zuschreibt als Darwin oder der frühe Neodarwinismus. Zufall spielt eine Rolle nicht nur während der ersten Schritte der natürlichen Auslese – bei der Erzeugung neuer, genetisch einzigartiger Individuen durch Rekombination und Mutation –, sondern auch während des probabilistischen Prozesses, der über den Fortpflanzungserfolg dieser Individuen entscheidet. Mannigfaltige Einschränkungen verhindern immer wieder, »Vollkommenheit« zu erreichen. Obwohl es sich bei der natürlichen Auslese in der Tat um einen Verbesserungsprozeß handelt, ist es aufgrund zahlreicher entgegenwirkender Einflüsse ausgeschlossen, daß je ein Optimum erreicht wird.

Die durch die Synthese geleistete Vereinheitlichung der Evolutionsbiologie zeichnete in kühnen Strichen folgendes Bild: Allmähliche Evolution beruht auf der Ordnung genetischer Variation durch natürliche Auslese, und alle evolutionären Phänomene können in Begriffen der bekannten genetischen Mechanismen erklärt werden. Dies war eine extreme Vereinfachung, wenn man bedenkt, daß Prozesse in der organismischen Biologie normalerweise hochgradig komplex sind, oft mehrere hierarchische Ebenen einbeziehen und pluralistische Lösungen enthalten. Nach der Synthese der vierziger Jahre bestand die Aufgabe der Evolutionsbiologie darin, die grobkörnige Theorie der Evolution zu einer feinkörnigen, realistischen auszuarbeiten. Da sie nicht länger gezwungen waren, den Darwinismus zu verteidigen, begannen die Anhänger der evolutionären Synthese im Verlauf detaillierterer Analysen, nach wie vor bestehende Widersprüche anzugehen, die nicht nur zwischen den reduktionistischen Tendenzen der Genetik und dem organismischen Standpunkt der Systematiker und Paläontologen bestanden, sondern auch andere Aspekte der Evolutionstheorie betrafen.

10. Neue Perspektiven der Evolutionsbiologie

Genauso wie in dem Jahrzehnt nach der Wiederentdeckung der Mendelschen Gesetze wurde etwa seit den siebziger Jahren unseres Jahrhunderts immer häufiger behauptet: »Der Darwinismus ist tot.« Ich habe nicht vor, mich mit den auf rein ideologischen Voreingenommenheiten beruhenden Angriffen von seiten der Kreationisten auseinanderzusetzen; deren Argumente sind von Futuyma (1983), Kitcher (1982), Montagu (1983), Newell (1982), Ruse (1982), Young (1985) und etlichen anderen Autoren endgültig widerlegt worden. In zahlreichen Artikeln und Büchern wurde aber auch von Nichtbiologen die Behauptung aufgestellt, der Darwinismus sei veraltet; ihre Argumente sind zwar nicht religiöser Art, aber sie verraten eine solche Unkenntnis der Evolutionsbiologie, daß es nicht der Mühe wert ist, ihre Schriften überhaupt zu erwähnen. Ärgerlicher sind ähnliche, gleichsam indirekte Behauptungen, die einige kompetente Biologen aufgestellt haben – sogar Evolutionsbiologen. Dazu zählen Gould (1977; 1980), Eldredge (1985), White (1981) sowie Gutmann und Bonik (1981). Verschiedene Kritiker haben einzelne Aspekte der Synthese herausgearbeitet, die sie als besonders angreifbar betrachten. Es wurde beispielsweise behauptet:

(1) die Erkenntnisse der Molekularbiologie seien nicht mit dem Darwinismus vereinbar;
(2) die neuere Forschung zur Artbildung zeige, daß andere Formen der Artbildung weiter verbreitet und wichtiger sind als geographische Artbildung, die nach Ansicht der Neodarwinisten der vorherrschende Modus ist;
(3) neu zur Diskussion gestellte Evolutionstheorien, etwa die der schubweisen Evolution, seien mit der synthetischen Theorie nicht vereinbar (Punktualismus);

(4) die synthetische Theorie sei aufgrund ihres reduktionistischen Standpunkts nicht in der Lage, die Rolle der Entwicklung in der Evolution zu erklären;

(5) selbst wenn man die reduktionistische Behauptung ver-
wirft, das Gen sei das Zielobjekt der Selektion, könne der
Darwinismus, da er das Individuum als Zielobjekt der Selektion betrachtet, Phänomene auf hierarchischen Ebenen
über der des Individuums nicht erklären, das heißt, er sei
nicht in der Lage, Makroevolution zu erklären;

(6) indem sie das »adaptationistische Programm« anwendet
und zufallsabhängige Prozesse und Einschränkungen der
Selektion vernachlässigt, insbesondere solche, die die Entwicklung auferlegt, zeichne die evolutionäre Synthese ein
irreführendes Bild evolutionären Wandels.

Diese höchst verschiedenartigen Einwände reichen von der extremen Ansicht, der Darwinismus als Ganzer sei widerlegt worden, bis zu der gemäßigteren Auffassung, die Synthese sei zu
eng adaptationistisch eingestellt oder der Begriff der Artbildung müsse gründlich revidiert werden. Diese Kritikpunkte
wurden von Ayala (1981; 1983), Stebbins und Ayala (1981),
Grant (1983), Maynard Smith (1982; 1983), Mayr (1984), A.
Huxley (1982), Levinton (1988) und anderen widerlegt.

Der Aspekt nahezu aller dieser Einwände, zu dem ich ein
paar Worte sagen will, ist das offensichtliche Mißverstehen der
Theorie, die aus der evolutionären Synthese resultierte. Oft
erwächst dieses Mißverstehen aus der Annahme, die extrem
reduktionistische Version der Synthese, wie sie einige Populationsgenetiker vertraten, sei das grundlegende Dogma der Synthese. Kritiker fordern, die Schlußfolgerungen der Synthese
sollten durch eine modernere Betrachtungsweise der Evolution
ersetzt werden, aber diese angeblich neuen Ansichten sind fast
ausnahmslos und schon immer von Rensch, mir selber und einigen anderen Vertretern der Synthese verfochten worden. Ich
bedauere, dies sagen zu müssen, aber es ist offensichtlich, daß
fast alle Kritiker der Synthese die Standpunkte ihrer führenden
Verfechter völlig falsch dargestellt haben.

Um ein Beispiel herauszugreifen: Die Kritiker wenden sich fortwährend gegen die Behauptung, daß »darwinistische Evolution auf der natürlichen Auslese zufälliger Mutationen beruht«. Diese Kritik läßt die Tatsache außer acht, daß seit Darwin bis in die achtziger Jahre unseres Jahrhunderts die Biologen, die ganze Organismen studieren, das Individuum als Ganzes als das Zielobjekt von Selektion betrachteten und daher Rekombination und die Struktur des Genotyps als Ganzen für weit wichtiger für die Evolution erachteten als Mutationsereignisse an individuellen Genorten. Darüber hinaus interpretieren die Kritiker das Wort »zufällig« völlig falsch. Der Begriff bedeutet auf Variation angewandt, daß sie nicht als Reaktion auf die Bedürfnisse des Organismus erfolgt.

Gegner der Synthese verwechseln ständig drei Schulen des Darwinismus: (1) den Neodarwinismus; dies ist ein von Romanes 1896 geprägter Begriff, um »Darwinismus ohne Vererbung erworbener Eigenschaften« zu bezeichnen; (2) die frühe Populationsgenetik, eine stark reduktionistische Schule, die Evolution als die Veränderung von Genhäufigkeiten durch natürliche Auslese definierte, und (3) den ganzheitlichen Zweig der Synthese, der die Traditionen Darwins und der Naturforscher fortführte und gleichzeitig die Erkenntnisse der Genetik übernahm.

Das Denken der Reduktionisten wurde stark von R. A. Fisher beeinflußt, daher wurde diese Schule gelegentlich als Fisherscher Darwinismus bezeichnet. Dieser ist eindeutig die Hauptzielscheibe der Gegner der Synthese, aber diese Kritiker bringen alles durcheinander, wenn sie diese reduktionistische Schule als Neodarwinismus bezeichnen oder unterstellen, daß Leute wie Huxley, Dobzhansky, Wright, Rensch und ich ihr angehören, die wir alle die reduktionistischen Schlußfolgerungen der Fisherschen Schule entschieden ablehnen.

Darwinismus ist nicht eine einfache Theorie, die entweder richtig oder falsch ist. Darwinismus ist ein hochkompliziertes Forschungsprogramm, das ständig abgeändert und verbessert wird. Das galt vor der Synthese, und das gilt auch danach. Tabelle 2 listet die bedeutsamsten Phasen der Modifizierung des

Darwinismus auf, die man voneinander abgrenzen kann. Dem Unterfangen, solche scheinbar zusammenhanglosen Perioden zu unterscheiden, haftet jedoch in vieler Hinsicht etwas Künstliches an. Um nur einige wenige Beispiele zu nennen: nach 1886 herrschte die partikuläre Vererbung offensichtlich vor, aber sie wurde erst nach 1900 anerkannt; die Rolle der Vielfältigkeit in der Evolution wurde von den Naturforschern seit Darwin immer wieder mit Nachdruck betont, von den Fisher-Schülern jedoch fast völlig übergangen; die Naturforscher wiederum lehnten die Wald- und Wiesengenetik (*beanbag genetics*) der Reduktionisten ab und hielten in der Zeit nach der Synthese an ihrer ganzheitlichen Tradition der Betonung des Individuums als Zielobjekt der Selektion fest. Kurz gesagt, jede dieser Perioden war aufgrund der Vielfalt der Denkansätze der verschiedenen Evolutionstheoretiker in gewissem Ausmaß heterogen. Die meisten Kritiker, welche die evolutionäre Synthese zu widerlegen versuchten, waren außerstande, diese Meinungsvielfalt zu erkennen; es ist ihnen daher lediglich gelungen, die reduktionistischen Außenseiter des darwinistischen Lagers zu widerlegen. Ihr Unvermögen, die Komplexität der evolutionären Synthese richtig einzuschätzen, ließ sie ein Bild jener Zeit zeichnen, das bestenfalls eine Karikatur ist.

Ein weiterer Fehler, den die meisten Gegner der Synthese machen, ist: Sie versäumen es, zwischen unmittelbaren und evolutionären Ursachen zu unterscheiden. Für Darwin und seine ganzheitlich denkenden Nachfolger beginnt Selektion bei der Befruchtung und setzt sich durch alle embryonalen und Larvenstadien hindurch fort. Ein Darwinist ist ernstlich verärgert, wenn er die Kritik eines Embryologen liest, daß »Entwicklung... sich als ein Problem erweist, das im Rahmen des Neodarwinismus nicht zu verstehen ist«. Von welchem Aspekt der Entwicklung redet dieser Autor überhaupt? Wenn er von der Übersetzung des genetischen Programms in molekulare Ereignisketten während der Ontogenese spricht, dann redet er von unmittelbaren Ursachen. Deren Untersuchung war in der Tat nie die Aufgabe des Evolutionsbiologen. Aber viele andere Aspekte der Entwicklung werfen sehr wohl Fragen nach evolu-

TABELLE 2

Bedeutsame Phasen der Modifizierung des Darwinismus

Zeit	Phase	Modifizierung
1883; 1886	Weismanns Neodarwinismus	Ende der weichen Vererbung; Diploidie und genetische Rekombination werden anerkannt
1900	Mendelismus	Die genetische Konstanz wird akzeptiert und die Mischvererbung abgelehnt
1918–1933	Fisherscher Darwinismus	Evolution wird als Sache der Genhäufigkeiten und der Wirksamkeit selbst kleiner Selektionsdrücke betrachtet
1936–1947	Evolutionäre Synthese	Populationsdenken rückt in den Vordergrund; Interesse an der Evolution von Vielfalt, geographischer Speziation, variablen Evolutionsraten
1947–1970	Postsynthese	Das Individuum wird zunehmend als Zielobjekt der Selektion betrachtet; ein verstärkt ganzheitlicher Ansatz; gesteigerte Anerkennung von Zufall und Einschränkungen
1954–1972	Schubweise Evolution	Bedeutung der Artbildungsevolution
1969–1980	Wiederentdeckung der sexuellen Auslese	Bedeutung des Fortpflanzungserfolgs für die Selektion

tionären Ursachen auf, und diese sind es, die seit Darwin die Evolutionsbiologen interessieren. Sie sind für den Evolutionsbiologen von Belang, erstens, weil jedes Stadium der Entwicklung ein Zielobjekt der Selektion ist, und zwar vor allem dann, wenn die Entwicklungsstadien (Larven) freilebend sind. Zweitens tendieren embryonale Stadien, weil sie selber als »somatische Programme« bei der Entwicklung dienen können (siehe unten), dazu, in der Evolution in hohem Maße konserviert zu werden (beispielsweise das Kiemenbögenstadium des Vierfüßerembryos). Solche in hohem Maße konservierte Stadien sind bei der Rekonstruktion der Phylogenese (Rekapitulation) oft recht hilfreich. Kein Darwinist wird je die Bedeutung der Entwicklung für die Evolution in Frage stellen, aber evolutionäre Deutung stößt an Grenzen, wenn die unmittelbaren Ursachen der Entwicklung von Embryologen noch nicht erforscht sind. Die Untersuchung solcher unmittelbarer Ursachen ist nicht die Aufgabe des Evolutionsbiologen.

Seltsamerweise wird manchmal der Einwand erhoben, die evolutionäre Synthese könne weder auf die Ebene des Gens noch auf transspezifische Ebenen ein Licht werfen, da sie sich nur mit Individuen (als Zielobjekten der Selektion) und mit Populationen (als beginnenden Arten) befasse. Not tut, so wird behauptet, ein hierarchischer Ansatz, der sich weder im Neodarwinismus noch in der evolutionären Synthese findet. Daß dieser Einwand jeder Grundlage entbehrt, haben Grant (1983: 153), Stebbins und Ayala (1981) sowie andere Verteidiger der Synthese gezeigt. Selbst Simpsons Deutung von Evolution war stark hierarchisch (Laporte 1983). Niemand als Mayr (1963: 621) hat deutlicher gezeigt, daß in der Makroevolution die Art die Wirkungseinheit ist.

Für White (1981) schließlich war die Synthese zu früh gekommen, »denn es gab damals noch keine Molekularbiologie, und sowohl die chemische Natur des Erbmaterials als auch die Struktur der Eukaryontenchromosomen waren noch nicht bekannt«. Das ist, als wollte man behaupten, die erste Darwinsche Revolution sei zu früh gekommen, weil es noch keine Genetik gab. Jedwede wissenschaftliche Revolution oder Synthese muß sich mit allen möglichen Black boxes abfinden, denn wollte man abwarten, bis sie alle geöffnet sind, gäbe es keinen begrifflichen Fortschritt.

Die evolutionäre Synthese ist nicht abgeschlossen

Der heilsame Aufruhr, der derzeit die Evolutionsbiologie kennzeichnet, sollte nicht als Todeskampf aufgefaßt werden, sondern eher als die Art lebendiger Aktivität, die man in jedem gesunden und fortschreitenden Wissenschaftsbereich findet. Gewiß hat die Widerlegung der wichtigsten antidarwinistischen Theorien den Spielraum für Evolutionstheorien drastisch eingeengt. Trotzdem gab es in der Zeit der Postsynthese nach wie vor einige Meinungsverschiedenheiten unter den Darwinisten, und einige dieser Streitpunkte sind auch heute, fünfzig Jahre später, noch nicht völlig geklärt.

Für die Genetiker – oder zumindest für die von Muller, Fisher und Haldane beeinflußten – blieb weiterhin das Gen das Zielobjekt der Selektion, und man glaubte, daß die meisten Gene einen konstanten Eignungswert besitzen. Das ganze Problem der Entstehung organischer Vielfalt (das heißt der Vervielfachung der Arten) wurde von dieser Schule geringgeachtet, wenn nicht sogar ignoriert. Die Mehrzahl derer, die sich selber als Populationsgenetiker bezeichneten, arbeiteten mit einzelnen geschlossenen Genpools. Selbst Wright bekam mit seiner Theorie der schubweisen Evolution weder das Problem der Vervielfachung von Arten noch die aus der Artbildung sich ergebenden Probleme der Makroevolution in den Griff.

Im Gegensatz dazu war anderer Ansicht, wer aus der Systematik oder anderen Bereichen der Naturgeschichte zur Evolutionsbiologie gekommen war: Evolution sei ein Problem von Populationen und das ganze (potentiell sich fortpflanzende) Individuum ist Zielobjekt der Selektion. In ihren Augen war die Vervielfachung der Arten der Weg zur Lösung der Probleme der Makroevolution. Trotz ihrer Neigung, in Begriffen von Phänotypen zu denken, betrachteten sie schließlich den Genotypus als ein System von Geninteraktion – das heißt, sie erkannten die Kohäsion des Genotypus an – und neigten von allem Anfang an dazu, sich unter hierarchischen Gesichtspunkten mit Evolution auseinanderzusetzen. Für Simpson, Rensch, Huxley und Mayr bestand Evolution nicht in einer Veränderung der Genhäufigkeiten, sondern sie war der gekoppelte Prozeß adaptiven Wandels plus Entstehung von Vielfalt.

Keinesfalls handelt es sich bei allen derzeitigen Unstimmigkeiten im Darwinismus um Überbleibsel der alten Fehde Genetiker versus Naturforscher. Meinungsverschiedenheiten herrschen unter den Genetikern auch über die relative Häufigkeit neutraler Mutationen und den durch Aufspalten von Heterozygoten verursachten Anteil an Variation. Unter den Paläontologen kommt es zu Auseinandersetzungen darüber, ob phyletischer Gradualismus zur Entstehung höherer Taxa führen kann oder nicht. Und unter anderen Evolutionstheoretikern gibt es Uneinigkeit über die Gültigkeit von Gruppenselektion, das Ausmaß von Anpassung, die Rolle, die der Konkurrenz zukommt, die Häufigkeit sympatrischer Artentstehung, darüber, wie kontinuierlich oder schubweise Evolution ist, in welchem Maße alle Komponenten des Phänotypus eine Ad-hoc-Selektion widerspiegeln, wie groß der Anteil allopatrischer Artbildung ist, was das Zielobjekt der Selektion ist, wieviel genetische Variation in Populationen gespeichert ist und in welchem Maße die neuen Erkenntnisse der Molekularbiologie eine Überprüfung der gegenwärtigen Theorie erfordern. Allerdings tut keine dieser Meinungsverschiedenheiten, ganz gleich, was dabei schließlich herauskommt, den Grundprinzipien des Darwinismus Abbruch.

Die von den Anhängern der evolutionären Synthese vertretenen Schlußfolgerungen waren zwar selten völlig falsch, aber oft unvollständig und etwas simpel. Insbesondere zwei Arten von Prozessen zog man häufig nicht gebührend in Betracht: (1) mehrfache gleichzeitige Verursachungen und (2) pluralistische Lösungen. Lassen Sie mich einige Beispiele für gleichzeitige Verursachungen anführen. Bei allen Selektionsphänomenen – und bei Selektion handelt es sich natürlich um einen nicht dem Zufall unterliegenden Prozeß – können gleichzeitig Zufallsphänomene auftreten. Oder, um ein anderes Beispiel zu nennen: Artbildung ist nie ausschließlich eine Sache der Gene oder Chromosomen, sondern auch eine des Wesens und der Geographie der Populationen, in denen es zu diesen genetischen

Veränderungen kommt. Geographie und genetische Veränderungen von Populationen beeinflussen den Artbildungsprozeß gleichzeitig.

Weit schwerer wog, daß der Pluralismus häufig von evolutionären Phänomenen vernachlässigt wurde. Darwin war sich des Pluralismus des Evolutionsprozesses sehr wohl bewußt. Je eingehender man diese Prozesse untersucht, desto mehr beeindruckt einen ihre Vielfalt. Viele Unstimmigkeiten in der Evolutionsbiologie erwachsen aus der Unfähigkeit bestimmter Wissenschaftler, diese Vielfalt gebührend in Betracht zu ziehen. Für fast jede evolutionäre Herausforderung scheint es Vielfachlösungen zu geben. Im Verlauf der Artbildung entstehen bei manchen Organismengruppen zuerst Isolationsmechanismen, die vor der Paarung wirksam werden, bei anderen zuerst solche, die sich nach der Paarung entfalten. Manchmal sind geographische Rassen genauso unterschiedlich wie gute Arten, aber durchaus nicht reproduktiv isoliert. Andererseits können vom Phänotypischen her ununterscheidbare Arten (Zwillingsarten) reproduktiv vollständig isoliert sein. Einige Arten sind außergewöhnlich jung – sie sind erst vor zweitausend bis zehntausend Jahren entstanden –, während andere sich in zehn Millionen bis fünfzig Millionen Jahren nicht sichtbar verändert haben. Bei einigen Gruppen sind Polyploidie oder asexuelle Fortpflanzung von Bedeutung, die bei anderen ganz fehlen. Chromosomenumstrukturierung scheint bei einigen Gruppen, etwa den Morabinae-Heuschrecken in Australien, eine wichtige Komponente der Artbildung zu sein, bei anderen jedoch nicht vorzukommen. Kreuzung zwischen Arten ist bei einigen Gruppen häufig, bei anderen hingegen kommt es nur selten oder gar nicht dazu. Bei einigen Gruppen erfolgt Artbildung ausgesprochen häufig, bei anderen scheint sie ein seltener Vorgang zu sein.

Allein daraus, daß es in bestimmten Arten einen geringen Genfluß gibt, kann man nicht schließen, Genfluß sei bei allen Arten irrelevant. In Wirklichkeit scheint der Genfluß selbst bei nahe verwandten Arten sehr unterschiedlich zu sein. Daß es bei vielen Gründerpopulationen nicht zu einer großen genetischen

Umstrukturierung kommt, ist kein Beweis dafür, daß genetische Revolutionen nie stattfinden können. Parapatrie kommt häufig bei Gruppen vor, in denen sich postzygotische Isolationsmechanismen zuerst entwickeln, während präzygotische zu diesem Zeitpunkt noch sehr unvollständig sind; dies rechtfertigt jedoch keineswegs, daß man alle Fälle von Parapatrie mit ein und demselben Mechanismus erklärt. Die eine Stammeslinie kann sich sehr schnell entwickeln, während andere, selbst nahe verwandte, über Jahrmillionen einen völligen Stillstand durchmachen können. Kurz gesagt: Es gibt mehrere mögliche Lösungen für viele evolutionäre Herausforderungen, aber sie alle stehen in Einklang mit dem Darwinschen Paradigma.

Die meisten Evolutionsbiologen, vor allem jene, die sich mit einer einzigen Organismengruppe beschäftigen, neigen dazu, den außergewöhnlichen Pluralismus der Evolution zu unterschätzen. Wie François Jacob (1977) richtig gesagt hat, die Evolution ist ein Flickschuster und bedient sich in einer gegebenen Situation dessen, was gerade zur Hand ist. Man kann fast für jedes evolutionäre Phänomen zeigen, wie sehr es sich bei den verschiedenen Gruppen von Pflanzen und Tieren unterscheidet. Aus alledem kann man folgende Lehre ziehen: Verallgemeinernde Behauptungen sind in der Evolutionsbiologie selten korrekt. Selbst wenn etwas »normalerweise« so und so ist, bedeutet das nicht, daß es immer so ist. Man sollte nie den stets gegebenen Pluralismus evolutionärer Prozesse außer acht lassen.

Fast jede wissenschaftliche Theorie bedarf laufend der Überprüfung und Ergänzung, aber derlei Änderungen berühren nicht unbedingt den eigentlichen Kern der Theorie. Die Mendelsche Theorie der Vererbung ist dafür ein gutes Beispiel. Als man sie 1900 wiederentdeckte, wurde sie in Form dreier Gesetze formuliert. Innerhalb weniger Jahre stellte man fest, daß zwei dieser Gesetze, das der Dominanz und das der unabhängigen Verteilung, nicht allgemeingültig sind. Dennoch hat kein Mensch behauptet, daß damit Mendels Theorie widerlegt sei. Die ständigen kleinen Verbesserungen und Ergänzungen der darwinistischen Theorie einschließlich der Fassung, die sie im Rahmen der Synthese erhielt, taugen ebensowenig zu Widerlegungen.

Einige Kritiker haben den Architekten der evolutionären Synthese vorgeworfen, sie hätten behauptet, alle ungeklärten Fragen der Evolution gelöst zu haben. Diese Anschuldigung ist schlichtweg absurd; ich kenne keinen einzigen Evolutionstheoretiker, der sich je zu einer solchen Behauptung verstiege. Die Verfechter der Synthese erhoben lediglich den Anspruch, zu einer soweit abgesicherten Ausarbeitung des darwinistischen Paradigmas gelangt zu sein, die nicht Gefahr lief, durch die noch vorhandenen Rätsel umgestoßen zu werden. Kein Mensch leugnete, daß viele Fragen offenblieben, aber man hatte das Gefühl, ganz gleichgültig, welche Antwort herauskäme, sie würde mit dem Darwinschen Paradigma in Einklang stehen. Bis heute ist, so will mir scheinen, diese Zuversicht nicht enttäuscht worden.

Der Einfluß der Molekularbiologie auf die Evolutionstheorie

Zu Beginn der Geschichte der Molekularbiologie war das Gefühl weit verbreitet, die in ihrem Rahmen gemachten neuen Entdeckungen könnten ein komplettes Umschreiben der Evolutionstheorie erforderlich machen. Bedenkt man, wie rasch die Molekularbiologie sich zu einem großen und bedeutenden eigenständigen Bereich entwickelte, dann war damit zu rechnen, daß der Ruf nach einer Verbindung dieses neuen Bereichs mit der klassischen Evolutionstheorie laut würde. Wie White (1981) es ausdrückte: »Erneut brauchen wir dringend eine neue Synthese zweier Traditionen – der der Evolutions- und der der Molekularbiologie.« Andere Molekularbiologen gingen sogar noch weiter und behaupteten, daß die Erkenntnisse der Molekularbiologie einen Großteil des anerkannten Darwinismus bereits widerlegt hätten. So wurde betont: »Viele Beobachtungen [der Molekularbiologie] (induzierbare Muta-

tionssysteme, rapide genomische Veränderungen, bei denen
mobile genetische Elemente eine Rolle spielen, programmierte
Veränderungen der Chromosomenzahl) rufen die grundlegenden Annahmen der Evolutionstheorien über die Mechanismen
erblicher Veränderungen und die Fixierung genetischer Unterschiede auf den Prüfstand« (Shapiro 1983).

Tagtäglich werden in der Molekularbiologie Entdeckungen
gemacht, die dem Bild der klassischen Genetik zu widersprechen scheinen. Wohl keine war verblüffender als die Entdek-
kung, daß Gene hochkomplexe Systeme sind, die aus Exons,
Introns und flankierenden Sequenzen bestehen, und daß es
zahlreiche Gensorten gibt; einige scheinen überhaupt keine
Funktion zu haben, während man bei den aktiven Genen mehrere Funktionsklassen unterscheiden kann. Aber hat irgendeine dieser Entdeckungen eine Revision des Darwinismus erforderlich gemacht? Ich meine: nein.

Es ist keine Frage, die Molekularbiologie hat uns zahlreiche
und großartige neue Einsichten in das Funktionieren evolutionärer Ursachen vermittelt, insbesondere was die Erzeugung
genetischer Variation betrifft. Erfreulicherweise stellten sie in
den meisten Fällen eine Bestätigung oder Weiterentwicklung
bereits bestehender Ansichten dar. Lassen Sie mich nur einige
der wichtigsten Entdeckungen im molekularen Bereich erwähnen:

(1) Das genetische Programm liefert nicht von sich aus das
    Baumaterial für neue Organismen, sondern nur die Blau-
    pausen für die Ausformung des Phänotypus.
(2) Der Weg von Nukleinsäuren zu Proteinen ist eine Einbahn-
    straße. Proteine und Information, die sie möglicherweise
    erworben haben, werden nicht in Nukleinsäuren zurück-
    übersetzt.
(3) Nicht nur der genetische Code, sondern in der Tat die
    grundlegenden molekularen Mechanismen sind – von den
    primitivsten Prokaryonten aufwärts – in allen Organismen
    die gleichen.
(4) Viele Mutationen (Veränderungen in den Basenpaaren)

scheinen neutral oder fast neutral zu sein, das heißt keinen erkennbaren Einfluß auf den selektiven Wert des Genotyps zu haben; allerdings ist dies von Gen zu Gen verschieden (siehe unten).

(5) Eine kritische vergleichende Analyse der molekularen Veränderungen während der Evolution liefert viele Teilinformationen, die sich für die Rekonstruktion der Phylogenese eignen. Besonders nützlich ist dies, wenn die morphologische Information nicht eindeutig ist. Allerdings sind molekulare Merkmale auch anfällig für Homoplasie – die parallele oder konvergente Erzeugung des gleichen Merkmals oder Phänotypus.

Interessanterweise hat bis zum heutigen Tag keine dieser Erkenntnisse eine grundlegende Revision des Darwinschen Paradigmas erforderlich gemacht. Mehr noch, die Beziehung zwischen Molekular- und Evolutionsbiologie ist nicht ganz einseitig gewesen. Darwinistisches Denken hat einen wesentlichen Beitrag in der Entwicklung der Biochemie zur Molekularbiologie geleistet. Die Erforschung der Phylogenese von Molekülen und die Suche nach der selektiven Bedeutung der Molekularstruktur haben die Molekularbiologie enorm bereichert. In der Literatur der Molekularbiologie findet man jetzt keine gründliche Untersuchung eines bestimmten Moleküls oder einer Gruppe von Molekülen mehr, die sich nicht zugleich um eine evolutionäre Erklärung der Molekularstrukturen bemüht, auf die man bei dieser Untersuchung gestoßen ist.

Neutrale Evolution

In der klassischen Populationsgenetik ging man davon aus, daß alle Mutationen entweder irgendwie vorteilhaft sind und daraufhin in den Genotypus eingebaut werden (außer sie gehen bei Zufallsprozessen verloren) oder daß sie mehr oder weniger schädlich sind und, sobald sie homozygot werden, ausgemerzt werden. Diese Ansicht kommt beispielsweise in den Veröffentlichungen von R. A. Fisher und H. J. Muller zum Ausdruck.

Allerdings schien die in der Natur anzutreffende genetische Variation größer zu sein, als durch einen solchen Prozeß der relativ raschen Ausmerzung von Varianten erklärt werden kann. Dies brachte Dobzhansky auf die Hypothese, daß Heterozygoten manchmal den Homozygoten überlegen (»überdominant«) sind und daß eine solche »ausgewogene Selektion« das Fassungsvermögen des Genpools beträchtlich steigert.

Als 1966 mit der neuen Methode der Elektrophorese (Hubby und Lewontin 1966; Harris 1966) Enzymgene in natürlichen Populationen untersucht wurden, stellte man fest, daß abweichende Gene (Allele) äußerst häufig waren. Aus diesem und anderen Gründen stellten Kimura (1968) sowie King und Jukes (1969) eine Theorie der »neutralen Evolution« zur Diskussion, die behauptete, daß viele, vielleicht sogar die meisten Aminosäure- und Nukleotidsubstitutionen in der Evolution zufällige Fixierungen neutraler oder nahezu neutraler Mutationen seien. Ein neues Allel (beziehungsweise eine Basenpaarsubstitution) wird neutral genannt, wenn es funktional dem Allel (oder Basenpaar), das es ersetzt, äquivalent ist und die Eignung eines Organismus nicht verändert. Obwohl die meisten Evolutionstheoretiker, darunter auch ich, dieser Theorie anfangs heftig widersprachen, ist mittlerweile die große Häufigkeit »neutraler« Ersetzungen von Basenpaaren erwiesen. Andererseits wurde auch die selektive Bedeutung von zahlreichen Allelen bewiesen (etwa von Nevo 1983), die Neutralitätsenthusiasten bis dahin für neutral gehalten hatten.

Ein Hauptgrund für den hitzigen Streit zwischen Neutralisten und ihren Gegnern war, daß sie das Zielobjekt von Selektion verschieden deuten. Die Neutralisten sind Reduktionisten, für sie ist das Gen – genauer gesagt, das Basenpaar – das Zielobjekt der Selektion. Für sie handelt es sich bei jeder Fixierung eines »neutralen« Basenpaares um einen Fall neutraler Evolution. Für den darwinistischen Evolutionstheoretiker ist das Individuum als Ganzes das Zielobjekt der Selektion, und Evolution findet nur statt, wenn sich die Eigenschaften des Individuums verändern. Eine Ersetzung neutraler Gene wird lediglich als evolutionäres »Rauschen« (*noise*) und als irrelevant für die phänotypische Evolution betrachtet. Für welche Deutung man sich auch entscheidet, Forschungen im Molekularbereich haben ergeben, daß die Anzahl neutraler Veränderungen weit größer zu sein scheint als die Anzahl von Genveränderungen, denen eine adaptive Bedeutung zukommt.

Je wichtiger ein Gen oder ein Teil eines Gens von seiner Funktion her ist, desto geringer die Wahrscheinlichkeit einer Mutation, die es verbesserte. Fast alle Mutationen eines solchen Gens wären schädlich und würden ausselektiert. Eine potentielle Bedeutung neutraler Evolution, über die wir noch nichts wissen, ist die Möglichkeit, daß einige durch neutrale Mutation erzeugte neue Allele in einem späteren Stadium der Evolution auf einem anderen genotypischen Hintergrund einen selektiven Wert haben können.

Der Darwinist fragt sich, ob es überhaupt statthaft ist, durch nichtselektierte Zufallsfixierungen verursachte Veränderungen in Genhäufigkeiten als Evolution zu bezeichnen. In einem Teil der älteren Evolutionsliteratur (vor allem des 19. Jahrhunderts) wird die Frage erörtert, wie Evolution von bloßer Änderung zu unterscheiden sei. Darin wurde betont, daß es sich bei den ständigen Wetter- und Klimaveränderungen, bei der Aufeinanderfolge der Jahreszeiten im Jahreszyklus, den geomorphologischen Veränderungen einer verwitternden Gebirgskette oder eines sich verlagernden Flußbettes und anderen derartigen Veränderungen nicht um Evolution handelt. Interessanterweise ähneln die Veränderungen in nichtselektierten Basenpaaren und Genen viel mehr diesen nichtevolutionären Veränderungen als einer Evolution. Vielleicht sollte man nichtdarwinistische Evolution lieber als nichtdarwinistische Veränderungen während der Evolution bezeichnen.

Unterbrochene Gleichgewichte

Seit Darwin haben die Paläontologen immer wieder darauf hingewiesen, daß kontinuierliche Sequenzen von Fossilien sich in der Zeit nicht verändern oder nur kleine Veränderungen hinsichtlich Größe oder Größenverhältnissen aufweisen. Alle größeren evolutionären Veränderungen scheinen ziemlich unvermittelt zu erfolgen und nicht über Zwischenglieder mit den vorangegangenen Fossilien zusammenzuhängen. Diese Beobachtung veranlaßte Schindewolf und andere Paläontologen, die These von der sprunghaften Evolution aufzustellen. Wie kann ein Anhänger der darwinistischen allmählichen Evolution das Rätsel dieser Lücken erklären? Die Theorie der peripatrischen Artentstehung, das heißt einer Artbildung in geographisch isolierten Populationen, erlaubte es Mayr (1954, 1963) folgende These aufzustellen: Solche beginnenden Arten, die eine Phase der Inzucht durchlaufen, sind zuweilen der Schauplatz einer besonders raschen Umwandlung, und sie hinterläßt infolge der geographischen Isolierung und der kurzen Dauer solcher Gründerpopulationen keine Spuren in der Überlieferung von Fossilien.

Auf dieser Grundlage entwickelten Eldredge und Gould (1972) die Theorie der Evolutionsschübe. Die meisten großen evolutionären Ereignisse finden während kurzer Schübe der Evolution statt, und erfolgreiche neue Arten treten, sobald sie weitverbreitet und häufig geworden sind, in eine lange Periode des Stillstandes ein. Diese Periode dauert manchmal Jahrmillionen, und in ihren Verlauf kommt es nur zu minimalen Veränderungen. Derlei Artbildungsevolution ist, da sie in Populationen stattfindet, trotz ihrer rapiden Geschwindigkeit graduell und steht daher in keinerlei Widerspruch zum Darwinschen Paradigma. Wie oft solche drastischen Umwandlungen in Gründerpopulationen stattfinden und wieviel Prozent der neuen Arten in eine darauffolgende Periode des Stillstands eintreten, ist allerdings nach wie vor umstritten.

Soziobiologie

Die vielleicht wichtigste Entwicklung in der Evolutionsbiologie war, daß evolutionäre Vorstellungen in fast alle Zweige der Biologie eindrangen. Beispielsweise fragt der Ökologe, inwieweit ein Ökosystem das Ergebnis solcher evolutionärer Kräfte wie Konkurrenz und räuberisches Verhalten ist. Durch welche Art von Selektionsdrücken wird die Aufteilung der Ressourcen geregelt? In der Tat müssen bei jedem ökologischen Problem die vermutlich beteiligten Selektionsfaktoren rekonstruiert und auf ihre möglichen adaptiven Bedeutungen hin untersucht werden. Das gleiche gilt für tierisches Verhalten. Nicht nur die physiologischen Ursachen des Verhaltens müssen erforscht werden, sondern auch die adaptive Bedeutung jedes Verhaltens sowie die selektiven Wirkkräfte, die Verhalten in bezug auf andere Anpassungen einer Art regulieren.

Es ist das Verdienst von Edward O. Wilsons großartigem Werk *Sociobiology: The New Synthesis* (1975), darauf hingewiesen zu haben, daß bei der Untersuchung sozialen Verhaltens ein evolutionärer Ansatz besonders wichtig ist. Wilson definierte Soziobiologie »als die systematische Untersuchung der biologischen Grundlage jedweden sozialen Verhaltens«. Leider löste die leichte Zweideutigkeit des Wortes »biologisch« fast augenblicklich einen erbitterten Streit aus. Für Wilson bedeutete »biologisch«, daß eine genetische Disposition *einen Beitrag* zu sozialem Verhalten leistet. Für seine politisch motivierten Gegner bedeutete »biologisch«, daß soziales Verhalten »genetisch determiniert« wird. Natürlich wären wir Menschen reine genetische Automaten, wenn all unsere Handlungen von Genen bestimmt wären. Jeder stimmt dem zu, daß dies nicht der Fall ist. Dennoch wissen wir auch, vor allem aus Untersuchungen von Zwillingen, die, nach der Geburt getrennt, in verschiedenen Familien aufwuchsen, sowie aus anderen Adoptionsstudien, daß ein bemerkenswert großer Anteil unserer Einstellungen, Eigenschaften und Neigungen bis zu einem gewissen Grad durch unser genetisches Erbe bestimmt ist. Der moderne Biologe ist viel zu klug, um die alte polarisierte Kontroverse Natur-Erziehung (*nature-nurture*) wiederaufleben zu lassen; wir wissen, daß fast alle menschlichen Eigenschaften sowohl erblich als auch von der kulturellen Umwelt beeinflußt werden (Alexander 1979). Wilsons wichtigste Feststellung war, daß man bei der Untersuchung menschlichen Verhaltens in vieler Hinsicht auf die gleichen Probleme stößt wie bei Tierstudien. Dementsprechend lassen sich viele Antworten, die offenbar tierisches Verhalten erklären, auch bei der Untersuchung menschlichen Verhaltens anwenden.

Obwohl der Begriff »Soziobiologie« erst 1975 geprägt wurde, hatte man schon lange vorher Phänomene untersucht, die jetzt unter diesem Begriff zusammengefaßt werden; in der Tat wurden einige dieser Probleme bereits von Darwin konstruktiv analysiert. Die Zahl der Probleme in diesem Bereich ist Legion, und ich will nur einige wenige erwähnen. Das Kernproblem ist vielleicht die Frage nach der Evolution des Altruismus. Selektion ist ihrem Wesen nach ein durch und durch eigennütziger Prozeß, der nur am reproduktiven Vorteil, den er einem Individuum verschafft, gemessen wird. Die große Frage ist nun, wie sich wahrer Altruismus unter diesen Umständen entwickeln kann. Trivers (1985) hat einen Akt als altruistisch definiert, »der auf Kosten des Handelnden einem anderen Organismus zugute kommt und bei dem Kosten und Gewinn am reproduktiven Erfolg gemessen werden«. Dies führt uns zu der Frage: Wie kann natürliche Auslese einen Akt begünstigen, der für den Handelnden schädlich ist?

Ein Vorschlag war, Altruismus könnte sich über sogenannten reziproken Altruismus entwickeln, indem Handelnder A einen in Hinblick auf Individuum B selbstlosen Akt in der Erwartung ausführt, daß dieses Individuum das vergilt und seinerseits einen altrustistischen Akt zugunsten A ausführt. In meinen Augen ist die Anwendung des Begriffs Altruismus auf den Austausch von Gefälligkeiten irreführend, da ein solches Verhalten den jeweils Agierenden nicht abträglich ist, wenn es zu einem angemessenen Austausch kommt.

Zwei weitere Mechanismen wurden zur Diskussion gestellt, um die Entwicklung von Altruismus zu erklären. Schon 1932 deutete J. B. S. Haldane an, altruistische Akte gegenüber nahen Verwandten könnten das Überleben und die Ausbreitung derjenigen Gene des selbstlos Handelnden begünstigen, die er mit diesen Verwandten gemeinsam hat. Da Eignung am Überleben der Gene eines Individuums gemessen wird, ist es legitim, die erfolgreiche Übertragung der eigenen Gene auf seine Nachkommen und andere Verwandte als »Gesamteignung« zu bezeichnen. Dieser Prozeß des Beitragens zum Überleben der nahen Verwandten (mit denen man einen Teil des Genotypus gemeinsam hat) wurde als »Verwandtschaftsselektion« (*kin selection*) bezeichnet.

Elternliebe ist natürlich eine besondere Art von Altruismus, die eine Steigerung des Fortpflanzungserfolgs zur Folge hat. Es gibt eine umfangreiche Literatur zur Beziehung von Gatten, zwischen ihnen und ihren Nachkommen sowie anderen Verwandten, wobei diese in jedem Fall zu Verwandtschaftsselektion führt. Genaugenommen ist dies nur ein Teil des ungemein wichtigen Themas »Selektion für reproduktiven Erfolg«. Es gibt Faktoren, die Verwandtschaftsselektion begünstigen, und andere, die ihr entgegenstehen. Das Endergebnis ist ein Kompromiß zwischen diesen widerstreitenden Selektionsdrücken. Maynard Smiths (1982) Übertragung der Spieltheorie auf die Frage des Altruismus und des selbstsüchtigen Verhaltens war besonders erhellend.

Strenggenommen wirkt Verwandtschaftsselektion nur in Gruppen naher Verwandter, denn der aus der Hilfe für ein anderes Individuum resultierende genetische Vorteil nimmt mit wachsendem genetischem Abstand schnell ab. Es gibt jedoch eine andere Möglichkeit, wie altruistisches Verhalten im Rahmen der Evolution begünstigt werden kann. In einigen Gruppen, die sowohl aus verwandten als auch aus nichtverwandten Mitgliedern bestehen, haben sich bestimmte Formen gegenseitiger Hilfe herausgebildet, die der ganzen Gruppe zugute kommen. Ein typisches Beispiel ist die Existenz von Individuen, die als Wachposten fungieren, während der Rest der Gruppe frißt. Wenn ein solcher Posten Warnrufe ausstößt, um die anderen Mitglieder der Gruppe auf ein Raubtier aufmerksam zu machen, setzt er sich dadurch einer erhöhten Gefahr aus, aber dieses altruistische Verhalten kommt dem Überleben und dem reproduktiven Erfolg seiner Gruppe als Ganzer zugute.

Eine derartige soziale »Moral« gibt es in rudimentärer Weise bei vielen lebenden Organismen, und Wilson hat sie in seiner

Sociobiology genauestens beschrieben. Von erheblich größerer Bedeutung ist sie beim Menschen, bei dem jede kulturelle Gruppe über ihren eigenen Moralkodex verfügt, der auf lange Sicht über das Überleben und den letztlichen Erfolg der Gruppe entscheidet. Bei der menschlichen Spezies muß man, das ist ganz klar, zwei Komponenten moralischen Verhaltens unterscheiden, eine ererbte, die auf Gesamteignung beruht – vor allem Elternliebe –, und eine kulturelle, die in allen Kulturen in Gesetzen und religiösen Dogmen kodifiziert ist. Zweifelsohne wird die genetische Neigung, solche kulturellen Vorschriften anzunehmen und aufrechtzuerhalten, von der Selektion begünstigt (Waddington 1960), aber den Inhalt des moralischen Bestands eignet sich das Individuum im Laufe seines Lebens an; er ist nicht genetisch fixiert.

Die Untersuchung von Gruppen, die altruistisches Verhalten an den Tag legen, ließ erneut eine lange Kontroverse über die Gültigkeit sogenannter Gruppenselektion aufleben. Einige Autoren behaupteten, nicht nur Individuen, sondern ganze Gruppen könnten gelegentlich als Zielobjekt der Auslese dienen. Wir wissen inzwischen, daß diese Behauptung nur auf Gruppen mit einem Eignungswert zutrifft, der das arithmetische Mittel der Eignungswerte der Individuen, aus denen die Gruppe besteht, übersteigt. Es gibt zwei Arten solcher Gruppen – die einen bestehen aus Verwandten, und in ihnen trägt Gesamteignung zur Eignung der Gruppe bei; die anderen setzen sich aus Nichtverwandten zusammen, die verschiedene Formen wechselseitiger Hilfe praktizieren. Der Streit um die Gültigkeit von Gruppenselektion ist dadurch beigelegt worden, daß man sorgfältig zwischen diesen beiden Gruppen unterschied. Einige Gruppen unterliegen einer Gruppenselektion, andere hingegen nicht.

Fragen an der Forschungsfront

Fragte man mich, an welchen Fronten der Evolutionsbiologie man in den nächsten zehn oder zwanzig Jahren die größten Fortschritte erzielen wird, würde ich die Erhellung der

Struktur des Genotypus und die Rolle der Entwicklung nennen. Die vereinfachende reduktionistische Sicht der Beziehung zwischen Genotypus, Entwicklung und Evolution besagt: Jedes Gen wird in eine entsprechende Komponente des Phänotypus übersetzt, und die Beiträge dieser Komponenten zur Eignung des daraus resultierenden Organismus bestimmen den Selektionswert dieser Gene. Diese Betrachtungsweise birgt zweifelsohne ein Körnchen Wahrheit, ist aber eine grobe Vereinfachung der tatsächlichen Beziehungen. All dies erkannte man schon zu Darwins Zeit. Darwin selber sprach von den geheimnisvollen Gesetzen der Wechselbeziehung, und Haeckel wandelte das Meckel-Serres-Gesetz in das evolutionäre Prinzip der Rekapitulation um. Dieses Prinzip stellt wiederum eine grobe Vereinfachung dar, hat aber einen wahren Kern. Die Tatsache, daß landbewohnende Wirbeltiere in ihrer Entwicklung ein Kiemenbogenstadium durchmachen, ist ein aussagekräftiger Hinweis auf ihre Abstammung von Wassertieren, um nur ein Beispiel zu nennen. Beide Verallgemeinerungen lenken die Aufmerksamkeit auf ganzheitliche Wechselbeziehungen. Im Gegensatz dazu vernachlässigt die Ansicht einiger Reduktionisten, die Rolle der Gene sei mit dem weitgehend unabhängigen Beitrag eines jeden Gens zu einem besonderen Aspekt des Phänotypus erschöpfend beschrieben, die Tatsache, daß der Genotypus ein komplexes System von Wechselwirkungen ist.

Jahr für Jahr werden ein oder zwei Bücher oder Sammelbände von Symposien zur Beziehung zwischen Genotypus, Entwicklung und Evolution veröffentlicht, und es ist schier unmöglich, in diesem kurzen Kapitel die Grundprobleme auch nur annähernd zu umreißen. Was noch schlimmer ist, bis jetzt hat man, obwohl man mittlerweile die Fragen zunehmend besser versteht, keine befriedigenden Antworten auf die meisten dieser Fragen gefunden. Wenn Antworten zur Diskussion gestellt wurden, dann waren sie oft widersprüchlich. Ich will mich nun nicht einer detaillierten Übersicht der Probleme und der einander widersprechenden Versuche, sie zu lösen, befleißigen, sondern mich darauf beschränken, lediglich einige allgemeine Richtungen künftiger Forschung aufzuweisen.

Bereiche des Genotypus

Wir wissen heute, daß es verschiedene Klassen von Genen gibt. Sie spielen eine jeweils unterschiedliche Rolle nicht nur in der Ontogenese, sondern auch in der Evolution. Darüber hinaus scheinen bestimmte Gene zu funktionalen Einheiten verknüpft zu sein und als solche die Entwicklungen zu regulieren. Offenbar stellen sie genau abgegrenzte Bereiche dar, die dem Genotypus eine hierarchische Struktur verleihen. Die Existenz solcher Bereiche steht nicht notwendig im Widerspruch zur Mendelschen Segregation. Man weiß noch nicht, wie die entwicklungsmäßige und evolutionäre Bewahrung solcher Bereiche bewerkstelligt wird, obwohl die Entdeckung des weitverbreiteten Auftretens (von Hefepilzen bis zu Säugetieren) von Homeoboxen (festumrissenen Gensequenzen; Robertson 1985) und die Untersuchung vollständiger Sätze von Immungenen bestimmte Möglichkeiten aufscheinen lassen.

Zur Zeit lassen vor allem indirekte Hinweise auf die Existenz solcher Bereiche schließen. Aus einer Reihe von Kategorien derartiger Hinweise möchte ich ein besonderes Phänomen herausgreifen und eingehender erörtern: die Mosaikevolution.

In der Physik ist einer der wichtigsten Parameter für einen Prozeß dessen Geschwindigkeit. In dem Bestreben, die Evolutionsbiologie so weit wie möglich der Physik anzugleichen, haben Evolutionstheoretiker seit 1859 immer wieder versucht, Evolutionsraten zu bestimmen (Simpson 1944, 1953). Leider machten sie eine reichlich enttäuschende Erfahrung. Raten der Evolution, der Artbildung und des Aussterbens können sich bei verschiedenen Organismen und unter verschiedenen Umständen um mehrere Größenordnungen unterscheiden. Wohl am verblüffendsten war die Entdeckung, daß Organismen sich nicht als harmonische Ganze entwickeln, sondern daß sich verschiedene Merkmale (Komponenten des Phänotypus) und Bereiche des Genotypus mit höchst unterschiedlichen Geschwindigkeiten entwickeln können. Dies war bereits Lamarck und Darwin bekannt und wurde inzwischen von zahlreichen Evolutionsbiologen, vor allem von Paläontologen, bestätigt.

Der *Archaeopteryx* ist ein gutes Beispiel dafür. Einige seiner Merkmale (Federn und Flügel) weisen ihn bereits als typischen Vogel aus, andere (Zähne und Schwanz) noch als Reptil, und bei wiederum anderen Merkmalen steht er mehr oder weniger zwischen den beiden Klassen. A. C. Wilson (1974) hat darauf hingewiesen, daß Frösche morphologisch äußerst konservativ sind – und dies gilt auch für ihre Chromosomen –, daß aber verschiedene phyletische Linien von Fröschen in ihren Enzymgenen mit etwa der gleichen Rate abzuweichen scheinen wie Säugetiere, die sich hinsichtlich aller drei Merkmaltypen sehr rasch entwickeln. Dies legt die Vermutung nahe, daß verschiedene Bereiche des Genotypus sich offenbar in beträchtlichem Grad unabhängig entwickeln. Sehr gut veranschaulicht das beispielsweise ein Vergleich des Menschen mit seinen anthropoiden Vorfahren. Im großen und ganzen ist der Mensch dem Schimpansen am ähnlichsten, aber in einigen Merkmalen ist der Genotypus des Menschen dem des Gorillas oder sogar des Orang-Utans ähnlicher.

Um die unabhängige Evolution verschiedener Bereiche des Genotypus zu bezeichnen, verwandte man den Begriff »Mosaikevolution«. Auf der molekularen Ebene stellte man nicht nur fest, daß verschiedene Moleküle verschiedene Evolutionsraten haben, sondern auch, daß dasselbe Molekül seine Geschwindigkeit in verschiedenen Stadien der Evolution einer phyletischen Linie ändern kann. Jede Periode großer adaptiver Radiation ist von einer stark gesteigerten Geschwindigkeit der molekularen Evolution begleitet, auf die später eine Verlangsamung hin zu allmählichem Wandel folgt. Die sogenannte molekulare Uhr kann für verschiedene Moleküle sehr verschiedene Zeiten anzeigen, und ihre Geschwindigkeit kann sich innerhalb einer phyletischen Linie verändern. Wie Goodman (1982: 377) zu Recht betont hat, entkräftet keine dieser Erkenntnisse über Veränderungen der molekularen Zeitabstimmung die Darwinsche These, daß natürliche Auslese die wichtigste Kraft ist, die die Evolution von Molekülen und Organismen reguliert. Bei der Erstellung von Stammbäumen muß allerdings die Mosaikevolution sorgfältig in Betracht gezogen werden.

Das Gegenteil der unabhängigen Evolution von Bereichen des Genotypus ist die Integration solcher Bereiche und der anscheinende Zusammenhalt der Gene, die zu einem dieser Bereiche gehören. Wodurch genau dieser Zusammenhalt geregelt wird, ist noch weitgehend unbekannt, aber daß es ihn gibt, ist überreich dokumentiert. Die nahezu vollständige Integrität des Genkomplexes, der die Anzahl der Extremitäten bei Vierfüßern, Insekten und Spinnentieren regelt, ist nur eines von buchstäblich Hunderten von Beispielen. Während der präkambrischen Periode, als der Zusammenhalt des Eukaryonten-Genotypus noch sehr lose war, bildeten sich gut siebzig verschiedene morphologische Typen (Phyla) heraus. Der Verlauf der dann folgenden Evolution zeigt eine Tendenz zu einem fortschreitenden »Erstarren« des Genotypus; damit wurde ein Abweichen von einem seit langem bestehenden morphologischen Typus immer schwieriger. Dies ist eine der wohlbekannten Einschränkungen des evolutionären Wandels und einer der Gründe, weshalb natürliche Auslese einen solch begrenzten Spielraum hat. Wenn wir von Erstarren des Genotypus oder lieber von der fortschreitenden Erstarrung des Genotypus sprechen, verwenden wir einfach Worte, um unsere Unwissenheit zu verbergen. Dennoch weist alles darauf hin, sich aus der Zwangsjacke eines in hohem Maße integrierten (erstarrten) Genotypus zu befreien, ist desto schwieriger, je älter ein Taxon ist. Aus diesem Grund ist seit dem Kambrium, vor über fünfhundert Millionen Jahren, kein einziger neuer morphologischer Typus (Phylum) entstanden.

Auf den ersten Blick scheint diese Schlußfolgerung durch die adaptiven Radiationen, die in so vielen phyletischen Linien stattgefunden haben, widerlegt zu werden. Nach einem Stillstand von hundert Jahrmillionen oder länger kann es bei einem höheren Taxon plötzlich zu einem Aufbrechen in zahlreiche neue Taxa kommen, wie dies bei den Säugetieren im Paläozän und Eozän der Fall war. Allerdings handelte es sich dabei zum größten Teil um Ad-hoc-Anpassungen, die im Grunde nicht sehr weit vom »Bauplan« oder strukturellen Typus der Vorfahren abwichen. Soweit ich dies beurteilen kann, gilt das gleiche für die meisten anderen uns bekannten Radiationen. Zum Beispiel haben die Singvögel seit ihrer Entstehung über fünftausend lebende Arten hervorgebracht, aber abgesehen von ihrem Gefieder und ihren Schnäbeln zeigen sie nur geringe Abweichungen vom Standardbauplan.

Die Macht dieser Einschränkungen ist auf jeder hierarchischen Ebene spürbar, gelegentlich sogar auf der Ebene der Art, wie die Häufigkeit von Zwillingsarten (die reproduktiv isoliert, aber morphologisch identisch sind) zeigt. In der Tat handelt es sich bei einem Großteil der geographischen Variation lediglich um geringfügige quantitative Veränderungen der Merkmale, ohne daß dadurch der Genotypus nennenswert beeinflußt würde. Wenn eine Umstrukturierung stattfindet, so geschieht sie offenbar fast immer in peripher isolierten Gründerpopulationen.

Beweise für einen zunehmenden oder abnehmenden Zusammenhalt des Genotypus findet man auch bei der Untersuchung der Makroevolution. Evolutionäre Beschleunigung oder Verlangsamung lassen alle oder zumindest die meisten Mitglieder eines neuen, höheren Taxons erkennen. Ein allgemein bekanntes Schulbeispiel ist die Evolution der Lungenfische, die Westoll (1949) ausgearbeitet hat. Fast die gesamte anatomische Umstrukturierung in dieser neuen Klasse von Fischen fand in den frühesten Stadien (im Verlauf von ungefähr 25 Jahrmillionen) statt, während in den nachfolgenden zweihundert Millionen Jahren so gut wie keine Veränderung eintrat. Solch ein drastischer Unterschied zwischen den Raten evolutionären Wandels bei jungen und reifen höheren Taxa ist praktisch die Regel. Die Fledermäuse spalteten sich innerhalb weniger Jahrmillionen von den Insektenfressern ab, aber in den letzten vierzig Jahrmillionen haben sie sich morphologisch kaum verändert. Die Fossilienüberlieferung (so lückenhaft, wie sie ist) legt den Schluß nahe, daß das gleiche für die anatomische Umstrukturierung bei der Entstehung der Vögel und Wale gilt. Ausnahmen gibt es nur sehr wenige.

Die Bedeutung somatischer Programme in der Evolution

Die traditionelle Formel, nach der Entwicklung durch den Genotypus programmiert ist, impliziert einen viel zu direkten Weg vom Gen zum Endpunkt seines Wirkens im Phänotypus. Seit Kleinenberg (1886) wissen die Embryologen, daß Gene die Hervorbringung einer embryonalen Struktur bewirken können, die dann als Teil des Programms für spätere Stadien der Entwicklung dient. Nicht alle Entwicklungsprogramme sind rein genetischer Art, es gibt auch somatische Programme. Das verdeutlicht wohl am besten das Beispiel von Programmen, die Verhalten steuern. Legt beispielsweise ein männlicher Vogel ein bestimmtes Balzgebaren an den Tag, so wird dies nicht direkt vom Genotypus programmiert, sondern von einem während der Ontogenese im zentralen Nervensystem niedergelegten sekundären Programm. In Wirklichkeit steuert eben dieses sekundäre – somatische – Programm das Verhalten.

Die Existenz somatischer Programme hat für die Evolution des Verhaltens wahrscheinlich keine nachhaltigen Folgen. Für die morphologische Evolution kann sie hingegen von großer Bedeutung sein. Sie könnte dazu beitragen, viele verwirrende Phänomene sowohl der Ontogenese als auch der Evolution zu erklären. Zum Beispiel könnte sie die meisten Fälle von Rekapitulation verständlich machen. Wenn eine embryonale Struktur der Vorfahren einer Art in der Ontogenese beibehalten wird, obwohl sie keinerlei funktionalen Wert mehr zu haben scheint (wie etwa die Kiemenbögen der Säugerembryonen), dann ist eine solche embryonale Struktur möglicherweise deswegen von der natürlichen Auslese beibehalten worden, weil sie als somatisches Programm für spätere ontogenetische Stadien fungiert. Die Existenz somatischer Programme erlegt der Evolution wichtige Einschränkungen auf. Ein Großteil der Entwicklung bei den höheren Taxa scheint durch solche evolutionärem Wandel gegenüber offenbar äußerst resistente somatische Programme eingeschränkt zu sein. Diese Feststellung ist selbstverständlich zur Zeit nur eine Mutmaßung. Die neuere Forschung im Bereich der molekularen Ontogenese ist jedoch sehr vielsprechend. Ein Fortschritt kann nur langsam vonstatten gehen, denn bei Entwicklung handelt es sich um hochkomplizierte Wechselwirkungen zwischen verschiedenen Bereichen des Genotypus und verschiedenen somatischen Programmen.

Dieser Themenbereich ist vor allem für Forscher von Interesse, die sich mit Makroevolution befassen. Hier wird die Verbindung zwischen der Genetik von Individuen und Populationen auf der einen Seite und den wichtigsten makroevolutionären Prozessen und Ereignissen auf der anderen Seite hergestellt werden. Die Forschung wird gleichzeitig reduktionistische Ansätze (das heißt die Erforschung des Wirkens individueller Gene) wie holistische (das heißt die Untersuchung von Bereichen des Genotyps und ganzer somatischer Programme) verfolgen müssen.

Darwinismus heute

Die grundlegende Theorie der Evolution hat sich so durchgängig als zutreffend erwiesen, daß die moderne Biologie Evolution einfach als Faktum betrachtet. Wie sonst außer mit dem Wort »Evolution« sollen wir die Aufeinanderfolge von Faunen und Floren in genau datierten geologischen Formationen bezeichnen? Und evolutionärer Wandel ist aufgrund der Veränderung des Inhalts der Genpools von Generation zu Generation ebenfalls einfach ein Faktum. Evolution ist die faktische Basis, auf der die vier anderen Darwinschen Theorien aufbauen. Beispielsweise würden alle durch gemeinsame Abstammung zu erklärenden Phänomene keinen Sinn ergeben, wäre Evolution nicht eine feststehende Tatsache.

Darwins zweite Theorie – die gemeinsame Abstammung – wurde ebenfalls durch alle Forschungen seit 1859 glorreich bestätigt. Alles, was wir über die Physiologie und Chemie von Organismen gelernt haben, stützt Darwins gewagte Spekulation, daß »alle Pflanzen und Thiere nur von einer einzigen Urform herrühren« (1859: p. 484; dt.: S. 559). Die Entdeckung, daß die Prokaryonten den gleichen genetischen Code haben wie die höheren Organismen, war die entscheidende Bestätigung von Darwins Hypothese. Und die Tatsache, daß die gesamte lebende Welt eine historische Einheit darstellt, muß zwangsläufig eine tiefreichende Bedeutung für jedes denkende Wesen und für seine Gefühle gegenüber den anderen Organismen neben ihm haben.

Welch großes Gewicht Darwin der Entwicklung von Vielfalt als einer wichtigen Komponente des Evolutionsprozesses beimaß – seine dritte Theorie –, wurde während der ersten Hälfte unseres Jahrhunderts unverdientermaßen vernachlässigt. Jetzt steht dieser Aspekt wieder im Vordergrund des Interesses insbesondere der Paläontologie und Ökologie. Was die Artbildung betrifft – jenen Prozeß, der als Quelle neuer Vielfalt dient –, war Darwin insofern etwas inkonsequent, als er die These von einer geographischen Artentstehung auf Inseln und einer weitverbreiteten sympatrischen Artentstehung auf Kontinenten vertrat. Die Kontroverse über das Thema Artbildung ist heute noch lebendig, aber unbestritten ist die grundlegende Theorie, daß Arten sich sowohl vervielfachen als auch entwickeln.

Darwins Theorie des Gradualismus, der sich nicht einmal seine guten Freunde Huxley und Galton anschließen konnten, hat schließlich und endlich triumphiert und ergibt um so mehr Sinn, je deutlicher wir erkennen, daß Evolution ein auf der Veränderung von Populationen beruhender Prozeß ist. Die einzigen erkennbaren Ausnahmen sind das gelegentliche Aufgeben sexueller Fortpflanzung und bestimmte Änderungen in Chromosomenverhältnissen, etwa Polyploidie. Diese Prozesse haben jedoch keinerlei makroevolutionäre Folgen gehabt, die sich von Populationsevolution unterschieden. Alle anderen Formen der Artbildung beziehen sich auf Populationen, selbst in der Theorie der unterbrochenen Gleichgewichte.

Der größte Triumph des Darwinismus ist: Die Theorie der natürlichen Auslese, nach 1859 achtzig Jahre lang die Auffassung einer Minderheit, ist jetzt die vorherrschende Erklärung für evolutionären Wandel. Erlangt hat sie diese Stellung sowohl aufgrund unwiderlegbarer Beweise als auch wegen des

Bankrotts der Opposition: Alle ihr widersprechenden Theorien erwiesen sich als unzutreffend. Darwin hatte es als selbstverständlich erachtet, daß jederzeit ein nahezu unerschöpflicher Bestand an Verschiedenartigkeit zur Verfügung steht und Rohmaterial für die natürliche Auslese liefert. Er hatte keine Ahnung von der Quelle dieser Variation und vertrat mehrere genetische Theorien (weiche Vererbung, Pangenese, Mischvererbung), die seitdem widerlegt worden sind. In der Tat stärken Fortschritte in der Genetik auch weiterhin die Theorie der natürlichen Auslese eher, als daß sie sie schwächen. Bei der begrifflichen Fassung der Selektionstheorie erwies sich Darwin als bemerkenswert scharfsinnig. Er sah sehr klar (besser als A. R. Wallace und die meisten anderen seiner Zeitgenossen), daß es zwei Arten von Auslese gibt, eine für allgemeine Tauglichkeit, die zum Überleben und zur Aufrechterhaltung oder Verbesserung von Angepaßtheit beiträgt; diese bezeichnete er als »natürliche Auslese«. Die andere führt zu größerem Fortpflanzungserfolg, und diese nannte er »sexuelle Auslese«.

Moderne Evolutionstheoretiker unterscheiden sich von Darwin fast ausschließlich in Fragen der Gewichtung. Zwar war sich Darwin der probabilistischen Natur der Auslese bewußt, aber der moderne Evolutionstheoretiker hebt sie noch viel stärker hervor. Er erkennt, welch große Rolle der Zufall in der Evolution spielt. Darwin hat nie gesagt: »Selektion kann alles«, auch wir sagen dies nicht. Es gibt im Gegenteil mächtige Einschränkungen der Auslese. Und aus verschiedenen Gründen kann Selektion erschreckend oft ein Aussterben nicht verhindern.

Einhundertunddreißig Jahre erfolgloser Widerlegungen endeten mit einer ungeheuren Stärkung des Darwinismus. Meinungsverschiedenheiten innerhalb der Evolutionsbiologie beziehen sich auf spezielle Fragen wie das Auftreten sympatrischer Speziation, die Existenz zusammenhängender Bereiche innerhalb des Genotypus, die relative Häufigkeit vollständigen Stillstands der Arten, die Artbildungsrate, die Bedeutung neutraler Allele-Ersetzung und was sonst noch innerhalb des Systems des Darwinismus abläuft. Die grundlegenden darwinistischen Prinzipien gelten heute unangefochtener denn je.

LITERATURHINWEISE

Adams, M. 1980. Sergei Chetverikov, the Koltsov Institute, and the evolutionary synthesis. In: E. Mayr und W. B. Provine, Hrsg., *The Evolutionary Synthesis*, S. 242–278. Cambridge: Harvard University Press.

Alexander, R. D. 1979. *Darwinismus and Human Affairs*. Seattle: University of Washington Press.

Ayala, F. J. 1982. Beyond Darwinism? The challenge of macroevolution to the synthetic theory of evolution. In: *Philosophy of Science Association (PSA)* 2, S. 275–291.

– 1983. Microevolution and macroevolution. In: D. S. Bendall, Hrsg., *Evolution from Molecules to Men*, S. 387–402. Cambridge: Cambridge University Press.

Barlow, N., Hrsg., 1963. Darwin's ornithological notes. In: *Bull. Brit. Mus. (Nat. Hist.)*, Hist. Ser. 2, S. 201–278.

Barrett, P. H., P. J. Gautrey, S. Herbert, D. Kohn und S. Smith, 1987. *Charles Darwin's Notebooks, 1836–1844*. Ithaca, NY: Cornell University Press.

Barzun, J. 1958. *Darwin, Marx and Wagner: Critique of a Heritage.* [2]Garden City, NY: Anchor.

Bateson, W. 1894. *Materials for the Study of Variation*. London: Macmillan.

Beckner, M. 1969. Function and teleology. In: *J. Hist. Biol.* 2, S. 151–164.

Beneden, E. van 1883. Recherches sur la maturation de l'œuf et la fécondation. In: *Arch. Biol.* 4, S. 265–632.

Bergson, H. 1907. *Evolution Créatrice*. Paris: Alcan. (Schöpferische Entwicklung. Diederichs, Jena 1921.)

Blacher, L. I. 1982. *The Problem of the Inheritance of Acquired Characters: A History of A Priori and Empirical Methods Used to Find a Solution*. New Delhi: Amerind Publishing Co. (Engl. Übersetzung hrsg. von F. B. Churchill. Russ. Original: Nauka, Moskau, 1971.)

Bonnet, C. 1781. *Contemplation de la Nature*. (Betrachtung über die Natur. [3]Leipzig 1774, [4]Leipzig 1783.)

Bowler, P. J. 1976. *Fossils and Progress*. New York: Science History Publications.

- 1977. Darwinism and the argument from design: suggestions for a reevaluation. In: *J. Hist. Biol.* 10, S. 29–43.
- 1979. Theodor Eimer and orthogenesis: evolution by ›definitely directed variation‹. In: *J. Hist. Med. Allied Sci.* 34, S. 40–73.
- 1983. *The Eclipse of Darwinism*. Baltimore, MD: Johns Hopkins University Press.
- 1988. *The Non-Darwinian Revolution*. Baltimore: Johns Hopkins University Press.

Buch, L. von. 1825. *Physicalische Beschreibung der Canarischen Inseln*. Berlin: Kgl. Akad. d. Wiss., S. 132–133.

Buffon, G. L. 1749. *Histoire Naturelle*. Paris: Imprimerie Royale. (Allgemeine Naturgeschichte. Torggau 1785.)

Burian, R. M. 1989. The influence of the evolutionary paradigms. In: M. K. Hecht, Hrsg., *Evolutionary Biology at the Crossroads*, S. 149–166. Flushing, NY: Queens College Press.

Churchill, F. B. 1968. August Weismann and a break from tradition. In: *J. Hist. Biol.* 1, S. 91–112.
- 1979. Sex and the single organism: biological theories of sexuality in mid-nineteenth century. In: *Stud. Hist. Biol.* 3, S. 139–177.
- 1985. Weismann's continuity of the germ plasm in historical perspective. In: *Freiburger Universitätsblätter* 87/88, S. 107–124.

Darwin, C. 1839. *Journal of Researches*. London: John Murray.
- 1842. Sketch. In: F. Darwin, 1909, S. 46.
- 1844. Essay. In: F. Darwin, 1909.
- 1859. *On the Origin of Species by Means of Natural Selection or the Preservation of Favored Races in the Struggle of Life*. London: John Murray. (Über die Entstehung der Arten durch natürliche Zuchtwahl oder die Erhaltung der begünstigten Rassen im Kampfe ums Dasein. Stuttgart 1867. Reprographischer Nachdruck, Wissenschaftliche Buchgesellschaft, Darmstadt 1988; es handelt sich hier um eine Übersetzung der gründlich überarbeiteten 6. Auflage. Zitate, die nur in der 1. Auflage enthalten sind, wurden neu übersetzt.)
- 1868. *The Variation of Animals and Plants under Domestication*. London: John Murray. (Das Variieren der Arten der Thiere und Pflanzen im Zustande der Domestication. Stuttgart 1868.)
- 1958. *The Autobiography of Charles Darwin*. Hrsg. Nora Barlow. London: Collins. (Autobiographie. Leipzig 1959.)
- 1975. *Natural Selection*. Hrsg. R. C. Stauffer. Cambridge: Cambridge University Press.
- 1988. *The Correspondence of Charles Darwin*. Hrsg. F. Burkhardt und F. S. Smith. Bd. IV. Cambridge: Cambridge University Press.

– und A. R. Wallace. 1858. Evolution by natural selection. In: *Linn. Soc.* London. (Auch hrsg. von G. de Beer. Cambridge: Cambridge University Press, 1958).

Darwin, F. 1888. *The Life and Letters of Charles Darwin.* 3 Bde. London: John Murray. Nachdruck, New York: Johnson Reprint Corp. 1969. (Leben und Briefe von Charles Darwin. Hrsg. von Francis Darwin. Stuttgart 1887.)

– 1909. *The Foundations of the Origin of Species.* Cambridge: Cambridge University Press. (Die Fundamente zur Entstehung der Arten. Leipzig 1911.)

– und A. C. Seward, Hrsg., 1903. *More Letters of Charles Darwin.* 2 Bde. London: John Murray.

de Beer, G. R. 1961. The origins of Darwin's ideas on evolution and natural selection. In: *Proc. Roy. Soc. London* 155, S. 321–378.

De Candolle, A. P. 1820. *Essai Elementaire de Géographie Botanique.* (Anleitung zum Studium der Botanik. Köhler, Leipzig 1838.)

Derham, W. 1713. *Physico-Theology, or, Demonstration of the Being and Attributes of God from His Works of Creation.* London. (Physico-Theologie oder Natur-Leitung zu Gott. Hamburg 1741.)

Desmond, A. J. 1982. *Archetypes and Ancestors: Paleontology in Victorian London, 1850–1875.* London: Blond and Briggs.

de Vries, H. 1901. *Die Mutationstheorie. Versuche und Beobachtungen über die Entstehung der Arten im Pflanzenreich.* Bd. I, *Die Entstehung der Arten durch Mutation.* Leipzig: Veit.

Dobzhansky, Th. 1937. *Genetics and the Origin of Species.* [1]New York: Columbia University Press. (Die genetischen Grundlagen der Artbildung. Jena 1939.)

Eldredge, N. 1985. *Time for Change.* New York: Simon and Schuster.

– und S. J. Gould. 1972. Punctuated equilibria: an alternative to phyletic gradualism. In: T. J. M. Schopf, Hrsg., *Models in Paleobiology*, S. 82–115. San Francisco: Freeman, Cooper.

Farley, J. 1982. *Gametes and Spores: Ideas about Sexual Reproduction.* Baltimore, MD: Johns Hopkins University Press.

Freeman, D. 1974. The evolutionary theories of Charles Darwin and Herbert Spencer. In: *Current Anthropology* 15, S. 211–237.

Futuyma, D. 1983. *Science on Trial: The Case for Evolution.* New York: Pantheon Books.

Ghiselin, M. T. 1969. *The Triumph of the Darwinian Method.* Berkeley: University of California Press.

Gillespie, N. C. 1979. *Charles Darwin and the Problem of Creation.* Chicago: University of Chicago Press.

Goldschmidt, R. 1940. *Die quantitative Grundlage von Vererbung und Artbildung*. Berlin.

Goodman, M. 1982. Molecular evolution above the species level. In: *Syst. Zool.* 31, S. 376–399.

Gordon, S. 1989. Darwin and political economy: the connection reconsidered. In: *J. Hist. Biol.* 22, S. 437–459.

Gould, S. J. 1977. *Ontogeny and Phylogeny*. Cambridge, MA: Harvard University Press.

– 1980. Is a new and general theory of evolution emerging? In: *Paleobiology* 6, S. 119–130.

Grant, V. 1983. The synthetic theory strikes back. In: *Biol. Zentralbl.* 102, S. 149–158.

Gray, A. 1876. *Darwiniana*. New York: D. Appleton. Nachdruck, H. Dupree, Hrsg., Cambridge, MA: Harvard University Press.

Greene, J. C. 1986. The history of ideas revisited. In: *Revue de Synthèse* (4) 3, S. 201–227.

Gruber, H. E. 1974. *Darwin on Man*. In: H. E. Gruber und P. H. Barrett, *Darwin on Man: A Psychological Study of Scientific Creativity. Together with Darwin's Early and Unpublished Notebooks*, S. 1–257. New York: Dutton.

– 1981. *Darwin on Man*. [2]Chicago: University of Chicago Press.

Gutmann, W. F. und K. Bonik. 1981. *Kritische Evolutionstheorie. Ein Beitrag zur Überwindung altdarwinistischer Dogmen*. Hildesheim: Gerstenberg.

Haeckel, E. 1866. *Generelle Morphologie der Organismen*. 2 Bde. Berlin: Georg Reimer.

Haldane, J. B. S. 1932. *The Causes of Evolution*. London: Longmans, Green and Co.

– 1959. An Indian perspective of Darwin. In: *Cent. Rev. Arts Sci., Mich. State Univ.* 3, S. 357.

Harris, H. 1966. Enzyme polymorphism in man. In: *Proc. Roy. Soc.*, B 164, S. 298–316.

Hartmann, E. v. 1872. *Das Unbewusste vom Standpunkt der Physiologie und Deszendenzlehre*. Berlin: Carl Duncker.

Herbert, S. 1971. Darwin, Malthus, and selection. In: *J. Hist. Biol.* 4, S. 209–217.

Herder, J. G. 1784. *Ideen zur Geschichte der Menschheit*, II, 3, S. 89.

Herschel, J. F. W. 1830. *Preliminary Discourse on the Study of Natural History*. London: Longmans. (Über das Studium der Naturwissenschaften. Göttingen 1836.)

Hessen, B. 1931. The social and economic roots of Newton's Principia. In: N. I. Bukharin et al., *Science at the Crossroads*, S. 147–212. London: Cass.

Himmelfarb, G. 1959. *Darwin and the Darwinian Revolution*. London: Doubleday.

Hodge, M. J. S. 1982. Darwin and the laws of the animate past of the terrestrial system (1835–1837). In: *Stud. Hist. Biol.* 7, S. 1–106.

– und D. Kohn. 1985. The immediate origins of natural selection. In: D. Kohn, Hrsg., *The Darwinian Heritage*, S. 185–206. Princeton: Princeton University Press.

Hoffman, A. 1989. *Arguments on Evolution: A Paleontologist's Perspective*. New York: Oxford University Press.

Hubby, J. L. und R. C. Lewontin. 1966. The number of alleles at different loci in *Drosophila pseudoobscura*. In: *Genetics* 54, S. 577–594.

Hull, D. L. 1973. *Darwin and his Critics: The Reception of Darwin's Theory of Evolution by the Scientific Community*. Cambridge, MA: Harvard University Press.

– 1983. Exemplars and scientific change. In: *Philosophy of Science Association (PSA)* 2, S. 479–503

– 1985. Darwinism as a historical entity: historiographic proposal. In: D. Kohn, Hrsg., *The Darwinian Heritage*, S. 773–812. Princeton: Princeton University Press.

Hume, D. 1779. *Dialogues Concerning Natural Religion*. London (Dialoge über natürliche Religion. Leipzig 1877.)

Huxley, A. 1982. (Address of the President). In: *Proc. Roy. Soc. London* A 379, S. IX–XVII.

Huxley, J. 1942. *Evolution: The Modern Synthesis*. London: Allen and Unwin.

Huxley, T. H. 1864. *Nat. Hist. Rev.*, Oktober, S. 567.

– 1900. *Life and Letters of Thomas Henry Huxley, by His Son Leonard Huxley*. 2 Bde. London: Macmillan.

Jacob, F. 1977. Evolution and tinkering. In: *Science* 196, S. 1161–1166.

Jenkin, F. 1867. The Origin of species. In: *North Brit. Rev.* 42, S. 149–171.

Kellogg, V. L. 1907. *Darwinism To-Day*. New York: Henry Holt.

Kimura, M. 1968. Evolutionary rate at the molecular level. In: *Nature* 217, S. 624–626.

King, J. L. und T. H. Jukes. Non-Darwinian evolution. In: *Science* 164, S. 788–798.

Kitcher, P. 1982. *Abusing Science: The Case against Creationism*. Cambridge, MA: MIT Press.

- 1985. Darwin's achievements. In: N. Rescher, Hrsg., *Reason and Rationality in Natural Science*, S. 127–189. New York: University Press of America.

Kleinenberg, N. 1886. Über die Entwicklung durch Substitution von Organen. In: A. v. Kölliker und A. Ehlers, Hrsg., *Zeitschrift für Wissenschaftliche Zoologie*. Leipzig: Wilhelm Engelmann.

Kohn, D. 1975. *Charles Darwin's Path to Natural Selection*. Phil. Diss. University of Massachusetts.

- 1980. Theories to work by: rejected theories, reproduction, and Darwin's path to natural selection. In: *Stud. Hist. Biol.* 4, S. 67–170.

- , Hrsg., 1985. *The Darwinian Heritage*. Princeton. Princeton University Press.

- 1989. Darwin's ambiguity: the secularization of biological meaning. In: *Brit. J. Hist. Sci.* 22, S. 215–239.

Kölliker, A. v. 1864. *Ueber die Darwinische Schöpfungstheorie*. Leipzig.

Kottler, M. 1978. Charles Darwin's biological species concept and theory of geographic speciation. In: *Amer. Sci.* 35, S. 275–297.

Lamarck, J. B. 1809. *Philosophie Zoologique*. Paris. (Zoologische Philosophie. Jena 1876).

Laporte, L. F. 1983. Simpson's *Tempo and Mode in Evolution* revisited. In: *Proc. Amer. Phil. Soc.* 127, S. 365–417.

Lennox, J. G. 1983. Robert Boyle's defense of teleological inference in experimental science. In: *Isis* 74, S. 38–52.

Lenoir, T. 1982. *The Strategy of Life: Teleology and Mechanics in the 19th Century*. Dordrecht: Reidel.

Levinton, J. 1988. *Genetics, Paleontology, and Macroevolution*. Cambridge: Cambridge University Press.

Lewontin, R. 1983. The organism as the subject and object of evolution. In: *Scientia* 118, S. 63–82.

Limoges, C. 1970. *La sélection naturelle*. Paris: Presses Universitaires de France.

Linnaeus, C. 1781. *Politica Naturae*. (*Amoen. Academicae*), S. 131–132.

Lovejoy, A. O. 1936. *The Great Chain of Being*. Cambridge, MA: Harvard University Press. (Die große Kette der Wesen. Suhrkamp, Frankfurt/M. 1985.)

Löw, R. 1980. *Philosophie des Lebendigen*. Frankfurt: Suhrkamp.

Lyell, C. 1830–1833. *Principles of Geology*. 3 Bde. [1]London: John Murray.

- 1835. *Principles of Geology*. 3 Bde. [4]London: Murray.

Malthus, T. R. 1798. *An Essay on the Principle of Population, as It Affects the Future Improvement of Society*. London: J. Johnson. (Darwin las damals die 6. Auflage: London: Murray, 1826.) (Das Bevölkerungsgesetz. dtv, München 1977).

Maynard Smith, J. 1983. Current controversies in evolutionary biology. In: M. Greene, Hrsg., *Dimensions of Darwinism*. Cambridge: Cambridge University Press.

– , Hrsg., 1982. *Evolution Now: A Century after Darwin*. London: Macmillan.

Mayr, E. 1942. *Systematics and the Origin of Species*. New York: Columbia University Press.

– 1959a. Agassiz, Darwin, and evolution. In: *Harvard Library Bull*. 13, S. 165–194.

– 1959b. Darwin and the evolutionary theory in biology. In: B. J. Meggers, *Evolution and Anthropology: A Centennial Appraisal*, S. 1–10. Washington: Anthropological Society of Washington.

– 1963. *Animal Species and Evolution*. Cambridge, MA: Harvard University Press. (Artbegriff und Evolution. Parey, Hamburg 1967.)

– 1982. *The Growth of Biological Thought*. Cambridge, MA: Harvard University Press. (Die Entwicklung der biologischen Gedankenwelt. Springer, Berlin 1984.)

– 1983a. Comments on David Hull's paper on exemplars and type specimens. In: *Philosophy of Science Association (PSA)* 2, S. 504–511.

– 1983b. How to carry out the adaptationist program? In: *Amer. Nat*. 121, S. 324–334.

– 1984. The triumph of evolutionary synthesis. In: *Times Literary Supplement* no. 4 (257), 2. November, S. 1261–1262.

– 1988. *Toward a New Philosophy of Biology*. Cambridge, MA: Harvard University Press. (Eine neue Philosophie der Biologie. Piper, München 1991.)

– 1989. Attaching names to objects. In: M. Ruse. Hrsg., *What the Philosophy of Biology Is*, S. 235–243. Dordrecht: Kluwer Academic.

– 1990. The myth of the non-Darwinian revolution. (Rezension von: Peter J. Bowler, *The Non-Darwinian Revolution*, 1988). In: *Biology and Philosophy* 5, S. 85–92.

– und W. B. Provine, Hrsg., 1980. *The Evolutionary Synthesis: Perspectives in the Unification of Biology*. Cambridge, MA: Harvard University Press.

Mill, J. S. 1843. *A System of Logic*. London: Longmans, Green. (System der deductiven und inductiven Logik. Vieweg, Braunschweig 1862–1863.)

Monod, J. 1970. *Le hasard et la necessité*. Paris. Le Seuil. (Zufall und Notwendigkeit. dtv, München 1982

Montague, A., Hrsg., 1983. *Science and Creationism*. Oxford: Oxford University Press.

Moore, J. R. 1979. *The Post-Darwinian Controversies*. Cambridge: Cambridge University Press.

– 1989. Of love and death: why Darwin gave up Christianity. In: J. R. Moore, Hrsg., *History, Humanity, and Evolution*, S. 195–229. Cambridge: Cambridge University Press.

Morgan, T. H. 1910. Chance or purpose in the origin and evolution of adaptation. In: *Science* 21, S. 201–210.

Muller, H. J. 1940. Bearings of the ›Drosophila‹ work on systematics. In: J. Huxley, Hrsg., *The New Systematics*, S. 185–268. Oxford: Clarendon Press.

Nagel, E. 1961. The structure of teleological explanations. In: *The Structure of Science*. New York: Harcourt, Brace and World.

Nevo, E. 1983. Adaptive significance of protein variation. In: G. S. Oxford und D. Rollinson, Hrsg., *Protein Polymorphism: Adaptive and Taxonomic Significance*. In: Systematic Association Special Volume No. 24, S. 239–282. New York. Academic Press.

Newell, N. D. 1982. *Creation and Evolution: Myth or Reality?* New York: Columbia University Press.

Osborn, H. F. 1894. *From the Greeks to Darwin: An Outline of the Development of the Evolution Idea*. New York: Columbia University Press.

Ospovat, D. 1981. *The Development of Darwin's Theory: Natural History, Natural Theology, and Natural Selection, 1838–1859*. Cambridge: Cambridge University Press.

Otte, D. und J. A. Endler. 1989. *Speciation and Its Consequences*. Sunderland, MA: Sinauer.

Provine, W. B. 1971. *The Origins of the Theoretical Population Genetics*. Chicago: University of Chicago Press.

Ray, J. 1691. *The Wisdom of God Manifested in the Works of Creation*.

Recker, D. A. 1987. Causal efficacy: the structure of Darwin's argument strategy in the *Origin of Species*. In: *Phil. Sci.* 54, S. 147–175.

– 1990. There's more than one way to recognize a Darwinian: Lyell's Darwinism. In: *Phil. Sci.* 57 (3), S. 459–478.

Rensch, B. 1947. *Neuere Probleme der Abstammungslehre*. Stuttgart: Enke.

Robertson, M. 1985. Mice, mating types, and molecular mechanisms of morphogenesis. In: *Nature* 318, S. 12–13.

Romanes, G. J. 1896. *Darwin and after Darwin*. 3 Bde. Chicago: Open Court. (Darwin und nach Darwin. Leipzig 1892.)

Ruse, M. 1975a. Charles Darwin and artificial selection. In: *J. Hist. Ideas* 36, S. 339–350.

– 1975b. Darwin's debt to philosophy. In: *Stud. Hist. Phil. Sci.* 6, S. 159–181.

– 1979. *The Darwinian Revolution*. Chicago: University of Chicago Press.

– 1982. *Darwinism Defended: A Guide to the Evolution Controversies*. Reading, MA: Addison-Wesley.

Sachs, J. 1894. Mechanomorphosen und Phylogenie. In: *Flora* 78, S. 215–243.

Sapp, J. 1987. *Beyond the Gene*. New York: Oxford University Press.

Schindewolf, O. H. 1950. *Grundfragen der Paläontologie*. Stuttgart: Schweizerbart.

Schleiden, M. J. 1842. *Grundzüge der wissenschaftlichen Botanik*. Leipzig: Wilhelm Engelmann.

Sigwart, C. 1881. Der Kampf gegen den Zweck. In: *Kleine Schriften* 2, S. 24–67.

Simpson, G. G. 1944. *Tempo and Mode of Evolution*. New York: Columbia University Press.

– 1949. *The Meaning of Evolution*. New Haven: Yale University Press. (Auf den Spuren des Lebens. Colloquium-Verlag, Berlin 1957.)

– 1953. *The Major Features of Evolution*. New York: Columbia University Press.

– 1961. *Principles of Animal Taxonomy*. New York: Columbia University Press.

– 1964. *This View of Life*. New York: Harcourt, Brace, and World.

– 1974. The concept of progress in organic evolution. In: *Social Research*, S. 28–51.

Smith, S. 1960. The origin of »The Origin«. In: *Advancement of Science* 64, S. 391–401.

Stanley, S. M. 1981. *The Evolutionary Timetable*. New York: Basic Books. (Der neue Fahrplan der Evolution. Harnack, München 1983.)

Stebbins, G. L. 1950. *Variation and Evolution in Plants*. New York: Columbia University Press.

– und F. J. Ayala. Is a new evolutionary synthesis necessary? In: *Science* 213, S. 967–971.

Sulloway, F. J. 1979. Geographic isolation in Darwin's thinking: the vicissitudes of a crucial idea. In: *Stud. Hist. Biol.* 3, S. 23–65.

– 1982a. Darwin and his finches: the evolution of a legend. In: *J. Hist. Biol.* 15, S. 1–53.

– 1982b. Darwin's conversion: the *Beagle* voyage and its aftermath. In: *J. Hist. Biol.* 15, S. 327–398.

– 1984. Darwin and the Galapagos. In: *Biol. J. Linn. Soc.* 21, S. 29–59.

Toulmin, S. 1972. *Human Understanding.* Princeton: Princeton University Press. (Menschliches Erkennen. Suhrkamp, Frankfurt 1978.)

– 1982. Darwin und die Evolution der Wissenschaften. In. *Dialektik* 5, S. 68–78.

Trivers, R. 1985. *Social Evolution.* Menlo Park, CA: Benjamin/Cummings.

Tuomi, J. 1981. Structure and dynamics of Darwinian evolutionary theory. In: *Syst. Zool.* 30, S. 22–31.

Waddington, C. F. 1960. *The Ethical Animal.* London: Allen and Unwin.

Wagner, M. 1841. *Reisen in der Regentschaft Algier in den Jahren 1836, 1837 und 1838.* Leipzig: Leopold Voss.

– 1868. *Die Darwinische Theorie und das Migrationsgesetz der Organismen.* Leipzig: Dunker und Humblot.

– 1889. *Die Entstehung der Arten durch räumliche Sonderung.* Basel: Benno Schwalbe.

Wallace, A. R. 1855. On the law which has regulated the introduction of new species. In: *Ann. Mag. Nat. Hist.* 16, S. 184–196. Nachdruck 1891 in: *Natural Selection and Tropical Nature*, S. 3–19. London: Macmillan.

– 1889. *Darwinism.* London: Macmillan.

Weismann, A. 1868. *Über die Berechtigung der Darwinischen Theorie.* Leipzig: Engelmann.

– 1872. *Über den Einfluss der Isolierung auf die Artbildung.* Leipzig: Engelmann.

– 1882. *Studies in the Theory of Descent.* Übers. von R. Mendola, London: Sampson, Low, et al. (engl. Übers. von: Studien zur Descendenz-Theorie. Engelmann, Leipzig 1875/76; sofern es sich um nur in der englischen Ausgabe enthaltene Zitate handelt, wurden die entsprechenden Passagen neu übersetzt.)

– 1883. *Über die Vererbung.* Jena: G. Fischer.

– 1886. *Die Bedeutung der sexuellen Fortpflanzung für die Selektionstheorie.* Jena: G. Fischer.

- 1891. *Amphimixis; oder Die Vermischung der Individuen.* Jena: G. Fischer.
- 1892 a. *Das Keimplasma: Eine Theorie der Vererbung.* Jena: G. Fischer.
- 1892 b. *Aufsätze über Vererbung und verwandte biologische Fragen.* Jena: G. Fischer.
- 1893. *Die Allmacht der Naturzüchtung: Eine Erwiderung an Herbert Spencer.* Jena: G. Fischer.
- 1896. *Über Germinal-Selection: Eine Quelle bestimmt gerichteter Variation.* Jena: G. Fischer.
- 1904. *Vorträge über Deszendenztheorie.* 2 Bde. [2]Jena: G. Fischer. [1]1902; [3]1910.
- 1909. *Die Selektionstheorie: Eine Untersuchung.* Jena: G. Fischer.
Westoll, S. 1949. On the evolution of the Dipnoi. In: G. Jepsen, E. Mayr und G. G. Simpson, Hrsg., *Genetics, Paleontology, and Evolution*, S. 121–184. Princeton, NJ: Princeton University Press.
Whewell, W. 1840. *Philosophy of the Inductive Sciences.* London: Parker. (Geschichte der inductiven Wissenschaften. Stuttgart 1840.)
White, M. J. D. 1978. *Modes of Speciation.* San Francisco: Freeman.
- 1981. Tales of long ago. In: *Paleobiology* 7, S. 287–291.
Willis, J. C. 1940. *The Course of Evolution by Differentiation of Divergent Evolution Rather Than by Selection.* Cambridge: Cambridge University Press.
Willmann, R. 1985. *Die Art in Raum und Zeit.* Berlin und Hamburg: Parey.
Wilson, A. C., V. M. Sarich und L. R. Maxson. 1974. The importance of gene rearrangement in evolution: evidence from studies on rates of chromosomal, protein, and anatomical evolution. In: *Proc. Nat. Acad. Sci.* 71, S. 3028–3030.
Wilson, E. O. 1975. *Sociobiology: The New Synthesis.* Cambridge, MA: Harvard University Press.
Young, W. 1985. *Fallacies of Creationism.* Calgary, Alberta: Detselig Enterprises Ltd.

GLOSSAR

Aberration: Aufgrund einer größeren Mutation entstandenes Individuum.

Adaptation: Angepaßtheit einer Struktur oder eines Organismus an die Umwelt oder den Lebensstil als Ergebnis vorangegangener Selektion.

Adaptationistisches Programm: Das Forschungsziel, die adaptive Bedeutung von Strukturen und Verhaltensweisen zu entdecken.

Additive Vererbung: Betonung des unabhängigen Einflusses individueller Gene auf den Phänotypus unter Außerachtlassung der wechselseitigen (epistatischen) Interaktion von Genen.

Allele: Alle alternativen Varianten eines Gens.

Allopatrische Speziation: Siehe geographische Artbildung.

Altruismus: Verhalten, das auf Kosten des Handelnden einem anderen Organismus zugute kommt, wobei Kosten und Nutzen in Begriffen reproduktiven Erfolgs definiert werden.

Art: Siehe Spezies.

Artbildung: Siehe Speziation.

Basenpaar: Ein Paar wasserstoffgebundener Stickstoffbasen (ein Purin und ein Pyrimidin), das die beiden Einzelstränge der DNS-Doppelhelix verbindet. Bei der DNS paart sich Adenin nur mit Thymin, Guanin nur mit Cytosin. Diese Komplementarität ist der Schlüssel für die Fähigkeit der DNS zur Replikation und Informationsübertragung.

Bauplan: Die grundlegenden strukturellen Merkmale (Morphotypus) eines bekannten Organismen-Typus, etwa der *Bauplan* der Wirbeltiere, der Vögel oder der Insekten.

Beginnende Art: Eine Population, die sich zu einer gesonderten Art zu entwickeln beginnt.

Biologischer Artbegriff: Definiert Art als reproduktiv isolierte Ansammlung von Populationen, die sich miteinander fortpflanzen können, da ihnen die gleichen Isolationsmechanismen gemeinsam sind. Siehe evolutionärer, nominalistischer, typologischer Artbegriff.

Biota: Flora und Fauna.

Chromosom: Eine der fadenförmigen Strukturen im Zellkern; besteht aus DNS und an diese gebundene Proteine. Siehe DNS, Gene.

Deismus: Glaube an ein höchstes Wesen, das kraft göttlicher Gesetze und nicht durch andauerndes unmittelbares Eingreifen den Lauf der Welt lenkt.

Desoxyribonukleinsäure: Siehe DNS.

Determinismus: Theorie, wonach das Endergebnis irgendeines Prozesses durch letzte Ursachen und Naturgesetze eindeutig festgelegt und daher voraussagbar ist.

Diploid: Im Besitz eines doppelten Chromosomensatzes. Siehe Haploid.

DNS (Desoxyribonukleinsäure): Das Molekül, das in allen Organismen außer den RNS-Viren die genetische Information (Gene) trägt. Sie besteht aus zwei langen Ribose-Phosphatsäuresträngen, die durch Basenpaare miteinander verbunden sind und sich in Form einer Doppelhelix umeinander winden. Siehe Chromosom, Gen.

Eignung (Fitness): Die relative Fähigkeit eines Organismus zu überleben und seine Gene in den Genpool der nachfolgenden Generation zu übertragen.

Epigenese: Entwicklung aus ungeformten Ausgangsmaterial im Gegensatz zu Präformation.

Erworbene Merkmale: Eigenschaften der Erscheinungsform eines Organismus (Phänotypus), die ein Ergebnis von Umwelteinflüssen, nicht aber der Vererbung sind.

Essentialismus: Auf Platon zurückgehende Vorstellung, daß die wechselnde Vielfalt der Natur in eine begrenzte Anzahl von Klassen eingeordnet werden kann, deren jede durch ihre Essenz (ihr Wesen) definiert ist. Variation ist einfach das Manifestwerden einer unvollkommenen Verkörperung dieser konstanten Essenzen. Auch als typologisches Denken bezeichnet.

Eukaryonten: Organismen, deren Zellen einen Kern mit genau begrenzten Chromosomen sowie solche Organellen wie Mitochondrien und zum Beispiel Chloroplasten besitzen.

Evolutionärer Artbegriff: Definiert eine Art als Stammeslinie, die sich unabhängig von anderen mit eigenen evolutionären Tendenzen und eigenem historischen Schicksal entwickelt. Siehe biologischer, nominalistischer, typologischer Artbegriff.

Evolutionäre Synthese: Ein etwas modifiziertes Darwinsches Paradigma, das eine Widerlegung der transformationellen Evolution, des Saltationismus und der Orthogenese beinhaltet, während es großes Gewicht auf natürliche Auslese, Anpassung und die Erforschung von Vielfalt (Entstehung von Arten und höheren Taxa) legt. Dieses Paradigma wurde in den 1930er und 1940er Jahren von einer Gruppe »Architekten« der evolutionären Synthese ausgearbeitet, darunter Dobzhansky, Huxley, Mayr, Rensch, Simpson, Stebbins und Timofeef-Ressovsky. Der Begriff dient gelegentlich auch zur Bezeichnung des Zeitabschnitts, in dessen Verlauf das Paradigma – zuweilen auch *Moderne Synthese* genannt – ausgearbeitet wurde.

Evolutionäre Ursachen: Siehe Grundursachen.

Exons: Basenpaarsequenzen in einem Gen, die an der Codierung der Peptide beteiligt sind. Siehe Introns.

Finalismus: Glaube an eine der Natur innewohnende Neigung in Richtung auf ein vorherbestimmtes Ziel oder einen vorherbestimmten Zweck, etwa die Erlangung von Vollkommenheit. Siehe Teleologie.

Fisher-Darwinismus: Die von R. A. Fisher vertretenen evolutionären Theorien, die die Macht der Auslese, das Gen als die Selektionseinheit, die Partikularität der Vererbung und das fast ausschließliche Überwiegen additiver Vererbung betonen. Evolution war für Fisher eine Veränderung der Genhäufigkeiten innerhalb einer Population.

Gamete: Keimzelle (Ei- oder Samenzelle), die die Hälfte des gesamten Chromosomensatzes eines Organismus trägt; insbesondere eine reife Keimzelle, die in der Lage ist, am Befruchtungsvorgang teilzunehmen. Siehe genetische Rekombination, Meiose.

Gemeinsame Abstammung: Die Ableitung bestimmter Artengruppen oder höherer Taxa von einem gemeinsamen Vorfahren.

Gen: In der klassischen Genetik eine Vererbungseinheit, die von Generation zu Generation durch eine Ei- oder Samenzelle übertragen wird und irgendein Merkmal eines Individuums oder irgendeinen Aspekt seiner Entwicklung reguliert. In der Molekularbiologie eine Basensequenz in einem DNS-Molekül, die Information für den Aufbau eines Proteinmoleküls (Peptid) enthält.

Genetischer Code: Der Code, der bestimmt, welche Basentripletts in welche Aminosäuren übersetzt werden.

Genetische Drift: »Zufällige«, das heißt auf zufallsabhängigen Prozessen beruhende Veränderungen im Geninhalt einer Population.

Genetisches Programm: Die in der DNS eines Organismus kodierte Information.

Genetische Rekombination: Die Neuverteilung der Gene eines Organismus während der Erzeugung von Keimzellen durch Crossingover von Abschnitten der mütterlichen und väterlichen Chromosomen des Organismus. Dies erfolgt während der Meiose, unmittelbar vor der Reduktionsteilung und der unabhängigen Verteilung der Chromosomen. Genetische Rekombination sorgt dafür, daß die von den Ei- und Samenzellen eines Organismus beförderten Chromosomen nicht mit den Chromosomen des von einem der Elternteile ererbten Organismus identisch sind. Es ist unwahrscheinlich, daß zwei Chromosomen einer der Ei- oder Samenzellen miteinander identisch sind. Wie man mittlerweile erkannt hat, ist die genetische Rekombination für einen Großteil der Variation verantwortlich, die der natürlichen Auslese zur Verfügung steht. Siehe Meiose.

Genom: Die Gesamtheit der von einem einzelnen Gameten getragenen Gene.

Genotypus: Die genetische Konstitution eines Individuums, besonders im Unterschied zu seiner physischen Erscheinungsform. Siehe Phänotypus.

Genpool: Die Gesamtheit der Gene einer Population oder Art.

Geographische Artbildung: Artbildung, die während einer geographischen Isolation von Populationen stattfindet; auch als allopatrische Artbildung bezeichnet.

Geradlinige Reihe: Eine Reihe von Fossilien in einer Stammeslinie, die scheinbar linear fortschreitet.

Gesamteignung (inclusive fitness): Die Summe der Eignung eines Individuums plus Einfluß seines Genotypus auf die Eignung seiner Nachkommen und Verwandten.

Gradualismus: Theorie, derzufolge Evolution durch allmähliche Modifikation von Populationen und nicht durch die plötzliche Entstehung neuer Typen (Saltationen) fortschreitet. Siehe saltationistische Evolution.

Grund- oder evolutionäre Ursache: In der Evolutionsbiologie die für die Eigenschaften von Arten und Individuen, genauer: für die Zusammensetzung des Genotypus verantwortlichen historischen Faktoren. Im Gegensatz dazu: unmittelbare Ursache.

Haploid: Im Besitz der Anzahl von Chromosomen einer normalen Keimzelle; dies entspricht der Hälfte der Anzahl in einer somatischen (Körper-)Zelle.

Harte Vererbung: Theorie, daß das genetische Material konstant (»hart«) ist und durch Lebensstil oder Umwelt nicht beeinflußt werden kann. Keine der Veränderungen im Phänotypus eines Organismus, die während seiner Lebenszeit stattfinden, kann auf seine Nachkommen übertragen werden. In der Terminologie der Molekularbiologie ist harte Vererbung die Theorie, daß Information in den Proteinen nicht auf die Nukleinsäuren der DNS übertragen werden kann; diese These wird auch als »Zentrales Dogma« bezeichnet. Siehe Mischvererbung, Vererbung erworbener Merkmale, partikuläre Vererbung, weiche Vererbung.

Heterozygot: Im heterozygoten (mischerbigen) Zustand treten zwei verschiedene Varianten (Allele) desselben Gens an den entsprechenden Loci zweier homologer Chromosomen auf. Siehe Homozygot.

Homeobox: Festgelegte Genfolge, die einen Schritt in der Entwicklung regelt, vor allem bei metameren Organismen (Gliedertieren).

Homozygot: Im homozygoten (reinerbigen) Zustand treten zwei identische Allele an den entsprechenden Loci zweier homologer Chromosomen auf. Siehe Heterozygot.

Horizontale Evolution: Gleichzeitige Evolution geographisch verteilter Populationen; geographische Variation.

Hybriden (Bastarde): Individuen, die aus der Paarung verschiedenartiger Organismen, normalerweise verschiedener Arten, hervorgegangen sind.

Infusorien: Einzellige Organismen; Protisten.

Introns: Nichtkodierende Basensequenzen, die vor der Übersetzung der Nukleinsäuren in Proteine (Peptide) eliminiert werden; siehe Exons.

Isolationsmechanismen: Biologische oder Verhaltenseigenschaften von Individuen, die die Paarung von im gleichen Gebiet koexistierenden Populationen verhindern.

Katastrophentheorie: Theorie, nach der katastrophale Ereignisse in der Geschichte der Erde zur teilweisen oder völligen Auslöschung von Flora und Fauna geführt haben.

Keimplasma: Veralteter Begriff für das genetische Material in den Keimzellen, im Unterschied zum »Soma«, das heißt dem Phänotypus.

Keimzelle: Geschlechtszelle, eine Ei- oder Samenzelle; ihre Hauptfunktion ist die Reproduktion.

Kosmische Teleologie: Glaube, daß das Universum als Ganzes oder einige seiner Veränderungen auf ein letztliches Ziel, etwa größere Vollkommenheit, gerichtet sind.

Künstliche Auslese: Auslese einer Zuchtrasse durch einen Tier- oder Pflanzenzüchter.

Lamarckismus: Glaube an den durch die Vererbung erworbener Merkmale allmählichen Wandel von Arten auf ein »höheres« Stadium hin (d. h. zu einem besser angepaßten und komplexeren Zustand).

Makroevolution: Evolution oberhalb der Artebene; die Evolution höherer Taxa und die Hervorbringung evolutionärer Neuerungen, etwa neuer Strukturen. Siehe Mikroevolution.

Meckel-Serres-Gesetz: Ein Gesetz, laut dem es Parallelen zwischen den Stadien der Ontogenese und den phylogenetischen Reihen gibt.

Meiose (Reduktionsteilung): Eine besondere Reihe von Zellteilungen während der Erzeugung der Gameten; dabei wird die Zahl der Chromosomen reduziert. Dieser Prozeß geht der Erzeugung von Gameten bei Tieren und von Sporen bei Pflanzen voraus. Er umfaßt normalerweise ein Crossing-over und eine zufallsgemäße Neuverteilung homologer Chromosomen. Siehe genetische Rekombination.

Mendelismus: In der Genetik eine Betonung der harten Vererbung und des partikulären Wesens der Vererbungseinheiten in Ableitung aus den Mendelschen Gesetzen. Die frühen Mendelisten glaubten auch an drastische Mutationen (Saltationsevolution) und schätzten die Bedeutung der natürlichen Auslese als gering ein.

Merkmal: Komponente des Phänotypus.

Merkmaldivergenz: Von Darwin so bezeichnete Unterschiede, die sich bei zwei (oder mehr) verwandten Arten in einem Gebiet, wo sie nebeneinander vorkommen, aufgrund der selektiven Wirkungen der Konkurrenz entwickeln.

Metamer: Aus einer Aufeinanderfolge von gleichartigen Abschnitten bestehend.

Mikroevolution: Evolution auf und unterhalb der Artebene. Siehe Makroevolution.

Mischvererbung: Mittlerweile widerlegte Theorie, derzufolge während der Befruchtung der Eizelle die genetischen Determinanten der Eltern zu einer gleichförmigen Substanz verschmelzen.

Monotypisch: Ein Taxon, das nur ein Taxon der nächstunteren Kategorie enthält, beispielsweise eine Gattung, die nur eine Art enthält. Siehe polytypisch.

Morphologie (Gestaltlehre): Wissenschaft von Form und Struktur bei Pflanzen und Tieren.

Mosaikevolution: Evolution, die hinsichtlich verschiedener Strukturen oder anderer Komponenten des Phänotypus und des Genotypus mit unterschiedlicher Geschwindigkeit fortschreitet.

Mutation: In der Molekularbiologie eine Veränderung im Genotypus. Findet die Veränderung in der DNS einer Körperzelle statt, kann die Mutation zu einer Veränderung im Phänotypus des Organismus (z.B. zu Krebs) führen, beeinflußt jedoch nicht die Nachkommenschaft des Organismus; nur Mutationen in den Keimzellen können erbliche Veränderungen bei der Nachkommenschaft hervorrufen. Die Mendelisten sahen Mutation als den Prozeß an, durch den neue Arten entstehen.

Natürliche Auslese: Das nicht vom Zufall bestimmte Überleben plus Fortpflanzungserfolg eines kleinen Prozentsatzes der Individuen einer Population, weil sie zu diesem Zeitpunkt im Besitz von Merkmalen sind, die ihre Fähigkeit zu überleben und sich fortzupflanzen steigern. Siehe künstliche Auslese, sexuelle Auslese.

Naturtheologie: Erforschung der Natur, um Beweise für die Macht und Weisheit des Schöpfers bei der Planung Seiner Welt zu erbringen.

Neodarwinismus: Von August Weismann im späten 19. Jahrhundert entwickelte Evolutionstheorie, die einem Darwinismus ohne die Vererbung erworbener Merkmale entsprach und großes Gewicht auf natürliche Auslese legte.

Neutrale Evolution: Vorkommen und Anhäufung erblicher Mutationen, die die Eignung des Individuums oder seiner Nachkommenschaft nicht beeinflussen.

Nichtdimensional: Ohne geographische oder Zeitdimension. Nichtdimensional ist eine Art, auf die man zu einer bestimmten Zeit an einem bestimmten Ort trifft, ungeachtet des geographischen Verhältnisses zu anderen Populationen oder des Verhältnisses zu ihrer Evolutionsgeschichte.

Nische: Konstellation von Umweltfaktoren, in die eine Art hineinpaßt oder die sie braucht, um überleben und sich erfolgreich fortpflanzen zu können.

Nominalistischer Artbegriff: Definiert eine Art als willkürliche Zusammenfassung von Individuen unter einem Speziesnamen. Siehe biologischer, evolutionärer, typologischer Artbegriff.

Ontogenese: Entwicklung des Individuums vom befruchteten Ei (Zygote) bis zum erwachsenen Stadium.

Orthogenese: Evolution von Stammeslinien entlang eines vorbestimmten linearen Weges, nicht durch natürliche Auslese.

Paläontologie: Erforschung fossiler und alter Lebensformen.

Pangenese: Von Charles Darwin vertretene Theorie, um eine Vererbung erworbener Merkmale mechanisch erklären zu können. Sie beruht auf der Übertragung von Granula (Gemmulae) vom Körper auf die Gonaden und Keimzellen.

Parapatrische Artbildung: Fortschreitende Divergenz zweier benachbarter in einer Kontaktzone zusammentreffender Populationen, bis sie zu verschiedenen Arten geworden sind.

Partikuläre Vererbung: Im späten 19. Jahrhundert entwickelte und von den Mendelisten übernommene Theorie, wonach Vererbung durch genetische Einheiten ausgeübt wird, die in den Nachkommen weder verschmelzen noch sich vermischen, sondern abgegrenzt bleiben. Siehe Mischvererbung, harte Vererbung.

Peripatrische Artbildung: Artbildung durch Knospung; das heißt Entstehung neuer Arten durch die Modifikation peripher isolierter Gründerpopulationen.

Phänon (pl. Phäna): Gruppe phänotypisch ähnlicher Individuen; durch phänotypische Ähnlichkeiten charakterisierte Untergruppe einer Population oder Art.

Phänotypus: Gesamtheit der sichtbaren Merkmale eines Individuums, die sich aus den Wechselwirkungen zwischen der Umwelt, auf die ein Organismus trifft, und dem Genotypus, den er ererbt, ergeben. Siehe Genotypus.

Phylogenese: Entstehung und nachfolgende Evolution der höheren Taxa; Geschichte der evolutionären Stammeslinien.

Physikalismus: Im 17. Jahrhundert und später weitverbreitete Wissenschaftsphilosophie, laut der alle natürlichen Prozesse (einschließluch solcher in lebenden Organismen) vollständig und zureichend in chemophysikalischen Begriffen beschrieben und jede gültige Aussage in einem Wissenschaftsbereich im Prinzip auf eine empirisch verifizierte physikalische Aussage zurückgeführt werden können. Der Physikalismus beruhte auf einer Annahme des Essentialismus, des Determinismus und dem Vertrauen auf allgemeingültige Gesetze; er stellte keinen Bezug zur Zeit (zu historischen Prozessen) her. Aufgrund der Entwicklungen in der Biologie und der modernen Physik wurde diese Theorie weitgehend aufgegeben, zum Teil auch abgewandelt.

Physikotheologie: Siehe Naturtheologie.

Polymorphismus: Koexistenz mehrerer genau definierter unterschiedlicher Phänotypen in einer Population.

Polyploidie: Eine Zunahme, normalerweise Verdopplung, der Chromosomenzahl über die normalerweise in den Körperzellen anzutreffende Zahl hinaus; Grund dafür ist eine Verdopplung der Chromosomen des Zellkerns, der keine Zellteilung folgt.

Polytypisch: Begriff zur Beschreibung eines Taxons, das mehr als ein Taxon der nächstunteren Kategorie enthält, beispielsweise eine Gattung, die aus mehreren Arten besteht. Siehe monotypisch.

Population: In der Evolutionsbiologie die Gemeinschaft potentiell sich paarender Individuen, insbesondere an einem gegebenen Ort.

Populationsdenken: Sichtweise, die die Einzigartigkeit eines jeden Individuums in Populationen sexuell sich fortpflanzender Arten und daher die reale Variabilität von Populationen betont; das Gegenteil von typologischem Denken. Siehe Essentialismus.

Präformation: Entwicklung des Embryos vom Ausgangsmaterial bis zur Form des Erwachsenen, die »präformiert«, das heißt in ihren wesentlichen Strukturen bereits angelegt ist.

Prokaryonten: Organismen ohne strukturierten Zellkern, beispielsweise verschiedene Bakterienarten und die sogenannten Blaugrünalgen.

Punktierte Gleichgewichte: Siehe Punktualismus.

Punktualismus: Theorie, derzufolge die meisten evolutionär bedeutsamen Ereignisse während kurzer Artbildungsausbrüche stattfinden und einmal gebildete Arten – manchmal über sehr lange Zeit – relativ stabil sind. Auch als Artbildungsevolution bezeichnet.

Quinarier: Verfechter einer veralteten Klassifikationstheorie, laut der jede Kategorie einen Kreis von fünf Taxa umfaßt. Jedes Taxon ist mit einem Taxon in einem anderen Kreis aufgrund der Affinität zu ihm in Kontakt (»oskuliert«).

Rekapitulation: Ein individueller Organismus durchläuft während seiner Entwicklung (Ontogenese) die gleichen Stadien, wie seine Vorfahren sie während der Phylogenese durchliefen. Siehe Ontogenese, Phylogenese.

Rekombination: Siehe genetische Rekombination.

Reduktionismus: Philosophie, nach der alle Phänomene und Gesetze, die sich auf komplexe (einschließlich lebender) Systeme beziehen, restlos auf jene der exakten Wissenschaften und insbesondere auf die kleinsten Komponenten zurückgeführt werden können. Siehe Physikalismus.

Saltation: In der Evolutionstheorie die Behauptung, daß neue Organismentypen durch das plötzliche Auftreten eines einzelnen neuen Individuums entstehen, das zum Vorläufer dieser neuen Organismenart wird.

Saltationsevolution: Wandel aufgrund der plötzlichen Entstehung eines neuen Typus, das heißt die Erzeugung einer neuen Art Individuum, das eine neue Organismengruppe hervorbringt. Siehe Transformationsevolution, Variationsevolution.

Scala naturae: Lineare Aneinanderreihung der Lebensformen von der niedrigsten, fast unbelebten, bis hin zur vollkommensten; Kette oder Leiter der Lebewesen.

Schöpfungsglaube: Glaube an die buchstäbliche Wahrheit der Schöpfungsgeschichte, wie sie in der Genesis beschrieben ist.

232

Selektionismus: Theorie, nach der adaptive Veränderungen in der Evolution das Ergebnis natürlicher Auslese sind.

Sexuelle Selektion: Der größere Fortpflanzungserfolg eines Individuums einer Population, das im Besitz von Merkmalen ist, die entweder seine Konkurrenzfähigkeit gegenüber Angehörigen des gleichen Geschlechts oder seine Anziehungskraft auf das andere Geschlecht steigern.

Soma: Körper; der Phänotypus im Gegensatz zum Genotypus.

Somatisches Programm: Entwicklungsstruktur oder -stadium, die oder das Information für die nachfolgende Entwicklung oder andere Aktivitäten liefert.

Soziobiologie: Systematische Erforschung der biologischen Grundlage allen sozialen Verhaltens.

Speziation (Artbildung): Prozeß der Vervielfachung von Spezies; die Herstellung reproduktiver Isolation zwischen Populationen.

Speziationsevolution: Siehe Punktualismus.

Spezies (biologische): Reproduktiv isolierte Gruppierung von Populationen, die sich miteinander paaren können, weil sie über dieselben Isolationsmechanismen verfügen. Siehe evolutionärer, nominalistischer, typologischer Artbegriff.

Spezieserzetzung: Der Wandel in der Zusammensetzung von Faunen und Floren aufgrund des Aussterbens von Arten und der Entstehung neuer Arten, die ihre Stelle einnehmen. Auch als Artselektion bezeichnet.

Stochastische (zufallsabhängige) Prozesse: Prozesse, die aus einer Reihe von Schritten bestehen, von denen ein jeder in seiner Zielrichtung zufällig ist. Siehe Determinismus.

Sympatrisch: Am gleichen Ort nebeneinander vorkommend; auf eine paarungsfähige Population bezogen, die innerhalb des Aktionskreises von Individuen, die zu einer anderen Art gehören, existiert.

Sympatrische Artbildung: Aufspaltung einer Art in zwei reproduktiv isolierte Arten innerhalb desselben Gebiets.

Systematik: Wissenschaft, die die Vielfältigkeit der Organismen untersucht.

Taxon: Monophyletische Gruppe von Organismen, denen eine bestimmte Reihe von Merkmalen gemeinsam ist und die ausreichend verschieden von anderen sind, um einen eigenen Namen zu verdienen.

Taxonomie: Theorie und Praxis des Klassifizierens von Organismen.

Teleologie: Tatsächliche oder nur scheinbare Existenz von zielgerichteten Prozessen in der Natur und ihre Erforschung. Siehe Finalismus.

Teleomatischer Prozeß: Scheinbar zielgerichteter Prozeß, der unausweichlich von Naturgesetzen, beispielsweise vom Gesetz der Schwerkraft oder vom zweiten Hauptsatz der Thermodynamik, gelenkt wird.

Teleonomischer Prozeß: Prozeß oder Verhalten, der oder das seine Zielgerichtetheit dem Wirken eines Programms verdankt.

Theismus: Glaube an einen persönlichen Gott, der stets gegenwärtig und jederzeit in jeden beliebigen natürlichen Prozeß einzugreifen in der Lage ist.

Transformationsevolution: Allmähliche Veränderung eines Objekts im Lauf der Zeit von einem Daseinszustand in einen anderen; normalerweise mit dem Glauben an eine Veränderung von »niedriger« hin zu »höher« oder von weniger vollkommen zu vollkommener verbunden. Siehe Lamarckismus, Saltationsevolution, Variationsevolution.

Typologischer Artbegriff: Definiert Arten auf der Grundlage des Grades der Verschiedenheit. Siehe biologischer, evolutionärer, nominalistischer Artbegriff.

Uniformitarismus: Vor allem von Charles Lyell vertretene Theorie, nach der alle geologischen Veränderungen, unabhängig davon, mit welcher Geschwindigkeit sie ablaufen, graduell sind. Siehe Katastrophentheorie.

Ursachen, unmittelbare: Siehe Grundursachen.

Variante: Mitglied einer variablen Population.

Variationsevolution: Darwins Evolutionsbegriff, der besagt, daß Wandel in jeder Generation aufgrund der Hervorbringung einer großen Menge neuer genetischer Verschiedenartigkeit und des Überlebens (»Auslese«) eines kleinen Prozentsatzes der unterschiedlichen Individuen, die dann als die Eltern der nachfolgenden Generation dienen, stattfindet. Siehe Saltationsevolution, Selektion, Transformationsevolution.

Vererbung erworbener Eigenschaften: Mittlerweile widerlegte Theorie, daß Veränderungen im Phänotypus eines Organismus, die die Folge von Umweltfaktoren sind, durch das genetische Material des Organismus auf die Nachkommenschaft übertragen werden können.

Verwandtschaftsselektion: Selektion für die gemeinsamen Komponenten des Genotypus bei Individuen, die durch gemeinsame Abstammung miteinander verwandt sind.

Weibchenwahl: Theorie der sexuellen Auslese, wonach es oft das Weibchen ist, das einen von mehreren verfügbaren Paarungspartnern auswählt.

Yarrells Gesetz: Von William Yarrell vorgeschlagene Verallgemeinerung, daß »ein Merkmal desto fixierter ist, je länger es im Blut einer Rasse ist«.

Zentrales Dogma: Behauptung, daß die in den Proteinen enthaltene Information nicht in Nukleinsäuren übersetzt werden kann.

Zygote: Befruchtete Eizelle; das Individuum, das aus der Vereinigung zweier Gameten und ihrer Kerne entsteht.

Personen- und Sachregister

Abstammung, gemeinsame 20, 38–43, 59, 128, 129, 134
Abzweigungsprozeß 37 s. a. Verästelung
Affinität 38
Agassiz, Louis 24, 32, 38, 134 f.
Altruismus 200 ff.
Anpassung 82, 83, 84, 117, 152
Anthropozentrismus 42
antiselektionistische Theorien 148–150
–, Widerlegung der 174 ff.
Archaeopteryx 205
Archetypen 38, 80, 128, 134
Aristoteles 41, 68, 76, 77
Artbegriff, biologischer 48 ff.
–, Darwins 49
–, evolutionärer 47 f.
–, nominalistischer 47
–, typologischer 46, 48, 51
Artbildung 34, 35, 51–55, 190, 191, 210
–, allmähliche (graduelle) 52
–, allopatrische 36, 37, 52, 53, 183
–, parapatrische 192
–, peripatrische 198
–, sympatrische 53, 54
Arten, beginnende 36, 49, 53
–, natürliche 46, 64
–, Vervielfachung von 37, 51, 59
Artenbuch 21, 45, 129
Artersetzung 91, 92, 121
Auslese, künstliche 114, 115, 152 f.
–, natürliche 20, 29, 59, 83–87, 91, 93, 97–121, 129, 158, 166 f., 180 ff., 205, 211
–,– für 120
–,– von 120
–, sexuelle 22, 58, 121, 153 f., 211
s. a. Selektion
Ausschlußprinzip 153
Aussterben von Arten 31, 32, 81

Baers, K. E. von 79, 149
Bates, Henry Walter 23
Bateson, William 70 f., 149, 171, 174
Bauplan 206, 207
Baur, Erwin 173, 178
Beagle 18
Beer, G. de 102, 105
Beneden, Edouard van 160
Bewußtsein 42
Beweisführung, eine lange 128, 129
Bibel 27
Biogeographie 128
Blumenbach, Johann Friedrich 31
Bonnet, Charles de 108
Boyle, Robert 78
Buch, Leopold von 35, 52
Buffon, Georges Louis 27, 39, 76
Burian, R. M. 124

Chetverikov, Sergei 178
Chorda 41
Churchill, F. 159
Cuvier, Georges de 31, 38, 107

Darwin, Charles 17
–, als Agnostiker 29–31
–, als Experimentator 26
–, als Naturforscher 17
–, als Philosoph 75, 137
–, als Theoretiker 26, 137
–, fünf Theorien 58 f.
–, Notizbücher 100 f., 114, 115
Darwin, Erasmus 17
Darwinismus 57, 97, 123–142, 193, 209 ff.
– als Anti-Ideologie 130 f.
– als Antikreationismus 127–130
– als Evolution durch Variation 132
– als Evolutionismus 126
– als Kredo der Darwinisten 133–136
– als neue Methodologie 139–141

– als Selektionismus 131
– als neue Weltsicht 136–139
–, Phasen des 187
–, Pluralismus des 142
Darwinisten, Meinungsverschieden-
    heiten 183–190
Darwinsche Revolution 15
–, erste 42, 142
–, zweite 121, 171–182
Darwinsches Paradigma 124, 192, 193,
    195
De Candolle, Augustin 108
Deismus 127
Denken 42
– in Populationen 54 s. a. Populations-
    denken
–, typologisches 54
Derham, William 77
Descartes, René 41, 76
Deszendenztheorie 151
Determinismus 73, 74, 130
Dinosaurier 93
Dobzhansky, Theodosius 140 f., 178,
    179, 180
Doppelrädertierchen 161

East, Edward 173
Eimer, Theodor 88
Einzigartigkeit des Individuums 65,
    104, 111
Elektrophorese 196
Eldredge, Niles 71, 181, 198
Endzwecke 62, 75–81, 94, 96
Entwicklung 186, 187, 188, 203, 208
Essentialismus 46, 62, 63 ff., 70, 75,
    130, 175
Evolution 45, 58, 99, 130, 176, 192,
    209
–, allmähliche (graduelle) 35, 67,
    68–71, 79, 150, 198
–, Einschränkungen 153, 168, 181, 184,
    206, 208, 211
–, Mechanismus der 97 f., 99 f., 101,
    104–113, 131
–, neutrale 196, 197
–, nichtdarwinistische 197
–, organische 31, 57 f.
–, schubweise s. Theorie der unterbro-
    chenen Gleichgewichte
–, sprunghafte 35

–, transformationelle 35
–, Vorhersagbarkeit 68
evolutionäre Neuerung 177
evolutionäre Synthese 131, 141, 142,
    172, 176–182, 183, 184–193
evolutionäres Paradigma s. Darwin,
    fünf Theorien; Darwinsches Para-
    digma
Evolutionismus 126
–, horizontaler 36 f., 177
–, vertikaler 32 f., 36, 176
Evolutionsbiologie 180, 202
Evolutionsrate 71, 204

Finalismus 76–96, 130 s. a. Endzwecke
Finalismus vs. natürliche Auslese
    86–89, 90–93
Fisher, R. A. 172, 178, 185, 195
Ford, E. B. 178
Fortpflanzung s. Reproduktion
Fortschritt 16, 79, 84, 90, 93, 130
–, evolutionärer 82, 83, 89–93, 94
–, organischer 88
Fossiliengeschichte 32, 42, 81, 177

Galton, Francis 70, 156
Gebrauch und Nichtgebrauch 58, 68,
    155, 157
Genetik/Genetiker 71, 171, 172, 173,
    174, 176, 179, 189
genetische Drift 156
genetische Determinanten 163
genetischer Code 40, 159, 194
Genfluß 191
Genotypus 153, 173, 175, 202, 204–207
–, Erstarrung des 206
–, Zusammenhalt des 169, 206, 207
Geologie 31
Geradlinigkeit evolutionärer Trends 93
Gesamteignung 201
Gesetze s. Naturgesetze
Ghiselin, M. T. 21, 65, 139, 140
Gillespie, C. 128
Gleichgewicht der Natur 104 f., 107,
    108, 109
Goldschmidt, R. 71, 178
Gordon, S. 116, 137
Gott 76, 77, 82, 129, 134, 135
Goodman, M. 205
Gould, John 20, 34, 46, 98

Gould, Stephen J. 71, 138, 198
Gradualität/Gradualismus 34, 59,
    68–71, 210
Grant, V. 188
Gray, Asa 85 f., 127, 134, 135
Greene, J. C. 136, 137, 138, 139
Gruber, H. E. 102, 103, 106
Gruppenselektion 202
Gutmann, W. F. 183

Haeckel, Ernst 41, 86, 87, 203
Haldane, J. B. S. 16, 172
Hartmann, Eduard von 79, 149
Haustiere 69, 114
Hegel, Georg W. F. 79
Herder, Johann G. 78, 79, 108
Herschel, John 24, 73, 74, 75, 82, 94,
    137
Hessen, B. von 62
Himmelfarb, G. 143
Holbach, Paul H. D. 76
Homeoboxen 204
Homoplasie 195
Hooker, J. 23
Hull, D. L. 29, 124, 133, 134
Hume, David 80
Huxley, Andrew 71
Huxley, Julian S. 90, 172
Huxley, Thomas H. 23, 41, 70, 86, 123,
    129, 133, 137, 149

Ideologien vs. evolutionäres Paradigma
    60 ff., 63 s. a. Essentialismus, Finalis-
    mus
Induktion/-ismus 24, 166

Jacob, François 192
Jenkins, F. 70
Jevons, William 75
Johannsen, Wilhelm 171, 174
Journal of Researches 18
Juke, T. 196

Kampf ums Dasein 99, 105–110, 117
Kant, Immanuel 41, 79, 80
Katastrophentheorie 32
Keimplasma 159
Keimselektion 163, 164, 165
Kiemenbögen 41
Kimura, M. 196

King, J. 196
Kitcher, P. 124, 132, 133, 140, 141
Kleinenberg, N. 208
Kohn, D. 30, 99, 102, 103, 143
Kölliker, Rudolf Albert von 70, 86, 89,
    149
Konkurrenz/-fähigkeit 84, 92, 108, 110,
    117
Konstanz der Arten 19, 27, 33
Kuhn, Thomas 171

Lamarck, Jean Baptiste 19, 27, 32, 33,
    35, 38, 40, 67, 68, 79, 107, 108
Leibniz, Gottfried W. 69, 77, 106
Lewontin, R. 67, 196
Limoges, G. 102
Linnaeische Hierarchie 40, 128
Linnaeus, Carl 36, 46, 68, 108
Lovejoy, A. O. 68
Lwoff, André 181
Lyell, Charles 19, 23, 27, 32, 33, 46, 64,
    69, 127, 129, 133, 135, 136
Lysenko, Trofim D. 180

Makroevolution 177, 179, 184, 188,
    207, 209
Malthus, Robert 80, 83, 98, 99, 102,
    105, 106, 109, 111, 116, 117
Malthusisches Bevölkerungsgesetz 106
Marx, Karl 79
Maupertuis, Pierre Louis Moreau de 34
Maynard Smith, John 201
Meckel-Serres-Gesetz 203
Mendel, Gregor 145
Mendelismus/-isten 50, 71, 120, 161,
    169, 171, 172, 175, 178, 181
Mensch, Abstammung 41 f.
–, Stellung 41, 61, 99, 133
Merkmaldivergenz 53, 58
Mill, John Stuart 24, 64, 75, 82, 94
Milne-Edwards, Henri 38
Mischvererbung 145, 160, 173
Molekularbiologie/-biologen 40,
    193–197
molekulare Uhr 205
Monod, Jacques 95
Moore, J. R. 30
Moralkodex 202
Morgan, Thomas H. 87, 172, 173, 178,
    179, 181

238

Mosaikevolution 168f., 204, 205
Muller, H. J. 176, 178, 195
Müller, Fritz 23, 87
Mutation 194f.
–, neutrale 196, 197
–, spontane 162, 165, 173

Naegeli, Carl 89, 149
Nagel, Ernest 94
Naturforscher 47, 71, 172, 178, 180
Naturgesetze 73, 74, 76, 80
Naturtheologie/-theologen 29, 77, 78, 80, 81, 106ff., 109
Neodarwinismus 146, 185
Neolamarckismus/-isten 87, 163, 175
Newton, Isaac 27, 129
Nominalisten 47

Orthogenese 79, 87, 88
Osborn, Henry F. 66
Ospovat, D. 83, 84
Owen, Richard 38, 40, 135

Paley, William 78, 88
Pallas, Peter Simon 38
Pangenese 58
Perfektion s. Vollkommenheit
Phänotypus 173, 175, 176, 194
Philosophen 73, 75f., 141
Physikalismus 73, 75, 130
Platon 64
Pluralismus 142, 190, 191, 192
Polyploidie 48, 210
Populationen, Stabilität der 106
Populationsdenken 65, 70, 73, 104, 110, 111, 178
Prinzip der prästabilierten Harmonie 69, 106f.
Probabilismus 73f., 211

Qualitätsbegriff 163
Quinarier 38

Radiation 207
–, adaptive 205, 206
Rankenfüßer 21, 69
Ray, John 36, 77, 78
Recker, D. 129, 133
Rekapitulation 148, 188, 203, 208

Rekombination, genetische 120, 160, 161, 168
Rensch, Bernhard 178, 184
Reproduktion, asexuelle 161
–, sexuelle 113, 160, 161, 162, 168
Ressourcen, Begrenztheit der 107
Romanes, George J. 146, 185
Ruse, M. 28, 106

Sachs, Julius 89
Saltation/-ismus 34, 66f., 70f., 87, 149, 150, 175
Sapp, J. 175
scala naturae 38, 68, 78, 88
Schelling, Friedrich W. J. 79
Schindewolf, O. H. 71, 198
Schleiden, Matthias 81
Schöpfungsglaube 27, 31, 32, 33, 46, 61, 134, 135
Schöpfungsplan 61, 77, 78, 80, 81
Seele 61
Selektion 115, 118, 130, 151–154, 156, 200
–, ausgewogene 196
–, Beweise für 151, 152
–, Gründe 118–121
–, Zielobjekt der 143, 153, 154, 161, 184, 196, 202
Sigwart, Christoph 94
Simpson, George Gaylord 47, 75, 93, 174, 179, 188, 204
Smith, S. 102
somatische Programme 187, 208f.
Soziobiologie 154, 198, 199, 200
Spencer, Herbert 137, 138
Speziation, geographische 20 s. a. Art-bildung, allopatrische
Spieltheorie 201
Spottdrosseln 20, 34, 35, 36, 38, 69
Stebbins, G. L. 188
Stillstand (Stase) 71, 93, 192, 198
Sturtevant, A. H. 179
Sumner, J. B. 69

Teilhard de Chardin, Pierre 94
teleomatische Prozesse 95
teleonomische Prozesse 95, 96
Teleologie s. Endzwecke
Teleologie, kosmische 78, 96
Theismus 27, 31

Theorie, autogenetische 174
Theorie der unterbrochenen Gleich-
   gewichte 71, 197 f.
Tierzüchter 98, 100, 113
Transformationsevolution 67
Transmutation 66
Transmutationstheorie 147
Trivers, R. 200

Umwelt, Emanzipation von der 90
Uniformitarismus 19, 32
Ursache
–, Endursache 78
–, gleichzeitige 190
–, unmittelbare 78

Variation 65, 70, 88, 110, 144, 145, 155,
   156, 210, 211
–, genetische 54, 113, 160–165, 168,
   173, 194, 196
–, graduelle (quantitative) 163, 175
–, Gesetze der 145
Variationsevolution 67
Varietät 34
– bei Pflanzen 49, 53
– bei Tieren 49, 53
Verästelung/-sdiagramm 38, 39
Vererbung, harte 104, 155, 171, 173
–, partikuläre 168, 171, 173, 175
–, weiche 104, 144–146, 155, 156
–,– Widerlegung 157–160, 167
   s. a. Gebrauch und Nichtgebrauch
Verhalten, soziales 199
Verkümmerung von Organen 83, 163,
   167
Verschiedenheit s. Variation
Vervollkommnung 16 s. a. Vollkom-
   menheit
Vervollkommnungstrieb s. Orthoge-
   nese
Verwandtschaftsselektion 201
Vielfalt 90, 191

Vollkommenheit 32, 33, 68, 82, 84, 85,
   96, 130
Voltaire (François Marie Arouet) 80
Voraussagbarkeit 73, 130
Vries, Hugo de 71, 149, 150, 171, 174

Wagner, Moritz 36, 52, 53, 54
Wallace, Alfred Russel 21, 23, 36, 52,
   103, 118, 123, 125, 128, 131, 133,
   134, 137, 146
Wedgwood, Emma 20, 30
Wedgwood, Josiah 17
Wegener, Alfred 27
Weibchenwahl 121, 154
Weismann, August 87, 88, 131,
   145–169, 173
–, als Panselektionist 152, 159
– Verdienste 166–169
Whewell, William 24, 64, 75, 82, 94,
   137
White, M. J. D. 183, 193
Willis, J. C. 71
Wilson, A. C. 205
Wilson, Edward O. 199, 201
Wissenschaftsbegriff, kartesisch-New-
   tonscher 73, 74
Wissenschaftsphilosophie 16, 24,
   166
wissenschaftliche Revolutionen
–, ideologische Faktoren 62 f.
–, sozioökonomische Faktoren 62

Yarrel, William 68
Yarrels Gesetz 68

Zeitgeist 11, 15, 63
zentrales Dogma 158, 167
zentrales Nervensystem 91
Zufall 74, 86, 95, 163, 185
zufallsabhängige Prozesse 119, 131,
   181, 184
Zwillingsspezies 46, 191, 207